高等学校电子信息类系列教材

电子工艺实训教程

（第二版）

宁铎　王彬　　　　编著

马令坤　郝鹏飞　孟彦京

西安电子科技大学出版社

内 容 简 介

本书以基本电子工艺知识和电子装配基本技术为主,对电子产品制造过程及典型工艺作了全面介绍。在理论与实践的结合上强调了实践性。全书共 8 章,内容分别为安全用电、焊接技术、电子元器件、印制电路板的设计与制作、准备工艺及装配、调试工艺基础、电子技术文件、电子小产品安装调试案例等。

本书内容充实,可读性强,兼有实用性、资料性和先进性的特点。

本书既可作为理工科学生参加电子工艺实习与训练的教材,亦可作为电子科技创新实践、课程设计、毕业实践等活动的实用指导书,同时还可供职业教育、技术培训及有关技术人员参考。

图书在版编目(CIP)数据

电子工艺实训教程 / 宁铎等编著. —2 版. —西安:西安电子科技大学出版社,2010.3 (2022.4 重印)

ISBN 978 - 7 - 5606 - 2397-9

Ⅰ. 电… Ⅱ. 宁… Ⅲ. 电子技术—高等学校—教材 Ⅳ. TN

中国版本图书馆 CIP 数据核字(2010)第 014763 号

责任编辑 杨宗周 许青青 李惠萍
出版发行 西安电子科技大学出版社(西安市太白南路 2 号)
电 话 (029)88202421 88201467 邮 编 710071
网 址 www.xduph.com 电子邮箱 xdupfxb001@163.com
经 销 新华书店
印刷单位 陕西天意印务有限责任公司
版 次 2010 年 3 月第 2 版 2022 年 4 月第 13 次印刷
开 本 787 毫米×1092 毫米 1/16 印 张 15
字 数 345 千字
印 数 36 501~38 500 册
定 价 35.00 元

ISBN 978 - 7 - 5606 - 2397 - 9/TN

XDUP 2689002-13

* * * 如有印装问题可调换 * * *

第二版前言

社会的进步，经济的发展都依赖于技术的不断提高。高等工程教育肩负着培养高级工程技术人才的使命，工程技术人才的培养方向和培养质量将决定未来经济的发展速度和社会的进步程度。我国的高等工程教育目前仍存在着工程教育的过度学术化现象，特别是在飞速发展的电子技术领域，理论学习与实际应用的矛盾更为突出。目前人才市场上用人单位一般把具有实际工作经历作为招聘工程技术人才的必要或优先条件之一，就充分说明了这一点。因此，我们必须在工科学生的培养上紧密结合工程实际，注重加强学生的工程素质和创新精神培养，为国家建设提供高素质的工程技术人才。

本书第二版是在广泛听取不同院校使用后的反馈意见，并考虑到实际的教学环节和内容的完整性等因素，对第一版的内容作了适当的增加和删减。主要有以下改进：

1. 在第 4 章增加了"Multisim 仿真软件简介"一节，在第 8 章增加了"HX108-2 AM 收音机安装调试实例"。

2. 为了突出实际工艺要点，并考虑到实际授课情况，本版对许多章节的内容进行了删减，包括对第 5 章中的连接工艺、第 7 章中有关产品工艺文件的分类细节及工艺文件的完整性等内容进行了调整，同时还删除了附录 A、B 的内容。

电子工艺实习是以学生自己动手，掌握一定操作技能和制作一两种电子产品为特色的又一个教学环节。它既不同于培养劳动观念的公益劳动，又不同于让学生自由发挥的科技创新活动；它既是基本技能和工艺知识的入门向导，又是创新实践的开始和创新精神的启蒙。要构筑这样一个基础扎实、充满活力的实践平台，仅靠课堂讲授和动手训练是不够的，需要有一本既能指导学生实习，又能开阔眼界；既是教学参考书，又是实践指导实用资料的书籍。正是在这种背景下我们编写了本教材。

本书在内容编排上打破传统学科体系，主要考虑教学实践和工艺实践的要求。在内容选取上考虑到我国电子科技及生产技术的国情及各行业应用电子技术的差异，在高新技术与传统技术，规模生产与研制开发，机械化、自动化与手工操作等方面统筹兼顾，合理安排，使本书既是电子工艺基础训练的教材，又是从事电子技术实践和创新的实用指导书。另外，之所以选择"202 收音机安装调试实例"和"HX108-2 AM 收音机安装调试实例"作为电子小产品安装调试案例，是因为这两种收音机不但在结构上有普通电子元器件和 SMT 工艺的焊接技术，而且其性能和外观也深受学生的欢迎。

使用本教材的实训教学课时安排一般为 2 周时间，其中课堂授课时间约占1/4；而第 1、7 章及其他章节部分内容拟以自学为主，具体要依学时及训练内容等实际情况决定。

本书由陕西科技大学宁铎老师担任主编，西南科技大学的王彬老师和陕西科技大学的马令坤、郝鹏飞、孟彦京老师参与编写了本书。其中王彬编写了第 2章和第 3 章的部分内容，马令坤、郝鹏飞、孟彦京编写了其余章节，全书由宁铎老师负责编稿、定稿。

由于编者时间及水平有限，书中不足之处在所难免，欢迎读者批评指正。

编　者

2010 年 1 月

目　　录

第1章 安全用电

安全是人类生存的基本需求之一，也是人类从事各种活动的基本保障。从家庭到办公室，从娱乐场所到工矿企业，从学校到公司，几乎没有不用电的场所。电是现代物质文明的基础，同时又是危害人类的肇事者之一，如同现代交通工具把速度和效率带给人类的同时，也让交通事故这个恶魔闯进现代文明一样，电气事故是现代社会不可忽视的灾害之一。

从使用电能开始，科技工作者就为减少、防止电气事故而不懈努力。长期实践中，人们总结积累了大量安全用电的经验。但是，人不能事事都去实践，特别是对安全事故而言。我们应该记取前人的经验教训，掌握必要的知识，防患于未然。

安全技术，涉及广泛。本章安全用电的讨论只是针对一般工作生活环境而言，至于特殊场合，例如高压、矿井等用电安全不在讨论之列。限于本书篇幅，即使一般环境，也只能就最基本最常见的用电安全问题进行讨论。

1.1 人身安全

1. 触电危害

触电对人体危害主要有电伤和电击两种。

1) 电伤

电伤是由于发生触电而导致的人体外表创伤，通常有以下三种：

(1) 灼伤。灼伤是指由于电的热效应而对人体皮肤、皮下组织、肌肉甚至神经产生的伤害(灼伤)。灼伤会引起皮肤发红、起泡、烧焦、坏死。

(2) 电烙伤。电烙伤是指由电流的机械和化学效应造成人体触电部位的外部伤痕，通常是皮肤表面的肿块。

(3) 皮肤金属化。这种化学效应是指由于带电体金属通过触电点蒸发进入人体造成的，局部皮肤呈现出相应金属的特殊颜色。

触电对人体造成的电伤一般是非致命的。

2) 电击

电流通过人体，严重干扰人体正常的生物电流，造成肌肉痉挛(抽筋)、神经紊乱，导致呼吸停止，心脏室性纤颤，严重危害生命。

3) 影响触电危险程度的因素

(1) 电流的大小。人体内是存在生物电流的，一定限度的电流不会对人造成损伤。一些电疗仪器就是利用电流刺激穴位来达到治疗目的的。电流对人体的作用如表 1-1 所示。

表 1-1　电流对人体的作用

电流/mA	对 人 体 的 作 用
<0.7	无感觉
1	有轻微感觉
1～3	有刺激感，一般电疗仪器取此电流
3～10	感到痛苦，但可自行摆脱
10～30	引起肌肉痉挛，短时间无危险，长时间有危险
30～50	强烈痉挛，时间超过 60 s 即有生命危险
50～250	产生心脏室性纤颤，丧失知觉，严重危害生命
>250	短时间内(1 s 以上)造成心脏骤停，体内造成电灼伤

(2) 电流的类型。电流的类型不同对人体的损伤也不同。直流电一般引起电伤，而交流电则电伤与电击同时发生，特别是 40～100 Hz 交流电对人体最危险。不幸的是人们日常使用的工频市电(我国为 50 Hz)正是在这个危险的频段。当交流电频率达到 20 000 Hz 时对人体危害很小，用于理疗的一些仪器采用的就是这个频段。

(3) 电流的作用时间。电流对人体的伤害同作用时间密切相关。可以用电流与时间乘积(也称电击强度)来表示电流对人体的危害。触电保护器的一个主要指标就是额定断开时间与电流乘积小于 30 mA·s。实际产品可以达到小于 3 mA·s，故可有效防止触电事故。

(4) 人体电阻。人体是一个不确定的电阻。皮肤干燥时电阻可呈现 100 kΩ 以上，而一旦潮湿，电阻可降到 1 kΩ 以下。

人体还是一个非线性电阻，随着电压升高，电阻值减小。表 1-2 给出人体电阻值随电压的变化。

表 1-2　人体电阻值随电压的变化

电压/V	1.5	12	31	62	125	220	380	1000
电阻/kΩ	>100	16.5	11	6.24	3.5	2.2	1.47	0.64
电流/mA	忽略	0.8	2.8	10	35	100	268	1560

2. 触电原因

人体触电，主要原因有两种：直接或间接接触带电体以及跨步电压。前者又可分为单极接触和双极接触。

1) 单极接触

一般工作和生活场所供电为 380 V/220 V 中性点接地系统，当处于地电位的人体接触带电体时，人体承受相电压如图 1.1 所示。

这种接触往往是人们粗心大意、忽视安全造成的。图 1.2 是几个发生触电事故的示例。

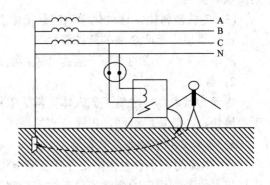

图 1.1　单极接触触电示意图

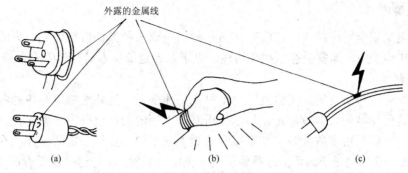

图 1.2　触电示例

(a) 安装错误；(b) 带电操作；(c) 导线绝缘损伤

图 1.3 所示为有人在实验室用调压器取得低电压做实验而发生触电。如果碰巧电源插座的零线插到调压器 2 端，则不会触电，当然这是侥幸的。

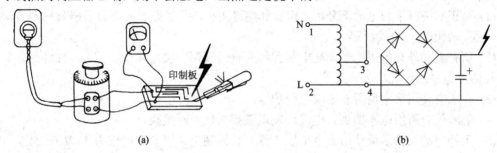

图 1.3　错误使用自耦调压器

(a) 错误使用自耦调压器；(b) 原理电路

2) 双极接触

人体同时接触电网的两根相线发生触电，如图 1.4 所示。这种接触电压高，大都是在带电工作时发生的，而且一般保护措施都不起作用，因而危险极大。

3) 静电接触

在检修电器或科研工作中有时发生电器设备已断开电源，但在接触设备某些部位时发生触电，这在有高压大容量电容器的情况下有一定危险。特别是质量好的电容器能长期储存电荷，容易被忽略。

4) 跨步电压

在故障设备附近，例如电线断落在地上，在接地点周围存在电场，当人走进这一区域时，将因跨步电压而使人触电，如图 1.5 所示。

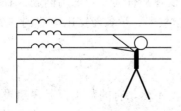

图 1.4　双极接触触电示意图

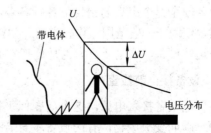

图 1.5　跨步电压使人触电

3. 防止触电

防止触电是安全用电的核心。没有任何一种措施或一种保护器是万无一失的。最保险的钥匙掌握在你手中，即安全意识和警惕性。以下几点是最基本最有效的安全措施。

1) 安全制度

在工厂企业、科研院所、实验室等用电单位，几乎无一例外地制定有各种各样的安全用电制度。这些制度绝大多数都是在科学分析基础上制定的，也有很多条文是在实际中总结出的经验，可以说很多制度条文是用惨痛的教训换来的。我们一定要记住：在你走进车间、实验室等一切用电场所时，千万不要忽略安全用电制度，不管这些制度看起来如何"不合理"，如何"妨碍"工作。

2) 安全措施

预防触电的措施很多，有关安全技术将在后面作为共同问题进行讨论，这里提出的几条措施都是最基本的安全保障。

(1) 对正常情况下带电的部分，一定要加绝缘防护，并且置于人不容易碰到的地方。例如输电线、配电盘、电源板等。

(2) 所有金属外壳的用电器及配电装置都应该装设保护接地或保护接零。对目前大多数工作生活用电系统而言是保护接零。

(3) 在所有使用市电场所装设漏电保护器。

(4) 随时检查所用电器插头、电线，发现破损老化及时更换。

(5) 手持电动工具尽量使用安全电压工作。我国规定常用安全电压为 36 V 或 24 V，特别危险场所用 12 V。

3) 安全操作

(1) 任何情况下检修电路和电器都要确保断开电源，仅仅断开设备上的开关是不够的，还要拔下插头。

(2) 不要湿手开关、插拔电器。

(3) 遇到不明情况的电线，先认为它是带电的。

(4) 尽量养成单手操作电工作业的习惯。

(5) 不在疲倦、带病等状态下从事电工作业。

(6) 遇到较大体积的电容器时要先行放电，再进行检修。

1.2 设 备 安 全

设备安全是个庞大的题目。各行各业、各种不同设备都有其安全使用问题。我们这里讨论的，仅限于一般范围工作、学习、生活场所的用电仪器、设备及家用电器的安全使用。即使是这些设备，这里涉及的也是最基本的安全常识。

1. 设备接电前检查

将用电设备接入电源，这个问题似乎很简单，其实不然。有的数十万元昂贵设备，接上电源一瞬间变成废物；有的设备本身若有故障会引起整个供电网异常，造成难以挽回的损失。因此，建议设备接电前应进行"三查"。

(1) 查设备铭牌。按国家标准，设备都应在醒目处有该设备要求电源电压、频率、容量的铭牌或标志。小型设备的说明也可能在说明书中。

(2) 查环境电源。检查电压、容量是否与设备吻合。

(3) 查设备本身。检查电源线是否完好，外壳是否可能带电。一般用万用表欧姆挡进行如图 1.6 所示的简单检测即可。

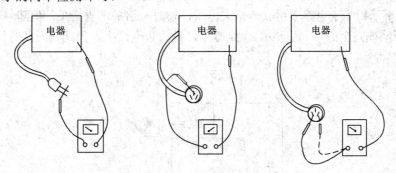

图 1.6　用万用表检查用电设备

2. 电器设备基本安全防护

所有使用交流电源的电器设备均存在绝缘损坏而漏电的问题。按电工标准将电器设备分为四类，各类电器设备特征及安全防护见表 1-3。

表 1-3　电器设备分类及基本安全防护

类型	主 要 特 性	基本安全防护	使用范围及说明
O 型	一层绝缘，二线插头，金属外壳，且没有接地(零)线	用电环境为电气绝缘(绝缘电阻大于 50 kΩ)或采用隔离变压器	O 型为淘汰电器类型，但一部分旧电器仍在使用
I 型	金属外壳接出一根线，采用三线插头	接零(地)保护三孔插座，保护零线可靠连接	较大型电器设备多为此类
II 型	绝缘外壳形成双重绝缘，采用二线插头	防止电线破损	小型电器设备
III 型	采用 8 V/36 V，24 V/12 V 低压电源的电器	使用符合电气绝缘要求的变压器	在恶劣环境中使用的电器及某些工具

3. 设备使用异常的处理

用电设备在使用中可能发生以下几种异常情况：

(1) 设备外壳或手持部位有麻电感觉。

(2) 开机或使用中熔断丝烧断。

(3) 出现异常声音，如噪声加大，有内部放电声，电机转动声音异常等。

(4) 异味最常见为塑料味，绝缘漆挥发出的气味，甚至烧焦的气味。

(5) 机内打火，出现烟雾。

(6) 仪表指示超范围。有些指示仪表数值突变，超出正常范围。

异常情况的处理办法：

(1) 凡遇上述异常情况之一，应尽快断开电源，拔下电源插头，对设备进行检修。

(2) 对烧断熔断器的情况，决不允许换上大容量熔断器继续工作，一定要查清原因后再换上同规格熔断器。

(3) 及时记录异常现象及部位，避免检修时再通电查找。

(4) 对有麻电感觉但未造成触电的现象不可忽视。这种情况往往是绝缘受损但未完全损坏，如图1.7所示相当于电路中串联一个大电阻，暂时未造成严重后果，但随着时间推移，绝缘将会逐渐地被完全破坏，电阻 R_0 急剧减小，危险也会增大，因此必须及时检修。

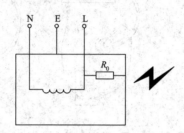

图 1.7　设备绝缘受损漏电示意图

1.3　电气火灾

随着现代电气化日益发展，在火灾总数中，电气火灾所占比例不断上升，而且随着城市化进程，电气火灾损失的严重性也在上升，研究电气火灾原因及其预防意义重大。表1-4是有关电气火灾的基本分析。

表 1-4　电气火灾及预防

原　因	分　析	预　防
线路过载	输电线的绝缘材料大部分是可燃材料。过载则温度升高，引燃绝缘材料	(1) 使输电线路容量与负载相适应； (2) 不准超标更换熔断器； (3) 线路安装过载自动保护装置
线路或电器火花、电弧	由于电线断裂或绝缘损坏引起放电，可点燃本身绝缘材料及附近易燃材料、气体等	(1) 按标准接线，及时检修电路； (2) 加装自动保护
电热器具	电热器具使用不当，点燃附近可燃材料	正确使用，使用中有人监视
电器老化	电器超期服役，因绝缘材料老化，散热装置老化引起温度升高	停止使用超过安全期的产品
静电	在易燃、易爆场所，静电火花引起火灾	严格遵守易燃、易爆场所安全制度

1.4　用电安全技术简介

实践证明，采用用电安全技术可以有效预防电气事故。已有的技术措施不断完善，新的技术不断涌现，我们需要了解并正确运用这些技术，不断提高安全用电的水平。

1. 接地和接零保护

在低压配电系统中，有变压器中性点接地和不接地两种系统，相应的安全措施有接地保护和接零保护两种方式。

1) 接地保护

在中性点不接地的配电系统中，电气设备宜采用接地保护。这里的"接地"同电子电路中简称的"接地"(在电子电路中"接地"是指接公共参考电位"零点")不是一个概念，这里是真正的接大地。即将电气设备的某一部分与大地土壤作良好的电气连接，一般通过金属接地体并保证接地电阻小于 4 Ω。接地保护原理如图 1.8 所示。如没有接地保护，则流过人体电流为

$$I_r = \frac{U}{R_r + \frac{Z}{3}}$$

式中，I_r 为流过人体电流，U 为相电压，R_r 为人体电阻，Z 为相线对地阻抗。当接上保护地线时，相当于给人体电阻并上一个接地电阻 R_g，此时流过人体的电流为

$$I'_r = \frac{R_g}{R_g + R_r} I_r$$

由于 $R_g \ll R_r$，故可有效保护人身安全。

由此也可看出，接地电阻越小，保护越好，这就是为什么在接地保护中总要强调接地电阻要小的缘故。

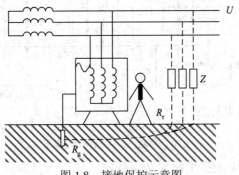

图 1.8　接地保护示意图

2) 接零保护

对变压器中性点接地系统(现在普遍采用电压为 380 V/220 V 三相四线制电网)来说，采用外壳接地已不足以保证安全。参考图 1.8，因人体电阻 R_r 远大于设备接地电阻 R_g，所以人体受到的电压就是相线与外壳短路时，外壳的对地电压 U_a，而 U_a 取决于下式：

$$U_a \approx \frac{R_g}{R_0 + R_g} U$$

式中，R_0 为工作接地的接地电阻；R_g 为保护接地的接地电阻；U_a 为相电压。

如果 $R_0 = 4$ Ω，$R_g = 4$ Ω，$U = 220$ V，则 $U_a \approx 110$ V，这个电压对人来说是不安全的。因此，在这种系统中，应采用保护接零，即将金属外壳与电网零线相接。一旦相线碰到外壳

即可形成与零线之间的短路，产生很大的电流，使熔断器或过流开关断开，切断电流，因而可防止电击危险。这种采用保护接零的供电系统，除工作接地外，还必须有重复接地保护，如图 1.9 所示。

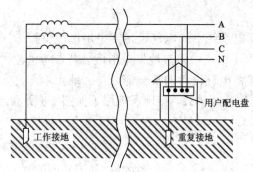

图 1.9　重复接地

图 1.10 表示民用 220 V 供电系统的保护零线和工作零线。在一定距离和分支系统中，必须采用重复接地，这些属于电工安装中的安全规则，电源线必须严格按有关规定制作。

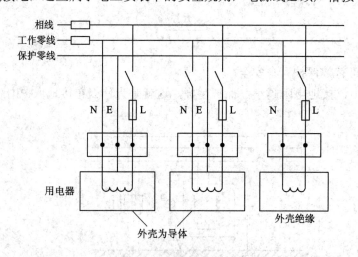

图 1.10　单相三线制用电器接线

应注意的是这种系统中的保护接零必须是接到保护零线上，而不能接到工作零线上。保护零线同工作零线，虽然它们对地的电压都是零伏，但保护零线上是不能接熔断器和开关的，而工作零线上则根据需要可接熔断器及开关。这对有爆炸、火灾危险的工作场所为减轻过负荷的危险是必要的。图 1.11 所示为室内有保护零线时，用电器外壳采用保护接零的接法。

2．漏电保护开关

漏电保护开关也叫触电保护开关，是一种保

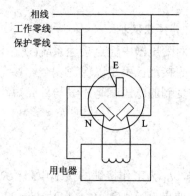

图 1.11　三线插座接线

护切断型的安全技术，它比保护接地或保护接零更灵敏，更有效。据统计，某城市普遍安装漏电保护器后，同一时间内触电伤亡人数减少了 2/3，可见技术保护措施的作用不可忽视。

漏电保护开关有电压型和电流型两种，其工作原理有共同性，即都可把它看做是一种灵敏继电器，如图 1.12 所示，检测器 JC 控制开关 S 的通断。对电压型而言，JC 检测用电器对地电压；对电流型则检测漏电流，超过安全值即控制开关 S 动作切断电源。

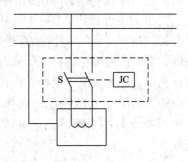

图 1.12　漏电保护开关示意图

由于电压型漏电保护开关安装比较复杂，因此目前发展较快、使用广泛的是电流型保护开关。电流型保护开关不仅能防止人体触电而且能防止漏电造成火灾，既可用于中性点接地系统也可用于中性点不接地系统，既可单独使用也可与保护接地、保护接零共同使用，而且安装方便，值得大力推广。

典型的电流型漏电保护开关工作原理如图 1.13 所示。当电器正常工作时，流经零序互感器的电流大小相等，方向相反，检测输出为零，开关闭合电路正常工作。当电器发生漏电时，漏电流不通过零线，零序互感器检测到不平衡电流并达到一定数值时，通过放大器输出信号将开关切断。

图 1.13 中按钮与电阻组成检测电路，选择电阻使此支路电流为最小动作电流，即可测试开关是否正常。

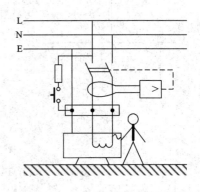

图 1.13　电流型漏电保护开关

按国家标准规定，电流型漏电保护开关电流时间乘积为不少于 30 mA·s。实际产品一般额定动作电流为 30 mA，动作时间为 0.1 s。如果是在潮湿等恶劣环境下，可选取动作电流更小的规格。另外还有一个额定不动作电流，一般取 5 mA，这是因为用电线路和电器都不可避免地存在着微量漏电。

选择漏电保护开关更要注重产品质量。一般来说，经国家电工产品认证委员会认证，带有安全标志的产品是可信的。

3. 过限保护

上述接地、接零保护，漏电开关保护主要解决电器外壳漏电及意外触电问题。另有一类故障表现为电器并不漏电，但由于电器内部元器件、部件故障，或由于电网电压升高引起电器电流增大，温度升高，超过一定限度，结果会导致电器损坏甚至引起电气火灾等严重事故。对这一种故障，目前有一类自动保护元件和装置。这类元件和装置有以下几种。

1) 过压保护装置

过压保护装置有集成过压保护器和瞬变电压抑制器。

(1) 集成过压保护器是一种安全限压自控部件，其工作原理如图 1.14 所示，使用时并联于电源电路中。当电源正常工作时功率开关断开。一旦设备电源失常或失效超过保护阈值，采样放大电路将使功率开关闭合、电源短路，使熔断器断开，保护设备免受损失。

(2) 瞬变电压抑制器(TVP)是一种类似稳压管特性的二端器件，但比稳压管响应快，功率大，能"吸收"高达数千瓦的浪涌功率。

TVP 的特性曲线如图 1.15(a)所示，正向特性类似二极管，反向特性在 U_B 处发生"雪崩"效应，其响应时间可达 10^{-12} s。将两只 TVP 管反向串接即可具有"双极"特性，可用于交流电路，如图 1.15(b)所示。选择合适的 TVP 就可保护设备不受电网或意外事故产生的高压危害。

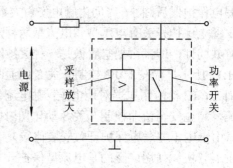

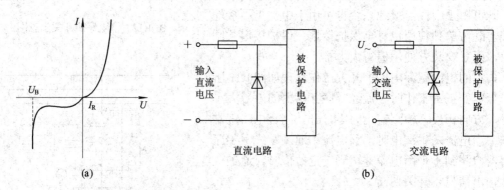

图 1.15 TVP 特性及电路接法

(a) TVP 特性；(b) TVP 的电路接法

2) 温度保护装置

电器温度超过设计标准是造成绝缘失效，引起漏电、火灾的关键。温度保护装置除传统的温度继电器外，还有一种新型有效而且经济实用的元件——热熔断器。其外形如同一只电阻器，可以串接在电路，置于任何需要控制温度的部位，正常工作时相当于一只阻值很小的电阻，一旦电器温升超过阈值，立即熔断从而切断电源回路。

3) 过流保护装置

用于过电流保护的装置和元件主要有熔断丝、电子继电器及聚合开关，它们串接在电源回路中以防止意外电流超限。

熔断器用途最普遍，主要特点是简单、价廉。不足之处是反应速度慢而且不能自动恢复。

电子继电器过流开关，也称电子熔断丝，反应速度快、可自行恢复，但较复杂，成本高，在普通电器中难以推广。

聚合开关实际上是一种阻值可以突变的正温度系数电阻器。当电流在正常范围时呈低阻(一般为 0.05~0.5 Ω)，当电流超过阈值后阻值很快增加几个数量级，使电路电流降至数毫安。一旦温度恢复正常，电阻又降至低阻，故其有自锁及自恢复特性。由于其体积小，结构简单，工作可靠且价格低，故可广泛用于各种电气设备及家用电器。

4. 智能保护

随着现代化的进程，配电、输电及用电系统越来越庞大，越来越复杂，即使采取上述多种保护方法，也总有其局限性。当代信息技术的飞速发展，传感器技术、计算机技术及自动化技术的日趋完善，使得用综合性智能保护成为可能。

图 1.16 是计算机智能保护系统示意图。各种监测装置和传感器(声、光、烟雾、位置、红外线等)将采集到的信息经过接口电路输入到计算机，进行智能处理，一旦发生事故或有事故预兆时，通过计算机判断及时发出处理指令，例如切断事故发生地点的电源或者总电源，启动自动消防灭火系统，发出事故警报等等，并根据事故情况自动通知消防或急救部门。保护系统可将事故消灭在萌芽状态或使损失减至最小，同时记录事故详细资料。

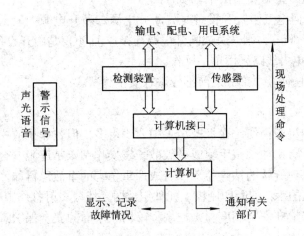

图 1.16　计算机智能保护系统

1.5　电子装接操作安全

这里所说的电子装接泛指工厂规模化生产以外的各种电子电器操作，例如电器维修，电子实验，电子产品研制、电子工艺实习以及各种电子制作等。其特点是大部分情况下为少数甚至个人操作，操作环境和条件千差万别，安全隐患复杂而没有明显的规律。

1. 用电安全

尽管电子装接工作通常称为"弱电"工作，但实际工作中免不了接触"强电"。一般常用的电动工具(例如电烙铁、电钻、电热风机等)、仪器设备和制作装置大部分需要接市电才能工作，因此用电安全是电子装接工作的首要关注点。实践证明以下三点是安全用电的基本保证。

1) 安全用电观念

增强安全用电的观念是安全的根本保证。任何制度，任何措施，都是由人来贯彻执行的，忽视安全是最危险的隐患。

2) 基本安全措施

工作场所的基本安全措施是保证安全的物质基础。基本安全措施包括以下几条：

(1) 工作室电源符合电气安全标准。

(2) 工作室总电源上装有漏电保护开关。

(3) 使用符合安全要求的低压电器(包括电线、电源插座、开关、电动工具、仪器仪表等)。

(4) 工作室或工作台上有便于操作的电源开关。

(5) 从事电力电子技术工作时，工作台上应设置隔离变压器。

(6) 调试、检测较大功率电子装置时工作人员不少于两人。

3) 养成安全操作习惯

习惯是一种下意识的、不经思索的行为方式，安全操作习惯可以经过培养逐步形成，并使操作者终身受益。主要安全操作习惯有：

(1) 人体触及任何电气装置和设备时先断开电源。断开电源一般指真正脱离电源系统(例如拔下电源插头，断开刀闸开关或断开电源连接)，而不仅是断开设备电源开关。

(2) 测试、装接电力线路采用单手操作。

(3) 触及电路的任何金属部分之前都应进行安全测试。

2. 机械损伤

电子装接工作中机械损伤比在机械加工中要少得多，但是如果放松警惕、违犯安全规程仍然存在一定危险。例如，戴手套或者披散长发操作钻床是违犯安全规程的，实践中曾发生手臂和头发被高速旋转的钻具卷入，造成严重伤害的事故。再如，使用螺丝刀紧固螺钉可能打滑伤及自己的手；剪断印制板上元件引线时，线段飞射打伤眼睛等事故都曾发生。而这些事故只要严格遵守安全制度和操作规程，树立牢固的安全保护意识，是完全可以避免的。

3. 防止烫伤

烫伤在电子装接工作中是频繁发生的一种安全事故，这种烫伤一般不会造成严重后果，但也会给操作者造成伤害。只要注意操作安全，烫伤完全可以避免。造成烫伤的原因及防止措施如下：

(1) 接触过热固体，常见有下列两类造成烫伤的固体。

① 电烙铁和电热风枪。特别是电烙铁为电子装接必备工具，通常烙铁头表面温度可达400~500℃，而人体所能耐受的温度一般不超过50℃，直接触及电烙铁头肯定会造成烫伤。工作中烙铁应放置在烙铁架上并置于工作台右前方。观测烙铁温度可用烙铁头熔化松香，不要直接用手触摸烙铁头。

② 电路中发热电子元器件，如变压器、功率器件、电阻、散热片等。特别是电路发生故障时有些发热器件可达几百摄氏度高温，如果在通电状态下触及这些元器件不仅可能造成烫伤，还可能有触电危险。

(2) 过热液体烫伤。电子装接工作中接触到的主要有熔化状态的焊锡及加热的溶液(如腐蚀印制板时加热腐蚀液)。

(3) 电弧烫伤。准确地讲应称为"烧伤"，因为电弧温度可达数千摄氏度，对人体损伤极为严重。电弧烧伤常发生在操作电气设备过程中，例如图1.17所示较大功率电器不通过启动装置而直接接到刀闸开关上，当操作者用手去断开刀闸时，由于电路感应电动势(特别是电感性负载，例如电机、变压器等)在刀闸开关之间可产生数千甚至上万伏高电压，因此击穿空气而产生的强烈电弧容易烧伤操作者。

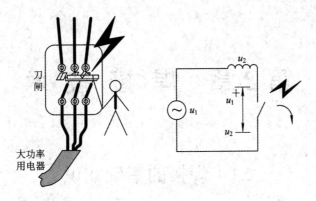

图 1.17　电弧烧伤

1.6　触电急救与电气消防

1. 触电急救

发生触电事故，千万不要惊慌失措，必须用最快的速度使触电者脱离电源。要记住当触电者未脱离电源前本身就是带电体，同样会使抢救者触电。

脱离电源最有效的措施是拉闸或拔出电源插头，如果一时找不到或来不及找的情况下可用绝缘物(如带绝缘柄的工具、木棒、塑料管等)移开或切断电源线。关键是：一要快，二要不使自己触电。一两秒的迟缓都可能造成无法挽救的后果。

脱离电源后如果病人呼吸、心跳尚存，应尽快送医院抢救。若心跳停止应采用人工心脏挤压法维持血液循环；若呼吸停止应立即做口对口的人工呼吸。若心跳、呼吸全停，则应同时采用上述两个方法，并向医院告急求救。

2. 电气消防

(1) 发现电子装置、电气设备、电缆等冒烟起火，要尽快切断电源(拉开总开关或失火电路开关)。

(2) 使用砂土、二氧化碳或四氯化碳等不导电灭火介质，忌用泡沫或水进行灭火。

(3) 灭火时不可将身体或灭火工具触及导线和电气设备。

第2章 焊接技术

2.1 焊接的基础知识

1. 概述

在电子产品整机装配过程中，焊接是连接各电子元器件及导线的主要手段。利用加热或加压，或两者并用来加速工件金属原子间的扩散，依靠原子间的内聚力，在工件金属连接处形成牢固的合金层，从而将工件金属永久地结合在一起。焊接通常分为熔焊、钎焊及接触焊三大类，在电子装配中主要使用的是钎焊。钎焊可以这样定义：在已加热的工件金属之间，熔入低于工件金属熔点的焊料，借助焊剂的作用，依靠毛细现象，使焊料浸润工件金属表面，并发生化学变化，生成合金层，从而使工件金属与焊料结合为一体。钎焊按照使用焊料熔点的不同分为硬焊(焊料熔点高于450℃)和软焊(焊料熔点低于450℃)。

采用锡铅焊料进行焊接称为锡铅焊，简称锡焊，它是软焊的一种。除了含有大量铬和铝等合金的金属不易焊接外，其他金属一般都可以采用锡焊焊接。锡焊方法简便，整修焊点、拆换元器件、重新焊接都较容易，所用工具简单(电烙铁)。此外，还具有成本低，易实现自动化等优点。在电子装配中，它是使用最早，适用范围最广和当前仍占较大比重的一种焊接方法。

近年来，随着电子工业的快速发展，焊接工艺也有了新的发展。在锡焊方面普遍地使用了应用机械设备的浸焊和实现自动化焊接的波峰焊，这不仅降低了工人的劳动强度，也提高了生产效率，保证了产品的质量。同时无锡焊接在电子工业中也得到了较多的应用，如熔焊、绕接焊、压接焊等。

2. 锡焊的机理

锡焊的机理可以由浸润、扩散、界面层的结晶与凝固三个过程来表述。

(1) 浸润。加热后呈熔融状态的焊料(锡铅合金)，沿着工件金属的凹凸表面，靠毛细管的作用扩展。如果焊料和工件金属表面足够清洁，焊料原子与工件金属原子就可以接近到能够相互结合的距离，即接近到原子引力互相起作用的距离，上述过程为焊料的浸润。

(2) 扩散。由于金属原子在晶格点阵中呈热振动状态，因此在温度升高时，它会从一个晶格点阵自动地转移到其他晶格点阵，这种现象称为扩散。锡焊时，焊料和工件金属表面的温度较高，焊料与工件金属表面的原子相互扩散，在两者界面形成新的合金。

(3) 界面层的结晶与凝固。焊接后焊点温度降低到室温，在焊接处形成由焊料层、合金层和工件金属表层组成的结合结构。在焊料和工件金属界面上形成合金层，称"界面层"。冷却时，界面层首先以适当的合金状态开始凝固，形成金属结晶，而后结晶向未凝固的焊料生长。

3. 锡焊的工艺要素

(1) 工件金属材料应具有良好的可焊性。可焊性即可浸润性，是指在适当的温度下，工件金属表面与焊料在助焊剂的作用下能形成良好的结合，生成合金层的性能。铜是导电性能良好且易于焊接的金属材料，常用元器件的引线、导线及接点等都采用铜材料制成。其他金属如金、银的可焊性好，但价格较贵，而铁、镍的可焊性较差。为提高可焊性，通常在铁、镍合金的表面先镀上一层锡、铜、金或银等金属，以提高其可焊性。

(2) 工件金属表面应洁净。工件金属表面如果存在氧化物或污垢，会严重影响与焊料在界面上形成合金层，造成虚、假焊。轻度的氧化物或污垢可通过助焊剂来清除，较严重的要通过化学或机械的方式来清除。

(3) 正确选用助焊剂。助焊剂是一种略带酸性的易熔物质，在焊接过程中可以溶解工件金属表面的氧化物和污垢，并提高焊料的流动性，有利于焊料浸润和扩散的进行，在工件金属与焊料的界面上形成牢固的合金层，保证了焊点的质量。助焊剂种类很多，效果也不一样，使用时必须根据工件金属材料、焊点表面状况和焊接方式来选用。

(4) 正确选用焊料。焊料的成分及性能与工件金属材料的可焊性、焊接的温度及时间、焊点的机械强度等相适应，锡焊工艺中使用的焊料是锡铅合金，根据锡铅的比例及含有其他少量金属成分的不同，其焊接特性也有所不同，应根据不同的要求正确选用焊料。

(5) 控制焊接温度和时间。热能是进行焊接必不可少的条件。热能的作用是熔化焊料，提高工件金属的温度，加速原子运动，使焊料浸润工件金属界面，并扩散到工件金属界面的晶格中去，形成合金层。温度过低，会造成虚焊。温度过高，会损坏元器件和印制电路板。合适的温度是保证焊点质量的重要因素。在手工焊接时，控制温度的关键是选用具有适当功率的电烙铁和掌握焊接时间。电烙铁功率较大时应适当缩短焊接时间，电烙铁功率较小时可适当延长焊接时间。根据焊接面积的大小，经过反复多次实践才能把握好焊接工艺的这两个要素。焊接时间过短，会使温度太低，焊接时间过长，会使温度太高。一般情况下，焊接时间应不超过 3 s。

4. 焊点的质量要求

(1) 电气性能良好。高质量的焊点应是焊料与工件金属界面形成牢固的合金层，才能保证良好的导电性能。不能简单地将焊料堆附在工件金属表面而形成虚焊，这是焊接工艺中的大忌。

(2) 具有一定的机械强度。焊点的作用是连接两个或两个以上的元器件，并使电气接触良好。电子设备有时要工作在振动的环境中，为使焊件不松动或脱落，焊点必须具有一定的机械强度。锡铅焊料中的锡和铅的强度都比较低，有时在焊接较大和较重的元器件时，为了增加强度，可根据需要增加焊接面积，或将元器件引线、导线先行网绕、绞合、钩接在接点上再行焊接。所以采用锡焊的焊点一般都是一个被锡铅焊料包围的接点。

(3) 焊点上的焊料要适量。焊点上的焊料过少，不仅降低机械强度，而且由于表面氧化层逐渐加深，会导致焊点早期失效。焊点上的焊料过多，既增加成本，又容易造成焊点桥连(短路)，也会掩盖焊接缺陷，所以焊点上的焊料要适量。印制电路板焊接时，焊料布满焊盘呈裙状展开时最为适宜。

(4) 焊点表面应光亮且均匀。良好的焊点表面应光亮且色泽均匀。这主要是由助焊剂中未完全挥发的树脂成分形成的薄膜覆盖在焊点表面，能防止焊点表面的氧化。如果使用了消光剂，则对焊接点的光泽不作要求。

(5) 焊点不应有毛刺、空隙。焊点表面存在毛刺、空隙不仅不美观，还会给电子产品带来危害，尤其在高压电路部分，将会产生尖端放电而损坏电子设备。

(6) 焊点表面必须清洁。焊点表面的污垢，尤其是焊剂的有害残留物质，如果不及时清除，酸性物质会腐蚀元器件引线、接点及印制电路，吸潮会造成漏电甚至短路燃烧等，从而带来严重隐患。

2.2 焊接工具与材料

2.2.1 电烙铁

电烙铁是手工焊接的基本工具，是根据电流通过发热元件产生热量的原理而制成的。常用的电烙铁有外热式、内热式、恒温式、吸锡式等几种。另外还有半自动送料电烙铁，超声波烙铁，充电烙铁等。下面介绍几种常用电烙铁的构造及特点。

1. 外热式电烙铁

外热式电烙铁的外形如图 2.1 所示，由烙铁头、烙铁芯、外壳、手柄、电源线和插头等各部分组成。电阻丝绕在薄云母片绝缘的圆筒上，组成烙铁芯。烙铁头装在烙铁芯里面，电阻丝通电后产生的热量传送到烙铁头上，使烙铁头温度升高，故称为外热式电烙铁。

外热式电烙铁结构简单，价格较低，使用寿命长，但其体积较大，升温较慢，热效率低。

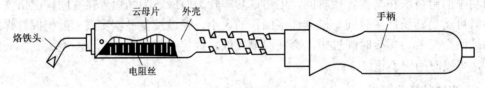

图 2.1 外热式电烙铁

2. 内热式电烙铁

内热式电烙铁的外形如图 2.2 所示。由于烙铁芯装在烙铁头里面，故称为内热式电烙铁。内热式电烙铁的烙铁芯是采用极细的镍铬电阻丝绕在瓷管上制成的，外面再套上耐热绝缘瓷管。烙铁头的一端是空心的，它套在芯子外面，用弹簧夹紧固。由于烙铁芯装在烙铁头内部，热量完全传到烙铁头上，升温快，因此热效率高达 85%～90%，烙铁头部温度可达 350℃左右。20 W 内热式电烙铁的实用功率相当于 25～40 W 的外热式电烙铁。内热式电烙铁具有体积小、重量轻、升温快和热效率高等优点，因而在电子装配工艺中得到了广泛的应用。

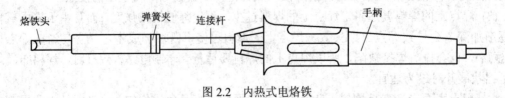

图 2.2 内热式电烙铁

3．恒温电烙铁

目前使用的外热式和内热式电烙铁的温度一般都超过 300℃，这对焊接晶体管、集成电路等是不利的。在质量要求较高的场合，通常需要恒温电烙铁。

恒温电烙铁有电控和磁控两种。电控是用热电偶作为传感元件来检测和控制烙铁头的温度。当烙铁头温度低于规定值时，温控装置内的电子电路控制半导体开关元件或继电器接通电源，给电烙铁供电，使电烙铁温度上升。温度一旦达到预定值，温控装置自动切断电源。如此反复动作，使烙铁头基本保持恒温。由于电控恒温电烙铁的价格较贵，因此目前较普遍使用的是磁控恒温电烙铁。

磁控恒温电烙铁是借助于软磁金属材料在达到某一温度(居里点)时会失去磁性这一特点，制成磁性开关来达到控温目的，其结构如图 2.3 所示，其外形如图 2.4 所示。

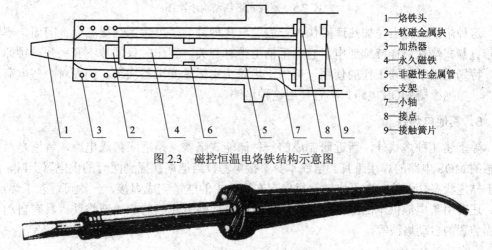

1—烙铁头
2—软磁金属块
3—加热器
4—永久磁铁
5—非磁性金属管
6—支架
7—小轴
8—接点
9—接触簧片

图 2.3　磁控恒温电烙铁结构示意图

图 2.4　磁控恒温电烙铁外形图

在烙铁头 1 的右端镶有一块软磁金属 2，烙铁头放在加热器 3 的中间，非磁性金属圆管 5 底部装有一块永久磁铁 4，再用小轴 7 与接触簧片 9 连起来而构成磁性开关，电源未接通时，永久磁铁 4 被软磁金属吸引，小轴 7 带动接触簧片 9 与接点 8 闭合。

当电烙铁接通电源后，加热器使烙铁头升温，在达到预定温度时(达到软磁金属的居里点)，软磁金属失去磁性，永久磁铁 4 在支架 6 的吸引下离开软磁金属，通过小轴 7 使接点 8 与接触簧片 9 分开，加热器断开，于是烙铁头温度下降，当降到低于居里点时，软磁金属又恢复磁性，永久磁铁又被吸引回来，加热器又恢复加热，如此反复动作，使烙铁头的温度保持在一定范围内。

如果需要不同的温度，可调换装有不同居里点的软磁金属的烙铁头，其居里点不同，失磁的温度也不同。烙铁头的工作温度可在 260～450℃ 范围内任意选取。

4．感应式烙铁

感应式烙铁也叫速热烙铁，俗称焊枪。它里面实际是一个变压器，这个变压器的次级实际只有 1～3 匝，当初级通电时，次级感应出大电流通过加热体，使同它相连的烙铁头迅速达到焊接所需温度。其结构如图 2.5 所示。

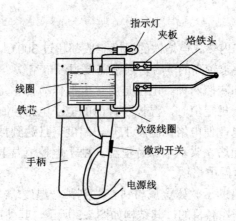

图 2.5 感应式烙铁结构示意图

这种烙铁的特点是加热速度快,一般通电几秒钟,即可达到焊接温度。因而,不需像铁芯直热式烙铁那样持续通电,它的手柄上带有开关,工作时只需按下开关几秒钟即可焊接,特别适用于断续工作的使用。但由于烙铁头实际是变压器次级,因而对一些电荷敏感器件,如绝缘栅 MOS 电路,不宜使用这种烙铁。

5.其他电烙铁

除上述几种烙铁外,新近研制成的一种储能式烙铁,是适应集成电路,特别是对电荷敏感的 MOS 电路的焊接工具。烙铁本身不接电源,当把烙铁插到配套的供电器上时,烙铁处于储能状态,焊接时拿下烙铁,靠储存在烙铁中的能量完成焊接,一次可焊若干焊点。

还有用蓄电池供电的碳弧烙铁;可同时除去焊件氧化膜的超声波烙铁;具有自动送进焊锡装置的自动烙铁等。

6.电烙铁的使用与保养

(1) 电烙铁的电源线最好选用纤维编织花线或橡皮软线,这两种线不易被烫坏。

(2) 使用前,先用万用表测量一下电烙铁插头两端是否短路或开路,正常时 20 W 内热式电烙铁阻值约为 2.4 kΩ 左右(烙铁芯的电阻值)。再测量插头与外壳是否漏电或短路,正常时阻值应为无穷大。

(3) 新烙铁刃口表面镀有一层铬,不易沾锡。使用前先用锉刀或砂纸将镀铬层去掉,通电加热后涂上少许焊剂,待烙铁头上的焊剂冒烟时,即上焊锡,使烙铁头的刃口镀上一层锡,这时电烙铁就可以使用了。

(4) 在使用间歇中,电烙铁应搁在金属的烙铁架上,这样既保证安全,又可适当散热,避免烙铁头"烧死"。对已"烧死"的烙铁头,应按新烙铁的要求重新上锡。

(5) 烙铁头使用较长时间后会出现凹槽或豁口,应及时用锉刀修整,否则会影响焊点质量。对经多次修整已较短的烙铁头,应及时调换,否则会使烙铁头温度过高。

(6) 在使用过程中,电烙铁应避免敲打碰跌,因为在高温时的振动,最易使烙铁芯损坏。

2.2.2 焊料

凡是用来焊接两种或两种以上的金属面,使之成为一个整体的金属或合金都叫焊料。

焊料的种类很多，按其组成成分，焊料有锡铅焊料、银焊料和铜焊料等。按其熔点可分为软焊料(熔点在 450℃以下)和硬焊料(熔点在 450℃以上)。电子产品装配中，一般都选用锡铅焊料，它是一种软焊料。锡可以与其他金属组成二元合金、三元合金或四元合金。

1. 锡铅共晶合金

锡铅合金的特性随锡铅成分配比的不同而异。图 2.6 是不同配比的锡铅合金在不同温度时的状态图。

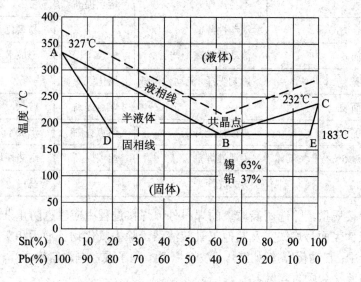

图 2.6　锡铅合金状态图

如图 2.6 中 B 点所示，含锡量为 63%，含铅量为 37%时，锡铅合金的熔点为 183℃。此时合金可由固态直接变为液态，或由液态直接变为固态，这时的合金称为共晶合金，按共晶合金配制成的锡铅焊料称为共晶焊锡。采用共晶焊锡进行焊接有以下优点：

(1) 熔点最低。降低了焊接温度，减少了元器件受热损坏的机会。尤其是对温度敏感的元器件影响较小。

(2) 熔流点一致。共晶焊锡只有一个熔流点，由液体直接变成固体，结晶迅速，这样可以减少元器件的虚焊现象。

(3) 流动性好，表面张力小。焊料能很好地填满焊缝，并对工件有较好的浸润作用，使焊点结合紧密光亮。

(4) 抗拉强度和剪切强度高，导电性能好，电阻率低。

(5) 抗腐蚀性能好。锡和铅的化学稳定性比其他金属好，抗大气腐蚀能力强，而共晶焊锡的抗腐蚀能力更好。

2. 杂质对焊接的影响

锡铅焊料中往往会含有少量杂质，有些是出于某种需要而人为掺入的，有些则是在运输、储存和使用过程中无意混入的，这些杂质对焊料的性能有较大的影响。表 2-1 列出了各种杂质对焊料性能的影响情况。

表 2-1 杂质对焊料性能的影响

杂质种类	机构特性	焊接性能	熔化温度变化	其　他
锑	抗拉强度增大，变脆	润湿性、流动性降低	熔化区变窄	电阻变大
铋	变脆		熔点降低	冷却时产生裂缝
锌		润湿性、流动性降低		多孔，表面晶粒粗大
铁		不易操作	熔点提高	带磁，易附在铁上
铝	结合力减弱	流动性降低		易氧化、腐蚀
砷	脆而硬	流动性提高一些		形成水泡状、针状结晶
镉	变脆	影响光泽，流动性降低	熔化区变宽	多孔，白色
铜	脆而硬		熔点提高	粒状，不易熔
镍	变脆	焊接性能降低	熔点提高	形成水泡状结晶
银	超过 5%易产生气体	需活性焊剂	熔点提高	耐热性增加
金	变脆	失去光泽		呈白色

为了提高焊接质量，除选用高质量的焊料外，焊接过程中应注意防止杂质对焊料的污染。焊接时，工件表面、烙铁头及其他工具应清洁，除去氧化物、油污和灰尘。焊料要保存在干净的容器中；自动化焊接(如浸焊、波峰焊)时，除了要控制焊料槽中焊料的配比之外，还要定期检查和调整杂质的含量。

3.常用锡铅焊料

(1) 管状焊锡丝。在手工焊接时，为了方便，常将焊锡制成管状，中空部分注入由特级松香和少量活化剂组成的助焊剂，这种焊锡称为焊锡丝。有时在焊锡丝中还添加 1%～2%的锑，可适当增加焊料的机械强度。

焊锡丝的直径有 0.5、0.8、0.9、1.0、1.2、1.5、2.0、2.5、3.0、4.0、5.0 mm 等多种规格，有制成扁带状的。

(2) 抗氧化焊锡。由于浸焊和波峰焊使用的锡槽都有大面积的高温表面，焊料液体暴露在大气中，很容易被氧化而影响焊接质量，使焊点产生虚焊，因此在锡铅合金中加入少量的活性金属，能使氧化锡、氧化铅还原，并漂浮在焊锡表面形成致密覆盖层，从而使焊锡不被继续氧化。这类焊锡在浸焊与波峰焊中已得到了普遍使用。

(3) 含银焊锡。电子元器件与导电结构件中，有不少是镀银件。使用普通焊锡，镀银层易被焊锡溶解，而使元器件的高频性能变坏。在焊锡中添加 0.5%～2.0%的银，可减少镀银件中的银在焊锡中的溶解量，并可降低焊锡的熔点。

(4) 焊膏。焊膏是表面安装技术中的一种重要贴装材料，由焊粉(焊料制成粉末状)、有机物和溶剂组成，制成糊状物，能方便地用丝网、模板或涂膏机涂在印制电路板上。

(5) 不同配比的锡铅焊料。因为被焊工件的材料、焊接的特殊要求及价格等因素，在锡焊工艺中也常使用一些其他配比的锡铅焊料。常见焊锡的特性及用途见表 2-2。

表 2-2　常见焊锡的特性及用途

名称	牌号	主要成分(%)			熔点/℃	杂质	电阻率/Ωm	抗拉强度	主要用途
		锡	锑	铅					
10锡铅焊料	HISnPb10	89-91	<0.15	余量	220	铜、铋、砷			用于钎焊食品器皿及医药卫生物品
39锡铅焊料	HISnPb39	59-61	<0.8		183	铁、硫、锌、铝	0.145	4.7	用于钎焊无线电元器件等
58-2锡铅焊料	HISnPb58-2	39-41	1.5-2		235		0.170	3.8	用于钎焊无线电元器件、导线、钢皮镀铸件等
682锡铅焊料	HISnPb68-2	29-31	1.5-2		256		0.182	3.3	用于钎焊电缆金属护套、铝管等
90-6锡铅焊料	HISnPb90-6	3-4	5-6		256			5.9	用于钎焊黄铜和铜

2.2.3　助焊剂

助焊剂是进行锡铅焊时所必需的辅助材料，是焊接时添加在焊点上的化合物，参与焊接的整个过程。

1．助焊剂的作用

(1) 除去氧化物。为了使焊料与工件表面的原子能够充分接近，必须将妨碍两金属原子接近的氧化物和污染物去除，助焊剂正是具有溶解这些氧化物、氢氧化物或使其剥离的功能。

(2) 防止工件和焊料加热时氧化。焊接时，助焊剂先于焊料之前熔化，在焊料和工件的表面形成一层薄膜，使之与外界空气隔绝，起到在加热过程中防止工件氧化的作用。

(3) 降低焊料表面的张力。使用助焊剂可以减小熔化后焊料的表面张力，增加其流动性，有利于浸润。

2．对助焊剂的要求

(1) 常温下必须稳定，熔点应低于焊料。

(2) 在焊接过程中具有较高的活化性，较低的表面张力，粘度和比重应小于焊料。

(3) 不产生有刺激性的气味和有害气体，熔化时不产生飞溅或飞沫。

(4) 绝缘好、无腐蚀性、残留物无副作用，焊接后的残留物易清洗。

(5) 形成的膜光亮(加消光剂的除外)、致密、干燥快、不吸潮、热稳定性好，具有保护工件表面的作用。

3．常用助焊剂简介

助焊剂一般可分为有机、无机和树脂三大类(如图 2.7 所示)。电子装配中常用的是树脂类助焊剂。

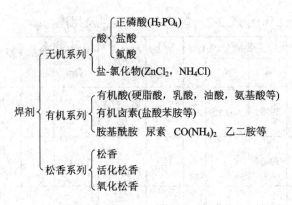

图 2.7 助焊剂分类及主要成分

(1) 松香酒精助焊剂。松香类助焊剂属于树脂系列焊剂，在常温下，松香是固态物质，可直接在焊接中使用，起助焊作用。但烙铁头吸附固体松香时，容易挥发，沾到焊点上的数量较少，不能充分发挥作用。平时使用时，常将松香溶于酒精之中，重量比例为 3:1，并添加适量活性剂，制成松香酒精助焊剂。

松香类助焊剂的用法有预涂覆和后涂覆两种。预涂覆多用于印制电路板焊接，既可防止印制电路板表面氧化，又利于印制电路板的保存。后涂覆指在焊接过程中添加助焊剂，与焊料同时使用，也可制成管状焊锡丝。

(2) "三 S"消光助焊剂。这种助焊剂具有一定的浸润性，可使焊点丰满，防止桥连、拉尖，还具有较好的消光作用。

(3) 中性助焊剂。这种助焊剂适用于锡铅焊料对铜及铜合金、银和白金等的焊接。中性助焊剂活化性强，焊接性能好，焊前不必清洗或浸锡，并能避免产生虚焊、假焊等现象，同时在焊接时不产生刺激性有害气体。

(4) 波峰焊防氧化剂。波峰焊防氧化剂具有较高的稳定性和还原能力，在常温下呈固态，在 80℃ 以上时呈液态，常在浸焊及波峰焊等自动焊接时使用。

2.2.4 阻焊剂

阻焊剂是一种耐高温的涂料，可将不需要焊接的部分保护起来，致使焊接只在所需要的部位进行，以防止焊接过程中的桥连、短路等现象发生，对高密度印制电路板尤为重要，可降低返修率，节约焊料，使焊接时印制电路板受到的热冲击小，板面不易起泡和分层。我们常见到的印制电路板上的绿色涂层即为阻焊剂。

阻焊剂的种类有热固化型阻焊剂、紫外线光固化型阻焊剂(又称光敏阻焊剂)和电子辐射固化型阻焊剂等几种，目前常用的是紫外线光固化型阻焊剂。

2.3 手工焊接工艺

手工焊接是锡铅焊接技术的基础。尽管目前现代化企业已经普遍使用自动插装、自动焊接的生产工艺，但产品试制、小批量产品生产、具有特殊要求的高可靠性产品的生产(如航天技术中的火箭、人造卫星的制造等)目前还采用手工焊接。即使印制电路板结构这样的小型化大批量，采用自动焊接的产品，也还有一定数量的焊接点需要手工焊接，所以目前还没有任何一种焊接方法可以完全取代手工焊接。因此，在培养高素质的电子技术人员、电子操作工人过程中，手工焊接工艺是必不可少的训练内容。

2.3.1 焊接准备

1. 选用合适功率的电烙铁

内热式电烙铁具有升温快、热效率高、体积小、重量轻的特点，在电子装配中已得到普遍使用。焊接印制电路板的焊盘和一般产品中的较精密元器件及受热易损元器件宜选用20 W内热式电烙铁，但低功率的电烙铁由于本身的热容量小，热恢复时间长，不适于快速操作。因此，在具有熟练的操作技术的基础上，可选用35 W内热式电烙铁，这样可缩短焊接时间。对一些焊接面积大的结构件、金属底板接地点的焊接，则应选用功率更大一些的电烙铁。

2. 选用合适的烙铁头

烙铁头的形状要适应被焊工件表面的要求和产品的装配密度。成品电烙铁头都已定形，可根据焊接的需要，自行加工成不同形状的烙铁头，如图2.8所示。凿形和尖锥形烙铁头，角度较大时，热量比较集中，温度下降较慢，适用于一般焊点；角度较小时，温度下降快，适用于焊接对温度比较敏感的元器件。斜面设计的烙铁头，由于表面积较大，传热较快，因此适用于焊接密度不很高的单面印制板焊盘接点。圆锥形烙铁头适用于焊接密度高的焊点、小孔和小而怕热的元器件。

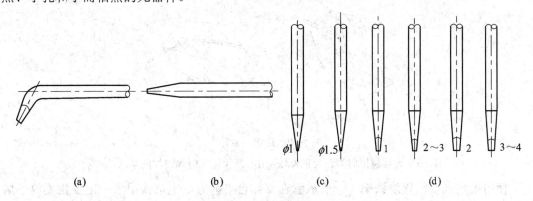

图 2.8　烙铁头的形状

(a) 弯形烙铁头；(b) 直形烙铁头；(c) 圆锥形烙铁头；(d) 凿形烙铁头

目前有一种称之为"长寿命"的烙铁头，是在紫铜表面镀以纯铁或镍，使用寿命比普通烙铁头高10～20倍。这种烙铁头不宜用锉刀加工，以免破坏表面镀层，缩短使用寿命。该种烙铁头的形状一般都已加工成适于印制电路板焊接要求的形状。

3. 烙铁头的清洁和上锡

对于已使用过的电烙铁，应进行表面清洁、整形及上锡，使烙铁头表面平整、光亮及上锡良好。

2.3.2 手工焊接

1. 焊接操作姿势与卫生

焊剂加热挥发出的化学物质对人体是有害的，如果操作时鼻子距离烙铁头太近，则很容易将有害气体吸入。一般烙铁离开鼻子的距离应至少不小于 30 cm，通常以 40 cm 为宜。

电烙铁拿法有三种，如图 2.9 所示。反握法动作稳定，长时间操作不易疲劳，适于大功率烙铁的操作。正握法适于中等功率烙铁或带弯头电烙铁的操作。一般在操作台上焊印制板等焊件时多采用握笔法。

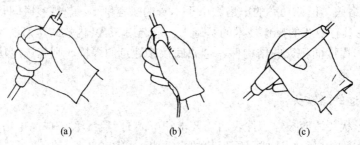

图 2.9　电烙铁拿法
(a) 反握法；(b) 正握法；(c) 握笔法

焊锡丝一般有两种拿法，如图 2.10 所示。由于焊丝成分中，铅占一定比例，众所周知铅是对人体有害的重金属，因此操作时应戴手套或操作后洗手，避免食入。

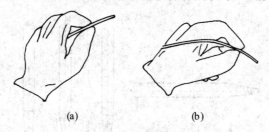

图 2.10　焊锡丝拿法
(a) 连续锡焊时焊锡丝的拿法；(b) 断续锡焊时焊锡丝的拿法

使用电烙铁要配置烙铁架，一般放置在工作台右前方，电烙铁用后一定要稳妥放于烙铁架上，并注意导线等物不要碰烙铁头。

2. 五步法训练

作为一种初学者掌握手工锡焊技术的训练方法，五步法是卓有成效的，值得单独作为一节来讨论。

不少电子爱好者中通行一种焊接操作法，即先用烙铁头沾上一些焊锡，然后将烙铁放到焊点上停留等待加热后焊锡润湿焊件。这种方法，不是正确的操作方法，这样虽然也可以将焊件焊起来，但却不能保证质量。从我们所了解的锡焊机理不难理解这一点。

如图 2.11 所示，当我们把焊锡熔化到烙铁头上时，焊锡丝中的焊剂附在焊料表面，由于烙铁头温度一般都在 250～350℃以上，当烙铁放到焊点上之前，松香焊剂将不断挥发，而当烙铁放到焊点上时由于焊件温度低，加热还需一段时间，在此期间焊剂很可能挥发大半甚至完全挥发，因而在润湿过程中由于缺少焊剂而润湿不良。同时由于焊料和焊件温度差得多，结合层不容易形成，很难避免虚焊。更由于焊剂的保护作用丧失后焊料容易氧化，质量得不到保证就在所难免了。

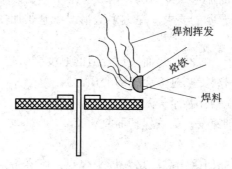

图 2.11　焊剂在烙铁上挥发

正确的方法应该是五步法(如图 2.12 所示)。

(1) 准备施焊。准备好焊锡丝和烙铁。此时特别强调的是烙铁头部要保持干净，即可以沾上焊锡(俗称吃锡)(见图(a))。

(2) 加热焊件。将烙铁接触焊接点，首先要注意保持烙铁加热焊件各部分，例如印制板上引线和焊盘都使之受热。其次要注意让烙铁头的扁平部分(较大部分)接触热容量较大的焊件，烙铁头的侧面或边缘部分接触热容量较小的焊件，以保持焊件均匀受热(见图(b))。

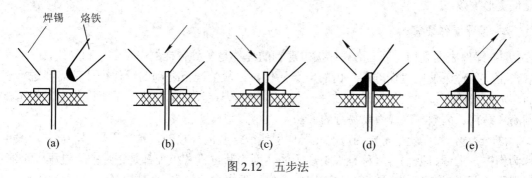

图 2.12　五步法

(a) 准备；(b) 加热；(c) 加焊锡；(d) 去焊锡；(e) 去烙铁

(3) 熔化焊料。当焊件加热到能熔化焊料的温度后将焊丝置于焊点，焊料开始熔化并润湿焊点(见图(c))。

(4) 移开焊锡。当熔化一定量的焊锡后将焊锡丝移开(见图(d))。

(5) 移开烙铁。当焊锡完全润湿焊点后移开烙铁，注意移开烙铁的方向应该是大致 45°的方向(见图(e))。上述过程，对一般焊点而言大约二三秒钟。对于热容量较小的焊点，例如印制电路板上的小焊盘，有时用三步法概括操作方法，即将上述步骤(2)、(3)合为一步，(4)、(5)合为一步。实际上细微区分还是五步，所以五步法具有普遍性，是掌握手工烙铁焊接的基本方法。特别是各步骤之间停留的时间，对保证焊接质量至关重要，只有通过实践才能逐步掌握。

3. 手工锡焊要点

以下几个要点是由锡焊机理引出并被实际经验证明具有普遍适用性。

1) 掌握好加热时间

锡焊时可以采用不同的加热速度，例如烙铁头形状不良，用小烙铁焊大焊件时我们不得不延长时间以满足锡料温度的要求。在大多数情况下延长加热时间对电子产品装配都是有害的，这是因为：

(1) 焊点的结合层由于长时间加热而超过合适的厚度会引起焊点性能劣化。

(2) 印制板、塑料等材料受热过多会变形变质。

(3) 元器件受热后性能变化甚至失效。

(4) 焊点表面由于焊剂挥发，失去保护而氧化。

2) 保持合适的温度

如果为了缩短加热时间而采用高温烙铁焊小焊点，则会带来另一方面的问题：焊锡丝中的焊剂没有足够的时间在被焊面上漫流而过早挥发失效；焊料熔化速度过快影响焊剂作用的发挥；由于温度过高虽加热时间短也会造成过热现象。

理想的状态是较低的温度下缩短加热时间，尽管这是矛盾的，但在实际操作中我们可以通过操作手法获得令人满意的解决方法。

3) 用烙铁头对焊点施力是有害的

烙铁头把热量传给焊点主要靠增加接触面积，用烙铁头对焊点加力对加热是徒劳的。例如电位器、开关、接插件的焊接点往往都是固定在塑料构件上的，加力的结果容易造成元件变形失效。

4. 锡焊操作要领

(1) 焊件表面处理。手工烙铁焊接中遇到的焊件是各种各样的电子零件和导线，除非在规模生产条件下使用"保鲜期"内的电子元件，一般情况下遇到的焊件往往都需要进行表面清理，去除焊接面上的锈迹、油污、灰尘等影响焊接质量的杂质。手工操作中常用机械刮磨和酒精、丙酮擦洗等简单易行的方法。

(2) 预焊。预焊就是将要锡焊的元器件引线或导线的焊接部位预先用焊锡润湿，一般也称为镀锡、上锡、搪锡等。称预焊是准确的，因为其过程和机理都是锡焊的全过程(焊料润湿焊件表面，靠金属的扩散形成结合层后而使焊件表面"镀"上一层焊锡)。

预焊并非锡焊不可缺少的操作，但对手工烙铁焊接特别是维修、调试、研制工作几乎可以说是必不可少的。图 2.13 表示元件引线预焊方法。预焊所要遵循的原则和操作方法同锡焊一样，导线的预焊有特殊要求，后面还要专门讨论。

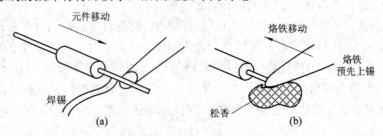

图 2.13　元器件引线预焊

(3) 不要用过量的焊剂。适量的焊剂是必不可缺的，但不要认为越多越好。过量的松香不仅造成焊后焊点周围需要清洗，而且延长了加热时间(松香溶化、挥发需要带走热量)，降低工作效率；而当加热时间不足时又容易夹杂到焊锡中形成"夹渣"缺陷；对开关元件的焊接，过量的焊剂容易流到触点处，从而造成接触不良。

合适的焊剂量应该是松香水仅能浸湿将要形成的焊点，不要让松香水透过印制板流到元件面或插座孔里(如 IC 插座)。对使用松香芯的焊丝来说，基本不需要再涂焊剂。

(4) 保持烙铁头的清洁。由于焊接时烙铁头长期处于高温状态，又接触焊剂等受热分解的物质，其表面很容易氧化而形成一层黑色杂质，这些杂质几乎形成隔热层，使烙铁头失去加热作用。因此要随时在烙铁架上蹭去杂质。用一块湿布或湿海绵随时擦烙铁头，也是常用的方法。

(5) 加热要靠焊锡桥。非流水线作业中，一次焊接的焊点形状是多种多样的，我们不可能不断换烙铁头。要提高烙铁头加热的效率，需要形成热量传递的焊锡桥。所谓焊锡桥，就是靠烙铁头上保留少量焊锡作为加热时烙铁头与焊件之间传热的桥梁。显然由于金属液的导热效率远高于空气，因此焊件很快被加热到焊接温度(见图 2.14)。应注意作为焊锡桥的锡保留量不可过多。

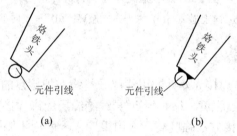

图 2.14　焊锡桥作用

(a) 无焊锡桥作用，接触面小，传热慢；(b) 焊锡桥作用，大面积传热，速度快

(6) 焊锡量要合适。过量的焊锡不但毫无必要地消耗了较贵的锡，而且增加了焊接时间，相应降低了工作速度。更为严重的是在高密度的电路中，过量的锡很容易造成不易觉察的短路(如图 2.15 所示)。

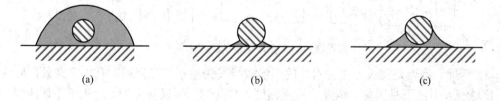

图 2.15　焊锡量的掌握

(a) 焊锡过多，浪费；(b) 焊锡过少，焊点强度差；(c) 合适的焊锡量，合格的焊点

但是焊锡过少不能形成牢固的结合，降低焊点强度，特别是在板上焊导线时，焊锡不足往往会造成导线脱落。

(7) 焊件要固定。在焊锡凝固之前不要使焊件移动或振动，特别是用镊子夹住焊件时一定要等焊锡凝固再移去镊子。这是因为焊锡凝固过程是结晶过程，根据结晶理论，在结晶期间受到外力(焊件移动)会改变结晶条件，导致晶体粗大，造成所谓的冷焊。外观现象是表面无光泽呈豆渣状；焊点内部结构疏松，容易有气隙和裂缝，造成焊点强度降低，导电性能差。因此，在焊锡凝固前一定要保持焊件静止。实际操作时可以用各种适宜的方法将焊件固定，或使用可靠的夹持措施。

(8) 烙铁撤离有讲究。烙铁撤离要及时，而且撤离时的角度和方向对焊点形成有一定关系。图 2.16 所示为不同撤离方向对焊料的影响。撤烙铁时轻轻旋转一下，可保持焊点适当的焊料，这需要在实际操作中体会。

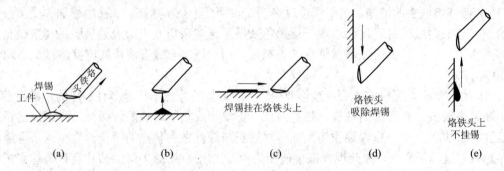

图 2.16　烙铁撤离方向和焊锡量的关系

(a) 烙铁轴向 45° 撤离；(b) 向上撤离；(c) 水平方向撤离；(d) 垂直向下撤离；(e) 垂直向上撤离

2.3.3　手工焊接的分类

(1) 绕焊。绕焊是将被焊接元器件的引线或导线绕在焊接点的金属件上(绕 1～2 圈)，用尖嘴钳夹紧，以增加绕焊点强度，缩小焊点(导线绝缘层应离焊接点 1～3 mm，以免烫坏)，然后再进行焊接。这种焊接方法强度高，应用很广，一般用于眼孔式焊接点、焊片及柱形焊接点等。常见焊接点的绕焊示例如图 2.17 所示。

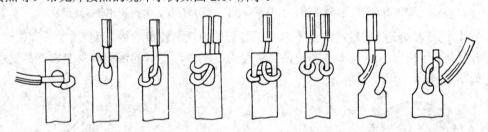

图 2.17　常见焊接点的绕焊示例

(2) 钩焊。钩焊是将被焊接元器件的引线或导线钩接在焊接点的眼孔中，夹紧，形成钩形，使导线或引线不易脱落。钩焊的机械强度不如绕焊，但操作方便，适用于不便绕焊，而且要有一定的强度或便于拆焊的地方，如一些小型继电器的焊接点、焊片等。

(3) 搭焊。搭焊是将元器件的引线或导线搭在焊接点上，再进行焊接。它适用于要求便于调整或改焊的临时焊接点上。某些要求不高的产品为了节省工时，也采用此法，搭焊示例如图 2.18 所示。

(4) 插焊。插焊是将导线的末端插入圆形孔内进行焊接。管状接线柱的预焊如图 2.19 所示。导线的剥头长度应比孔的深度长约 1 mm，芯线的端面切成斜面。焊接前芯线应进行搪锡，以免在端面上残留气泡。

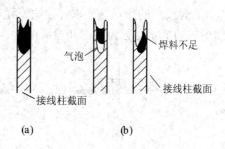

图 2.18　搭焊示例图　　　　　　　　　　　图 2.19　管状接线柱的预焊

2.3.4　印制电路板的手工焊接

1. 印制电路板焊接的特点

(1) 印制电路板是用粘合剂把铜箔压粘在绝缘基板上制成的。绝缘基板的材料有环氧玻璃布、酚醛绝缘纸板等。铜与这些绝缘材料的粘合能力不是很强，高温时则更差。一般环氧玻璃布覆铜板允许连续使用的温度是 140℃ 左右，远低于焊接温度。而且铜与绝缘基板的热膨胀系数各不相同，过高的焊接温度和过长的时间会引起印制电路板起泡、变形，甚至铜箔翘起。

(2) 印制电路板插装的元器件一般为小型元器件，如晶体管、集成电路及使用塑料骨架的中周、电感等，耐高温性能较差，焊接温度过高，时间过长，都会造成元器件的损坏。

(3) 如果采用低熔点焊料，又会给焊接点的机械强度和其他方面带来不利影响。所以在焊接印制电路板时，要根据具体情况，除掌握合适的焊接温度、焊接时间外，还应选用合适的焊料和助焊剂。

2. 印制电路板手工焊接工艺

(1) 电烙铁的选用。由于铜箔和绝缘基板之间的结合强度、铜箔的厚度等原因，烙铁头的温度最好控制在 250～300℃ 之间，因此最好选用 20 W 内热式电烙铁。当焊接能力达到一定的熟练程度时，为提高焊接效率，也可选用 35 W 内热式电烙铁。

(2) 烙铁头的形状。烙铁头的形状应以不损伤印制电路板为原则，同时也要考虑适当增加烙铁头的接触面积，最好选用凿式烙铁头，并将棱角部分锉圆。

(3) 电烙铁的握法。焊接时，烙铁头不能对印制电路板施加太大的压力，以防止焊盘受压翘起。可以采用握笔法拿电烙铁，小指垫在印制电路板上支撑电烙铁，以便自由调整接触角度、接触面积、接触压力，使焊接面均匀受热。

(4) 焊料和助焊剂的选用。焊料可选用 HH6-2-2 牌号的活性树脂芯焊锡丝，直径可根据焊盘大小、焊接密度决定。对难焊的焊接点，在复焊与修整时再添加 BH66-1 液态助焊剂。

(5) 焊接的步骤可按前述手工焊接的步骤进行。一般焊盘面积不大时，可免去第(3)步操作，采用三步操作法：① 加热被焊工件，② 填充焊料，③ 移开焊锡丝、移开电烙铁。根据印制电路板的特点，为防止焊接温度过高，焊接时间一般以 2～3 s 为宜。当焊盘面积很小，或用 35 W 电烙铁时，甚至可将①、②步合并，有利于连续操作，提高效率。

(6) 焊接点的形式与要求。导线或元器件引线插入印制电路板规定的孔内，暴露在焊盘外部引线的形状可分为直脚和弯脚两种。印制电路板插焊的形式如图 2.20 所示。

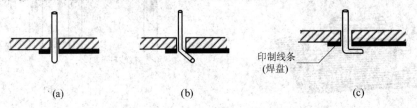

图 2.20　印制电路板插焊的形式

　　直脚露骨焊即为部分导线或元器件引线露出焊接点锡面，这样可以避免在焊接时因导线或元器件引线自孔中下落而形成虚焊、假焊甚至漏焊的现象。如果焊点"包头"的话，很可能将这些问题掩盖了。对焊接点的要求是光亮、平滑、焊料布满焊盘并成"裙状"展开。焊接结束后应立即剪脚，"露骨"长度宜在 0.5～1 mm 之间，过长可能产生弯曲，易与相邻焊点发生短路。直脚露骨焊示例如图 2.21 所示。

　　双面印制电路板的连接孔一般要进行孔的金属化，金属化孔的焊接如图 2.22 所示。在金属化孔上焊接时，要将整个元器件的安装座(包括孔内)都充分浸润焊料，所以金属化孔上的焊接加热时间应稍长一些。

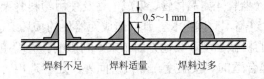

图 2.21　直脚露骨焊示例

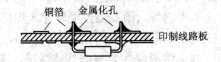

图 2.22　金属化孔的焊接

　　由于直脚焊还存在着机械强度较差的缺点，因此在某些具有特殊要求的高可靠性产品中采用的是弯脚焊。弯脚焊可将导线或元器件引线弯成 45°或 90°两种。弯成 45°时，既保持了足够的机械强度，又较容易在更换元器件时拆装重焊，因此在弯脚焊中常采用 45°的弯曲角度。

　　弯成 90°时应带有一些弧形，这样焊接时不易产生拉尖，这种形式在焊接中机械强度最高，但拆装重焊困难。在采用这种方法时要注意焊盘中引线的弯曲方向，不能随意乱弯，防止与相邻的焊盘造成短路。一般应沿着印制导线的方向弯曲，然后剪脚，其断头长度不超过焊盘的半径，以防止弯曲后造成短路。

　　(7) 检查和整理。焊接完成后要进行检查和整理。检查的项目包括：有无插错元器件、漏焊及桥连；元器件的极性是否正确及印制电路板上是否有飞溅的焊料、剪断的线头等。检查后还需将歪斜的元器件扶正并整理好导线。

2.3.5　几种易损元器件的焊接

1. 铸塑元件的锡焊

　　各种有机材料，包括有机玻璃、聚氯乙烯、聚乙烯、酚醛树脂等材料，现在已被广泛用于电子元器件的制造，例如各种开关、插接件等。这些元件都是采用热铸塑方式制成的，它们最大弱点就是不能承受高温。当我们对铸塑在有机材料中的导体接点施焊时，如不注意控制加热时间，极容易造成塑料变形，导致元件失效或降低性能，造成隐性故障。图 2.23 是一个常用的钮子开关由于焊接技术不当造成失效的例子。

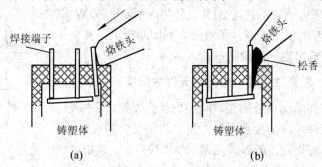

图 2.23　焊接不当造成开关失效

(a) 焊接时烙铁对端子加力导致变形，开关失效；(b) 焊剂过多流入开关触点造成接触不良

其他类型铸塑制成的元件也有类似问题，因此，这一类元件焊接时必须注意：

(1) 在元件预处理时，尽量清理好接点，一次镀锡成功，不要反复镀，尤其将元件在锡锅中浸镀时，更要掌握好浸入深度及时间。

(2) 焊接时烙铁头要修整尖一些，焊接一个接点时不碰相邻接点。

(3) 镀锡及焊接时加助焊剂量要少，防止浸入电接触点。

(4) 烙铁头在任何方向均不要对接线片施加压力。

(5) 焊接时间，在保证润湿的情况下越短越好。实际操作时在焊件预焊良好时只需用挂上锡的烙铁头轻轻一点即可。焊后不要在塑壳未冷前对焊点作牢固性试验。

2. 簧片类元件接点焊接

这类元件如继电器、波段开关等，它们共同特点是簧片制造时加预应力，使之产生适当弹力，保证电接触性能。如果安装施焊过程中对簧片施加外力，则破坏了接触点的弹力，造成元件失效。簧片类元件焊接要领：可靠的预焊；加热时间要短；不可对焊点任何方向加力；焊锡量宜少。

3. FET 及集成电路焊接

MOS FET 特别是绝缘栅极型，由于输入阻抗很高，稍不慎即可能使内部击穿而失效。双极型集成电路不像 MOS 集成电路那样脆弱，但由于内部集成度高，通常管子隔离层都很薄，一旦受到过量的热也容易损坏。无论哪种电路都不能承受高于 200℃的温度，因此焊接时必须非常小心。

(1) 电路引线如果是镀金处理的，不要用刀刮，只需酒精擦洗或用绘图橡皮擦干净就可以了。

(2) 对 CMOS 电路如果事先已将各引线短路，焊前不要拿掉短路线。

(3) 焊接时间在保证润湿的前提下，尽可能短，一般不超过 3 s。

(4) 使用烙铁最好是恒温 230℃的烙铁；也可用 20 W 内热式，接地线应保证接触良好。若用外热式，最好采用烙铁断电用余热焊接，必要时还要采取人体接地的措施。

(5) 工作台上如果铺有橡胶垫、塑料等易于积累静电的材料，MOS 集成电路芯片及印制电路板不宜放在台面上。

(6) 烙铁头应修整的窄一些，使焊一个端点时不会碰到相邻端点。所用烙铁功率内热式不超过 20 W，外热式不超过 30 W。

(7) 集成电路若不使用插座，可直接焊到印制板上，安全焊接顺序为地端—输出端—电源端—输入端。

4. 瓷片电容，发光二极管，中周等元件的焊接

这类元器件的共同弱点是加热时间过长就会失效，其中瓷片电容、中周等元件是内部接点开焊，发光管则使管芯损坏。焊接前一定要处理好焊点，施焊时强调一个"快"字。采用辅助散热措施(见图 2.24)可避免过热失效。

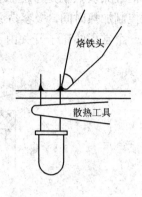

图 2.24　辅助散热示意图

2.3.6　焊接缺陷分析

1. 焊点失效分析

作为电子产品主要连接方法的锡焊点，应该在产品的有效使用期限内保证不失效。但实际上，总有一些焊点在正常使用期内失效，究其原因有下述几种。

(1) 环境因素。有些电子产品本身就工作在有一定腐蚀性气体的环境中，例如有些工厂在生产过程中就产生某些腐蚀性气体，即使是家庭或办公室中也不同程度地存在着腐蚀性气体。这些气体浸入有缺陷的焊点，例如有气孔的焊点，在焊料和焊件界面很容易形成电化学腐蚀作用，使焊点早期失效。

(2) 机械应力。产品在运输(如汽车、火车)中或使用中(如机床、汽车上的电器)往往受周期性的机械振动，其结果使具有一定质量的电子元件对焊点施加周期性的剪切力，反复作用的结果会使有缺陷的焊点失效。

(3) 热应力作用。电子产品在反复通电—断电的过程中，发热元器件将热量传到焊点，根据焊点不同材料热胀冷缩性能的差异，会对焊点产生热应力，反复作用的结果也会使一些有缺陷的焊点失效。

应该指出的是设计正确、焊接合格的焊点是不会因这些外部因素而失效的。外部因素通过内因起作用，这内部因素主要就是焊接缺陷。虚焊、气孔、夹渣、冷焊等缺陷，往往在初期检查中不易发现，一旦外部条件达到一定程度时就会使焊点失效。一二个焊点失效可能导致整个产品不能正常工作，有些情况下会带来严重的后果。

除焊接缺陷外，还有印制电路板、元器件引线镀层不良也会导致焊点出问题，例如印制板铜箔上一般都有一层铅锡镀层或金、银镀层，焊接时虽然焊料和镀层结合良好，但镀层和铜箔脱落同样会引起焊点失效。

2. 对焊点的要求及外观检查

1) 对焊点的要求

(1) 可靠的电连接。电子产品的焊接是同电路通断情况紧密相连的。一个焊点要能稳定、可靠地通过一定的电流，没有足够的连接面积和稳定的结合层是不行的。因为锡焊连接不

是靠压力,而是靠结合层达到电连接的目的,如果焊锡仅仅是堆在焊件表面或只有少部分形成结合层,那么在最初的测试和工作中也许不能发现,但随着条件的改变和时间的推移,电路会产生时通时断或者干脆不工作的现象,而这时观察外表,电路依然是连接的,这是电子产品使用中最头疼的问题,也是制造者必须十分重视的问题。

(2) 足够的机械强度。焊接不仅起电连接作用,同时也是固定元器件保证机械连接的手段,这就有个机械强度的问题。作为锡焊材料的铅锡合金本身强度是比较低的,常用铅锡焊料抗拉强度约为 $3\sim4.7$ kg/cm^2,只有普通钢材的 1/10,要想增加强度,就要有足够的连接面积。当然如果是虚焊点,焊料仅仅堆在焊盘上,自然就谈不到强度了。常见影响机械强度的缺陷还有焊锡过少、焊点不饱满、焊接时焊料尚未凝固就使焊件振动而引起的焊点晶粒粗大(像豆腐渣状)以及裂纹、夹渣等。

(3) 光洁整齐的外观。良好的焊点要求焊料用量恰到好处,外表有金属光泽,没有拉尖、桥接等现象,并且不伤及导线绝缘层及相邻元件。良好的外表是焊接质量的反映,例如,表面有金属光泽是焊接温度合适、生成合金层的标志,而不仅仅是外表美观的要求。

2) 典型焊点外观及检查

图 2.25 所示为两种典型焊点的外观,其共同要求是:外形以焊接导线为中心,匀称,成裙状拉开;焊料的连接面呈半弓形凹面,焊料与焊件交界处平滑,接触角尽可能小;表面有光泽且平滑;无裂纹、针孔、夹渣。

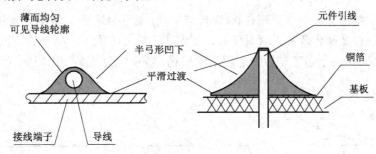

图 2.25　典型焊点外观

所谓外观检查,除用目测(或借助放大镜、显微镜观测)焊点是否合乎上述标准外,还包括检查漏焊、焊料拉尖、焊料引起导线间短路(即所谓"桥接")、导线及元器件绝缘的损伤、布线整形以及焊料飞溅。

检查时除目测外还要用指触、镊子拨动、拉线等方法检查有无导线断线,焊盘剥离等缺陷。

3. 焊点通电检查及试验

1) 通电检查

通电检查必须是在外观检查及连线检查无误后才可进行的工作,也是检验电路性能的关键步骤。如果不经过严格的外观检查,通电检查不仅困难较多而且有损坏设备仪器,造成安全事故的危险。例如电源连线虚焊,那么通电时就会发现设备加不上电,当然无法检查。

通电检查可以发现许多微小的缺陷,例如用目测观察不到的电路桥接等,但对于内部虚焊的隐患就不容易觉察。所以根本的问题还是要提高焊接操作的技艺水平,不能把问题留给检查工作去完成。图 2.26 所示为通电检查时可能遇到的故障与焊接缺陷的关系。

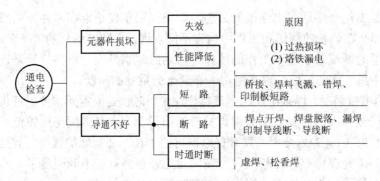

图 2.26　通电检查及分析

2) 例行试验

作为一种产品质量认证和评价方法，例行试验有不可取代的作用。模拟产品储运、工作环境，加速恶化的方式能暴露焊接缺陷。以下几种试验是常用的：

(1) 温度循环，温度范围大于实际工作环境温度，同时加上湿度条件。

(2) 振动试验，一定振幅，一定频率，一定时间的振动。

(3) 跌落试验，根据产品重量、体积规定一定高度的跌落。

4. 常见焊点缺陷及质量分析

造成焊接缺陷的原因很多，在材料(焊料与焊剂)与工具(烙铁、夹具)一定的情况下，采用什么方式方法以及操作者是否有责任心，就是决定性的因素了。图 2.27 表示导线端子焊接常见缺陷，表 2-3 列出了印制板焊点缺陷的外观、特点、危害及产生原因，可供焊点检查、分析时参考。

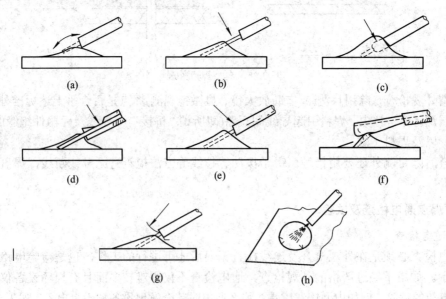

图 2.27　导线端子焊接缺陷示例

(a) 虚焊；(b) 芯线过长；(c) 焊锡浸过外皮；(d) 外皮烧焦；

(e) 焊锡上吸；(f) 断丝；(g) 甩丝；(h) 芯线散开

表 2-3　常见焊点缺陷及分析

焊点缺陷	外观特点	危　害	原因分析
针孔	目测或放大镜可见有孔	焊点容易腐蚀	焊盘孔与引线间隙太大
气泡	引线根部有时有焊料隆起，内部藏有空洞	暂时导通但长时间容易引起导通不良	引线与孔间隙过大或引线润湿性不良
剥离	焊点剥落(不是铜皮剥落)	断路	焊盘镀层不良
焊料过多	焊料面呈凸形	浪费焊料，且可能包藏缺陷	焊丝撤离过迟
焊料过少	焊料未形成平滑面	机械强度不足	焊丝撤离过早
松香焊	焊点中夹有松香渣	强度不足，导通不良，有可能时通时断	(1) 加焊剂过多，或已失效； (2) 焊接时间不足，加热不足； (3) 表面氧化膜未去除
过热	焊点发白，无金属光泽，表面较粗糙	(1) 焊盘容易剥落强度降低； (2) 造成元器件失效损坏	烙铁功率过大，加热时间过长
冷焊	表面呈豆腐渣状颗粒，有时可有裂纹	强度低，导电性不好	焊料未凝固时焊件抖动
虚焊	焊料与焊件交界面接触角过大，不平滑	强度低，不通或时通时断	(1) 焊件清理不干净； (2) 助焊剂不足或质量差； (3) 焊件未充分加热
不对称	焊锡未流满焊盘	强度不足	(1) 焊料流动性不好； (2) 助焊剂不足或质量差； (3) 加热不足
松动	导线或元器件引线可移动	导通不良或不导通	(1) 焊锡未凝固前引线移动造成空隙； (2) 引线未处理好(润湿不良或不润湿)
拉尖	出现尖端	外观不佳，容易造成桥接现象	(1) 加热不足； (2) 焊料不合格
桥接	相邻导线搭接	短路	(1) 焊锡过多； (2) 烙铁施焊撤离方向不当

2.3.7 焊接后的清洗

采用锡铅焊料的焊接，为保证质量，焊接时都要使用助焊剂。助焊剂在焊接过程中一般并不能充分挥发，经反应后的残留物会影响电子产品的电性能和三防性能(防潮湿、防盐雾、防霉菌)，尤其是使用活性较强的助焊剂时，其残留物危害更大。焊接后的助焊剂残留物往往还会粘附一些灰尘或污物，吸收潮气增加危害。因此，焊接后一般要对焊接点进行清洗，对有特殊要求的高可靠性产品的生产中更要做到这一点。

清洗是焊接工艺的一个组成部分。一个焊接点既要符合焊接质量要求，也要符合清洗质量要求，这样才算一个完全合格的焊接点。当然对使用无腐蚀性助焊剂和要求不高的产品也可不进行清洗。

目前较普遍采用的清洗方法有液相清洗法和气相清洗法两类。有用机械设备自动清洗，也有手工清洗。不论采用哪种清洗方法，都要求清洗材料只对助焊剂的残留物有较强的溶解能力和去污能力，而对焊接点无腐蚀作用。为保证焊接点的质量，不允许采用机械方法刮掉焊接点上的助焊剂残渣或污物，以免损伤焊接点。

2.3.8 拆焊技术

在电子产品的生产过程中，不可避免地要因为装错、损坏或因调试、维修的需要而拆换元器件，这就是拆焊，也叫解焊。在实际操作中拆焊比焊接难度高，如拆焊不得法，很容易将元器件损坏或损坏印制电路板焊盘，它也是焊接工艺中的一个重要的工艺手段。

1. 拆焊的原则

拆焊的步骤一般是与焊接的步骤相反的，拆焊前一定要弄清楚原焊接点的特点，不要轻易动手。

(1) 不损坏拆除的元器件、导线、原焊接部位的结构件。

(2) 拆焊时不可损坏印制电路板上的焊盘与印制导线。

(3) 对已判断为损坏的元器件，可先行将引线剪断，再行拆除，这样可减少其他损伤的可能性。

(4) 在拆焊过程中，应尽量避免拆动其他元器件或变动其他元器件的位置，如确实需要，要做好复原工作。

2. 拆焊工具

常用的拆焊工具除普通电烙铁外还有镊子、吸锡绳和吸锡电烙铁等几种：

(1) 镊子以端头较尖、硬度较高的不锈钢为佳，用以夹持元器件或借助电烙铁恢复焊孔。

(2) 吸锡绳用以吸取焊接点上的焊锡。专用的价格昂贵，可用镀锡的编织套浸以助焊剂代用，效果也较好。

(3) 吸锡电烙铁。用于吸去熔化的焊锡，使焊盘与元器件引线或导线分离，达到解除焊接的目的。

3. 拆焊的操作要点

(1) 严格控制加热的温度和时间。因拆焊的加热时间和温度较焊接时要长、要高，所以要严格控制温度和加热时间，以免将元器件烫坏或使焊盘翘起、断裂。宜采用间隔加热法来进行拆焊。

（2）拆焊时不要用力过猛。在高温状态下，元器件封装的强度都会下降，尤其是塑封器件、陶瓷器件、玻璃端子等，过分地用力拉、摇、扭都会损坏元器件和焊盘。

（3）吸去拆焊点上的焊料。拆焊前，用吸锡工具吸去焊料，有时可以直接将元器件拔下。即使还有少量锡连接，也可以减少拆焊的时间，减少元器件及印制电路板损坏的可能性。如果在没有吸锡工具的情况下，则可以将印制电路板或能移动的部件倒过来，用电烙铁加热拆焊点，利用重力原理，让焊锡自动流向烙铁头，也能达到部分去锡的目的。

4. 印制电路板上元器件的拆焊方法

（1）分点拆焊法。对卧式安装的阻容元器件，两个焊接点距离较远，可采用电烙铁分点加热，逐点拔出。如果引线是折弯的，则应用烙铁头撬直后再行拆除。

（2）集中拆焊法。像晶体管以及直立安装的阻容元器件，焊接点距离较近，可用电烙铁同时快速交替加热几个焊接点，待焊锡熔化后一次拔出，如图 2.28 所示。对多接点的元器件，如开关、插头座、集成电路等可用专用烙铁头同时对准各个焊接点，一次加热取下。专用烙铁头外形如图 2.29 所示。

图 2.28　集中拆焊示意图　　　　　　　　　　图 2.29　专用烙铁头

5. 一般焊接点的拆焊方法

（1）保留拆焊法。对需要保留元器件引线和导线端头的拆焊，要求比较严格，也比较麻烦。可用吸锡工具先吸去被拆焊接点外面的焊锡。如果是钩焊，则应先用烙铁头撬起引线，抽出引线，图 2.30 为钩焊点拆焊示意图。如果是绕焊，则要弄清楚原来的绕向，在烙铁头加热下，用镊子夹住线头逆绕退出，再调直待用。

（2）剪断拆焊法。被拆焊点上的元器件引线及导线如留有重焊余量，或确定元器件已损坏，则可沿着焊接点根部剪断引线，再用上述方法去掉线头。

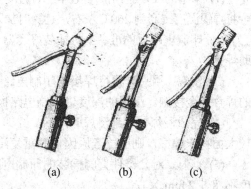

（a）　　　　（b）　　　　（c）

图 2.30　钩焊点拆焊示意图

6. 拆焊后的重新焊接

拆焊后一般都要重新焊上元器件或导线,操作时应注意以下几个问题。

(1) 重新焊接的元器件引线和导线的剪截长度,离底板或印制电路板的高度、弯折形状和方向,都应尽量保持与原来的一致,使电路的分布参数不致发生大的变化,以免使电路的性能受到影响,尤其对于高频电子产品更要重视这一点。

(2) 印制电路板拆焊后,如果焊盘孔被堵塞,应先用锥子或镊子尖端在加热下,从铜箔面将孔穿通,再插进元器件引线或导线进行重焊。不能靠元器件引线从基板面捅穿孔,这样很容易使焊盘铜箔与基板分离,甚至使铜箔断裂。

(3) 拆焊点重新焊好元器件或导线后,应将因拆焊需要而弯折、移动过的元器件恢复原状。一个熟练的维修人员拆焊过的维修点一般是不容易看出来的。

2.4　浸焊与波峰焊

随着电子技术的发展,电子元器件日趋集成化、小型化和微型化,电路越来越复杂,印制电路板上元器件排列密度越来越高,手工焊接已不能同时满足对焊接高效率和高可靠性的要求。浸焊和波峰焊是适应印制电路板而发展起来的焊接技术,可以大大提高焊接效率,并使焊接点质量有较高的一致性,目前已成为印制电路板的主要焊接方法,在电子产品生产中得到普遍使用。

2.4.1　浸焊

浸焊是将插装好元器件的印制电路板在熔化的锡槽内浸锡,一次完成印制电路板众多焊接点的焊接方法,它不仅比手工焊接大大提高了生产效率,而且可消除漏焊现象。浸焊有手工浸焊和机器自动浸焊两种形式。

1. 手工浸焊

手工浸焊是由操作工人手持夹具将需焊接的已插装好元器件的印制电路板浸入锡槽内来完成的,其操作步骤和要求如下:

(1) 锡槽的准备。锡槽熔化焊锡的温度为 230～250℃为宜。对较大的器件与印制电路板,可将焊锡温度提高到 260℃左右,且随时加入松香助焊剂,及时去除焊锡层表面的氧化层。

(2) 印制电路板的准备。将插装好元器件的印制电路板浸渍松香助焊剂,使焊盘上涂满助焊剂。

(3) 浸锡。用夹具将待焊接的印制电路板水平地浸入锡槽中,使焊锡表面与印制电路板的焊盘完全接触。浸焊的深度以印制电路板厚度的 50%～70% 为宜,浸焊的时间约 3～5 s。

(4) 完成浸焊。达到浸焊时间后,立即取离锡槽。稍冷却后,即可检查焊接质量,若有较大面积未焊好,则应检查原因,并重复浸焊。个别焊接点可用手工补焊。

(5) 剪脚。对元器件直脚插装的印制电路板应用电动剪刀剪去过长的引脚,露出锡面长度不超过 2 mm 为宜。

浸焊的关键是印制电路板浸入锡槽一定要平稳,接触良好,时间适当。由于手工浸焊仍属于手工操作,要求操作工人具有一定的操作水平,因而不适用于大批量生产。

2. 自动浸焊

1) 工艺流程

图 2.31 所示的是自动浸焊的一般工艺流程图。将插装好元器件的印制电路板用专用夹具安置在传送带上。印制电路板先经过泡沫助焊剂槽被喷上助焊剂，加热器将助焊剂烘干，然后经过熔化的锡槽进行浸焊，待锡冷却凝固后再送到切头机剪去过长的引脚。

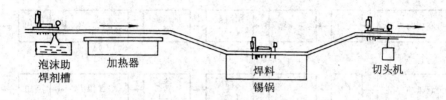

泡沫助　　加热器　　　　　焊料　　　　切头机
焊剂槽　　　　　　　　　　锡锅

图 2.31　自动浸焊工艺流程图

2) 自动浸焊设备

(1) 带振动头自动浸焊设备。一般自动浸焊设备上都带有振动头，它安装在安置印制电路板的专用夹具上。印制电路板由传动机构导入锡槽，浸锡 2～3 s，开启振动头 2～3 s 使焊锡深入焊接点内部，尤其对双面印制电路板效果更好，并可振掉多余的焊锡。

(2) 超声波浸焊设备。超声波浸焊设备是利用超声波来增强浸焊的效果，增加焊锡的渗透性，使焊接更可靠。此设备增加了超声波发生器、换能器等部分，因此比一般设备复杂一些。

3) 浸焊操作注意事项

(1) 为防止焊锡槽的高温损坏不耐高温的元器件和半开放性元器件，必须事先用耐高温胶带贴封这些元器件。

(2) 对未安装元器件的安装孔也需贴上胶带，以避免焊锡填入孔中。

(3) 工人必须戴上防护眼镜、手套，穿上围裙。所有液态物体要远离锡槽，以免倒翻在锡槽内引起锡"爆炸"及焊锡喷溅。

(4) 高温焊锡表面极易氧化，必须经常清理，以免造成焊接缺陷。

浸焊比手工焊接的效率高，设备也较简单，但由于锡槽内的焊锡表面是静止的，表面氧化物易粘在焊接点上。并且印制电路板焊面全部与焊锡接触，温度高，易烫坏元器件并使印制电路板变形，难以充分保证焊接质量。浸焊是初始的自动化焊接，目前在大批量电子产品生产中已为波峰焊所取代，或在高可靠性要求的电子产品生产中作为波峰焊的前道工序。

2.4.2　波峰焊

波峰焊是目前应用最广泛的自动化焊接工艺。与自动浸焊相比较，其最大的特点是锡槽内的锡不是静止的，熔化的焊锡在机械泵(或电磁泵)的作用下由喷嘴源源不断流出而形成波峰，波峰焊的名称由此而来。波峰即顶部的锡无丝毫氧化物和污染物，在传动机构移动过程中，印制线路板分段、局部与波峰接触焊接，避免了浸焊工艺存在的缺点，使焊接质量可以得到保证，焊接点的合格率可达 99.97% 以上，在现代工厂企业中它已取代了大部分的传统焊接工艺。

1．波峰焊的工艺流程

图 2.32 所示的是两种波峰焊工艺流程图。图(a)的工序比较简单，只包含了必要的工序，因此其相应的造价也就较便宜。图(b)的工序较复杂，几乎包含了所有的焊接工序，因而自动化程度高，设备结构庞大，造价也高。由于整个过程经过了浸焊和波峰焊的两次焊接，因此焊接质量高，但也容易造成印制电路板受热过度、阻焊剂脱落，对元器件也有一定影响，必须采取相应措施解决。

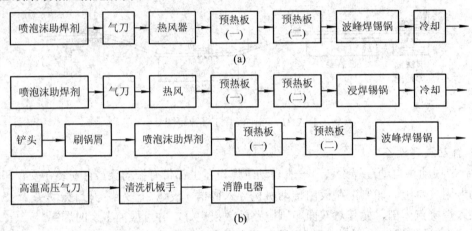

(a)

(b)

图 2.32　波峰焊工艺流程图

2．波峰焊设备的构造及主要功能

波峰焊设备的构造由泡沫助焊剂发生槽、气刀、热风器和两块预热板、波峰焊锡槽组成。

(1) 泡沫助焊剂发生槽是由塑料或不锈钢制成的槽缸，内装一根微孔型发泡瓷管或塑料管，槽内盛有助焊剂。当发泡管接通压缩空气时，助焊剂即从微孔内喷出细小的泡沫，喷射到印制线路板覆铜的一面，如图 2.33 所示。为使助焊剂喷涂均匀，微孔的直径一般为 10 μm。

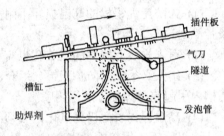

图 2.33　泡沫助剂发生槽

(2) 气刀是由不锈钢管或塑料管制成，上面有一排小孔，同样也可接上压缩空气，向着印制电路板表面喷气，将板面上多余的助焊剂排除，同时把元器件引脚和焊盘"真空"的大气泡吹破，使整个焊面都喷涂上助焊剂，以提高焊接质量。

(3) 热风器和两块预热板的作用是将印制电路板焊接面上的水淋状助焊剂逐步加热，使其成糊状，增加助焊剂中活性物质的作用，同时也逐步缩小印制电路板和锡槽焊料温差，防止印制电路板变形和助焊剂脱落。由于助焊剂被加热成糊状或接近于固态，因此可有效防止"锡爆炸"，消除印制电路板上的桥连问题。

热风器结构简单，一般由不锈钢板制成箱体，上加百叶窗口，其箱体底部安装一个小型风扇，中间安装加热器，如图 2.34 所示。当风扇叶片转动时，空气通过加热器后形成热气流，经过百叶窗口对印制电路板进行预加热，温度一般控制在 40～50℃。

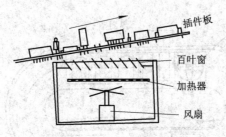

图 2.34 热风器示意图

预热板的热源有多种，如用电热丝、红外石英管等。对预热板的技术要求是加热要快，对印制电路板加热温度要均匀、节能，温度易控制。一般要求第一块预热板使印制电路板焊盘或金属化孔(双层板)温度达到80℃左右，第二块则使温度达到100℃左右。

(4) 波峰焊锡槽是完成印制电路板波峰焊接的主要设备之一。熔化的焊锡在机械泵(或电磁泵)的作用下由喷嘴源源不断喷出而形成波峰，如图2.35所示。当印制电路板经过波峰时即达到焊接的目的。

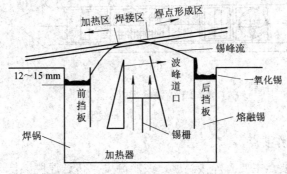

图 2.35 波峰焊锡锅结构示意图

波峰焊设备的型号和品种有很多，就其波峰形状而言可分为λ波、Z波、P波、T波、双T和双λ波等几种，如图2.36所示。就构造上有圆周型和直线型两种，如图2.37所示。

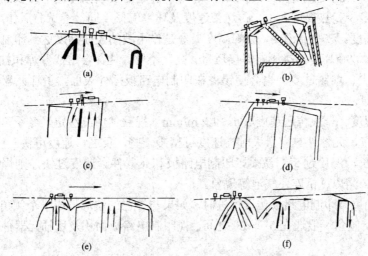

图 2.36 常见波峰的形状

(a) λ波；(b) Z波；(c) P波；(d) T波；(e) 双T波；(f) 双λ波

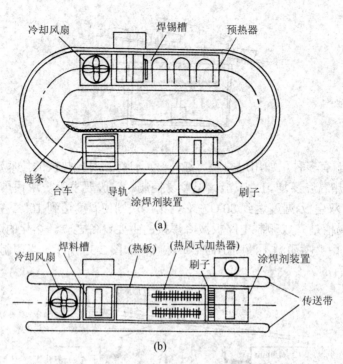

图 2.37　波峰焊机示意图

(a) 圆周型；(b) 直线型

3. 波峰焊设备操作要点

波峰焊设备操作要点主要有焊接温度、波峰高度、传送速度、传送角度、清理氧化物。

(1) 焊接温度是指被焊接处与熔化的焊锡波峰相接触时的温度。温度过低会使焊接点毛糙、拉尖、不光亮，甚至造成虚假焊。温度过高易使锡氧化加快，还会使印制电路板变形，损坏元器件。一般温度控制在 230~250℃之间，但还需要根据印制电路板的基板材料与尺寸、元器件的多少和热容量大小、传送带速度及环境气候不同，经试验后作出相应调整。

(2) 波峰高度。波峰要稳定，波峰高度最好是作用波的表面高度达到印制电路板厚度的1/2~2/3 为宜。波峰高度直接影响焊接质量。高度不够，往往会造成漏焊和挂锡。波峰过高会使焊接点拉尖、堆锡过多，也会使锡溢在印制电路板插件表面，烫坏元器件，造成整个印制电路板报废。

(3) 传送速度。一般传送速度取 1~1.2 m/min，视具体情况决定。冬季，印制电路板线条宽，元器件多，元器件热容量大时，速度可稍慢一些，反之，速度可快一些。速度过慢，则焊接时间过长，温度过高，易损坏印制电路板和元器件。速度过快，则焊接时间过短，易造成虚假焊、漏焊、桥连、气泡等现象。

(4) 传送角度。印制电路板传送行进时，如果与焊锡的波峰形成一个倾角，则可消除挂锡与拉尖现象。倾角一般选在 5°~8° 之间，视印制电路板面积及所插元器件多少经试验后具体确定。

(5) 清理氧化物。锡槽中的氧化物比重小，浮在熔锡表面，量少时可以隔离空气，保护熔锡不再氧化。积累多了则会在泵的作用下随锡喷到印制电路板上，使焊点不光亮、产生渣孔和桥连等缺陷，因此需经常清理锡槽中的氧化物，一般每日清理两次即可。

4．波峰焊接注意事项

波峰焊接是高效率、大批量的生产手段，稍有不慎，出现的问题也将是大量的，因此操作工人应对设备的构造、性能、特点有全面的了解，并熟练掌握操作方法。在操作上还应注意以下几个环节：

(1) 焊接前的检查。焊接前应对设备的运转情况，待焊接印制电路板的质量及插件情况进行检查。

(2) 焊接过程中的检查。在焊接过程中应经常注意设备运转，及时清理锡槽表面的氧化物，添加聚苯醚或蓖麻油等防氧化剂，并及时补充焊料。

(3) 焊接后的检查。焊接后要逐块检查焊接质量，对少量漏焊、桥连的焊接点，应及时进行手工补焊修整。如出现大量焊接质量问题，要及时找出原因。

2.4.3　组焊射流法

这是一种经过改进了的更为先进的波峰焊接设备。主要是对锡槽中熔锡波峰的产生装置进行了改进，不仅可以焊接一般的单面印制电路板，也可以焊接双面和多层印制电路板，能够保证焊锡充满金属化孔内，使焊接点达到很高的可靠性和很高的强度。组焊射流装置如图 2.38 所示。

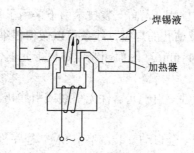

图 2.38　组焊射流装置

组焊射流法的基本工作原理是：槽内充满锡液并有六个小室，在这些小室内部装有电磁铁的磁极，其绕组供以交流电。当电流通过线圈时，就在铁芯中产生一磁通，这一磁通包住了熔锡，而熔锡起到二次短路线匝的作用。当这一磁通随时间作周期性(50 Hz)变化时，它就在熔化的焊锡中感应出一个电动势。因为熔锡起二次短路线圈的作用，所以强大的感应电流通过熔锡，在短路的熔锡线圈中感应出的电流与电磁极的一次磁场相互作用，从磁场中得到一个能够将熔化了的焊锡向上抛的力。在锡面上形成两个熔锡的波峰，它的高度可通过自耦变压器来调节。锡液的温度是靠电子电位差计和镍铬铜热电偶自动控制的，也就是根据它们的反馈信号，接通或断开锡槽的加热器，使温度的控制实现自动调节。

该装置有一个控制面板，装有电压表和电流表用来指示电磁线圈中的电流和电压。电容器组在调谐时用来选择频率。为了使电磁极之间形成的两个喷峰分布成宽而均匀的熔锡流，要使用液压变换器(喷嘴)。变换器在槽的小室之间的空隙中，由两个小室(上和下)、锡流扩散器和磁路分路器组成。它的形状能满足在整个宽度上获得稳定、均匀的射流要求，可用实验的方法来确定。液压变换器同时也能对锡流进行调节。

2.5　表面安装技术

2.5.1　表面安装技术的概念

表面安装技术，也称 SMT 技术，是伴随无引脚或引脚极短的片状元器件(也称 SMD 元器件)的出现而发展，并已得到广泛应用的安装焊接技术。它打破了在印制电路板上"通孔"安装元器件，然后再焊接的传统工艺，直接将 SMD 元器件平卧在印制电路板表面进行安装，如图 2.39 所示。

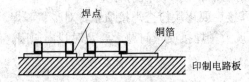

图 2.39　SMD 元器件的表面安装

采用表面安装技术有如下优点：

(1) 减少了焊接工序，提高了生产效率。表面安装技术无需在印制电路板上打孔，无需孔的金属化，元器件无需预成形。

(2) 减少了印制电路板的体积。表面安装技术由于采用了 SMD 元器件，体积明显减少，另一方面由于无印制电路板带钻孔的焊盘，线条可以做得很细(可达 0.1～0.025 mm)，线条之间的间隔也可减少(可达 0.1 mm)，因而印制电路板上元器件的密度可以做得很高，还可将印制电路板多层化。

(3) 改善了电路的高频特性。由于元器件无引线或引线极短，减小了印制电路板的分布参数，改善了高频特性。

(4) 可以进行计算机控制，全自动安装。整个 SMT 程序都可以自动进行，生产效率高，而且安装和可靠性也大大提高，适合于大批量生产。

2.5.2　表面安装技术工艺流程

图 2.40 所示的是表面安装技术(SMT)工艺流程框图。整个工艺过程包括六部分，即安装印制电路板、点胶(或涂膏)、贴装 SMD 元器件、烘干、焊接和清洗。

图 2.40　表面安装技术(SMT)工艺流程框图

(1) 安装印制电路板就是将印制电路板固定在带有真空吸盘，板面有 $X—Y$ 坐标的台面上。台面应固定不动，定位准确，以便于机械手按坐标进行准确点胶或涂膏，安置 SMD 元器件。

(2) 点胶的目的是让 SMD 元器件预先粘在印制电路板上。根据 SMD 元器件大小而确定点胶的数量，小片子点一个点，大片子点 2、3 个点，可以通过编程事先确定。操作时应注意不可将胶点在印制电路板的焊接点上。SMD 元器件被固定在胶上后再经波峰焊焊接。

(3) 焊膏和涂膏工艺。SMT 技术若采用再流焊(也称重熔焊)，需要进行涂焊膏。

焊膏有两种，一种是松香型，它的性能稳定，几乎无腐蚀性，也便于清洗。另一种是水溶性的，其活性较强，清洗工艺复杂，要求一次性投资。一般生产企业常采用松香型焊膏，焊膏的成分参见表 2-4 所示。

表 2-4 焊膏成分参考表

成　分	参考含量(%)	成　分	参考含量(%)
锡 Sn	61～63	砷 As	≤0.01
银 Ag	1.8～2.2	铝 Al	
铅 pb	余量	锌 Zn	总量≤0.02
锑 Sb	≤0.5	铬 Cd	
铜 Cu	≤0.08	杂质	≤0.08
铋 Bi	≤0.25	焊剂	约 10
铁 Fe	≤0.02		

图 2.41 所示的是用焊膏进行 SMT 技术安装的示意图。焊膏涂在印制电路板的焊接点上，SMD 元器件由焊膏固定，在后道工序中进行再流焊。涂膏时要将焊膏准确地涂在焊接点上。

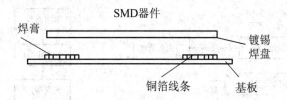

图 2.41 用焊膏进行 SMT 技术安装的示意图

常用的涂膏工艺有以下两种：

① 丝网漏印法。利用丝网漏印原理，将焊膏涂于印制电路板的焊点上，然后再将 SMD 元器件置于规定焊点的焊膏上，最后通过再流焊一次完成焊接。目前多数已用不锈钢模板取代丝网，提高了精确度和使用寿命。

② 自动点膏法。利用计算机控制的机械手，按照事前编好的程序及元器件在印制电路板上位置的坐标，将焊膏涂上后再安装 SMD 元器件，通过再流焊一次完成焊接。

(4) SMT 焊接工艺。目前 SMT 焊接工艺可分为两大类，即波峰焊和再流焊。

波峰焊 SMT 的工艺前面已作了介绍。在 SMD 元器件焊接时，由于焊点上无插件孔，因此助焊剂在高温汽化时所产生的大量蒸汽无法排放，在印制电路板和锡峰表面交接处会产生"锡爆炸"，无数个细小的锡珠溅到印制电路板铜街线和元器件之间，就会形成桥连短路。为了解决这个问题，焊锡波峰采用双 T 波峰，如图 2.42 所示。

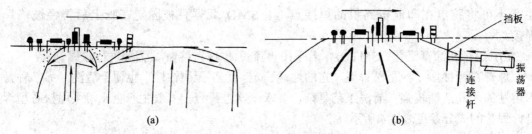

图 2.42　SMT 的波峰焊

(a) 双 T 波峰焊；(b)　"Ω" 波峰焊

采用双 T 波峰焊第一波峰顶的宽度要比第二波峰顶窄得多，印制电路板通过第一波峰时，由于波峰窄，助焊剂蒸汽容易排出，因此在第二波峰时不会再产生"锡爆炸"现象，而由第一波峰焊引起的锡珠也可以被第二波峰焊消除。同时再安装高温高压气刀，则效果会更好。

通常 SMD 元器件焊接处都已预焊上锡，印制电路板焊接点也已涂上焊膏，通过对焊接点加热，使两种工件上的焊锡重新熔化到一起，实现电气连接，所以这种焊接也称作重熔焊。常用的再流焊加热方法有热风加热、红外线加热和汽相加热，其中红外线加热具有操作方便、使用安全、结构简单等优点，故使用的较多。

2.5.3　几种 SMT 工艺简介

如前所述 SMT 工艺大致可分为两种，一种是点胶(波峰焊工艺)，另一种是涂膏(再流焊工艺)。图 2.43～图 2.46 所示分别是包含 SMT 工艺的印制电路板工艺流程图。

从上述四种工艺流程图中可以看出，不同元器件的组装结构，其安装工艺流程也不同，应根据具体情况来决定。

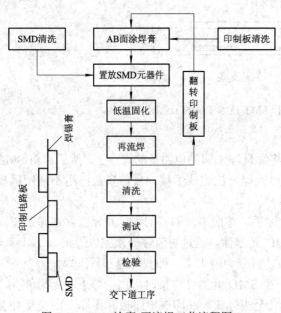

图 2.43　SMT 涂膏(再流焊工艺流程图)

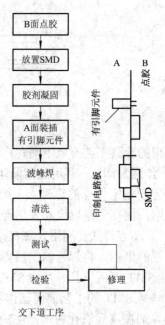

图 2.44　SMT 点胶(波峰焊工艺流程图
(混合组装))

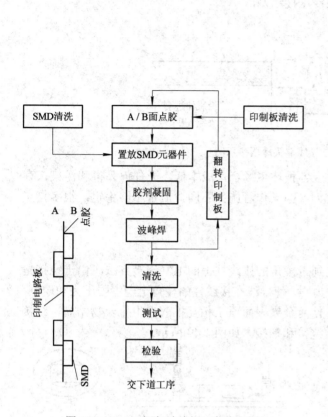

图 2.45　SMT 点胶(波峰焊工艺流程图)

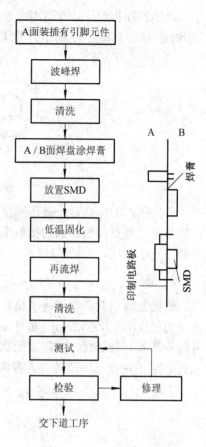

图 2.46　SMT 涂膏(再流焊工艺流程图
(混合组装))

2.6　无锡焊接技术

无锡焊接是焊接技术的一个组成部分,包括接触焊、熔焊、导电胶粘接等。无锡焊接的特点是不需要焊料和助焊剂即可获得可靠的连接,因而解决了清洗困难和焊接面易氧化的问题,在电子产品装配中得到了一定的应用。

2.6.1　接触焊接

接触焊接有压接、绕接及穿刺等。这种焊接技术是通过对焊件施加冲击、强压或扭曲,使接触面发热,界面原子相互扩散渗透,形成界面化合物结晶体,从而将被焊件焊接在一起的焊接方法。

1. 压接

压接分冷压接与热压接两种,目前以冷压接使用较多。压接是借助较高的挤压力和金属位移,使连接器触脚或端子与导线实现连接的。压接使用的工具是压接钳。将导线端头放入压接触脚或端头焊片中用力压紧即可获得可靠的连接。

压接触脚和焊片是专门用来连接导线的器件，有多种规格可供选择，相应的也有多种专用的压接钳。图 2.47 所示为导线端头冷压接示例。

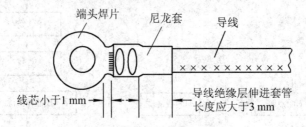

端头焊片　尼龙套　导线

线芯小于1 mm

导线绝缘层伸进套管长度应大于3 mm

图 2.47　导线端头冷压接示例

压接技术的特点是：操作简便，适应各种环境场合，成本低，无任何公害和污染。存在的不足之处是：压接点的接触电阻较大；因操作者施力不同，质量不够稳定；很多接点不能用压接方法。

2. 绕接

绕接是将单股芯线用绕接枪高速绕到带棱角的接线柱上的电气连接方法。由于绕接枪的转速很高(约 3000 r/min)，对导线的拉力强，使导线在接线柱的棱角上产生强压力和摩擦，并能破坏其几何形状，出现表面高温而使两金属表面原子相互扩散产生化合物结晶，绕接示意如图 2.48 所示。绕接方式有两种：绕接和捆接，如图 2.49 所示。

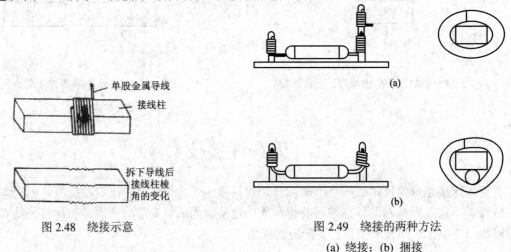

单股金属导线

接线柱

拆下导线后接线柱棱角的变化

(a)

(b)

图 2.48　绕接示意

图 2.49　绕接的两种方法

(a) 绕接；(b) 捆接

绕接用的导线一般采用单股硬质绝缘线，芯线直径为 0.25～1.3 mm。为保证连接性能良好，接线柱最好镀金或镀银，绕接的匝数应不少于 5 圈(一般在 5～8 圈)。

绕接与锡焊相比有明显的特点：可靠性高，失效率接近七百万分之一，无虚、假焊；接触电阻小，只有 0.001 Ω，仅为锡焊的 1/10；抗振动能力比锡焊大 40 倍；无污染，无腐蚀；无热损伤；成本低；操作简单，易于熟练掌握。其不足之处是：导线必须是单芯线；接线柱必须是特殊形状；导线剥头长；需要专用设备等，因而绕接的应用还有一定的局限性。目前，绕接主要应用在大型高可靠性电子产品的机内互连中。为了确保可靠性，可将有绝缘层的导线再绕一两圈，并在绕接导线头、尾各锡焊一点。

3. 穿刺

穿刺焊接工艺适合于以聚氯乙烯为绝缘层的扁平线缆和接插件之间的连接。先将被连接的扁平线缆和接插件置于穿刺机上下工装模块之中，再将芯线的中心对准插座每个簧片中心缺口，然后将上模压下施行穿刺，如图 2.50(a)所示。插座的簧片穿过绝缘层，在下工装模的凹槽作用下将芯线夹紧，如图 2.50(b)所示。

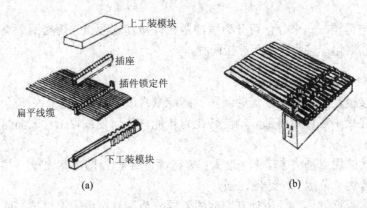

图 2.50　穿刺实例

2.6.2　熔焊

熔焊是靠加热被焊金属使之熔化产生合金而焊接在一起的焊接技术。由于不用焊料和助焊剂，因此焊接点清洁，电气和机械连接性能良好。但是所用的加热方法必须迅速，以限制局部加热范围而不致于损坏元器件或印制电路板。

1. 电阻焊和锻接焊

电阻焊也称碰焊，焊接时把被焊金属部分在一对电极的压力下夹持在一起，再通过低压强电流脉冲，在导体金属相接触部位通过强电流产生高温而熔合在一起。一般用于元器件制造过程中内部金属间或与引出线之间的连接。

锻接焊技术是把要连接的两部分金属放在一起，但留出小的空气隙，被焊的两部分金属与电极相连，由电容通过气隙放电产生电弧，加热表面，当接近焊接温度时使两者迅速靠在一起而熔合成一体。适用于高导电性的金属连接，如扁平封装的集成电路引线的连接、薄膜电路与印制电路板的连接等。

2. 激光焊接

激光焊接是近几年发展起来的新型熔焊工艺，它可以焊接从几个微米到 50 mm 的工件。与其他焊接方法相比，具有以下一些优点：

(1) 焊接装置与被焊工件之间无机械接触，这既可避免焊件的变形，又可避免其他焊接方法给被焊金属带来的污染，这对于真空仪器元件的焊接是极为重要的。

(2) 可焊接难以接近的部位。激光既可借助于偏转棱镜，亦可通过光导纤维引导到难以接近的部位进行焊接，故具有很大的灵活性。此外，激光还可以通过透明材料的壁进行对内部器件的焊接。

(3) 能量密度大，适合于高速加工。由于能量密度大，因此加热和冷却速度快，所以热变形和热影响区极小，能避免"热损伤"。

(4) 可对带绝缘的导体直接焊接。用激光能把带绝缘(如聚氨醋甲酸脂)的导体直接焊接到接线柱上。

(5) 异种金属的焊接。激光能对钢和铝之类物理性能差别很大的金属进行焊接，并且效果很好。

激光焊接按运转方式来分，可分为脉冲激光焊接和连续激光焊接两大类，每类激光焊接又可分为传热熔化焊接和深穿入焊接两种。

3. 电子束焊接

电子束焊接也是近几年来发展的新颖、高能量密度的熔焊工艺。它是利用定向高速运行的电子束，在撞击工件后将部分动能转化为热能，从而使被焊工件表面熔化，达到焊接的目的。

电子束焊接的优点是加热功率密度大；焊缝深、熔宽比(即深宽比)大；熔池周围气氛纯度高；规范参数调节范围广，适应性强。

电子束焊接根据被焊工件所处真空度的差异分为高真空电子束焊接、低真空电子束焊接、非真空电子束焊接。

电子束焊接分为高压电子束焊接、低压电子束焊接、中压电子束焊接。

从工作原理分析，电子束焊接机包括电子枪、高压电源、工作台及传动装置、真空室及抽气系统、电气控制系统等几个部分，如图 2.51 所示。

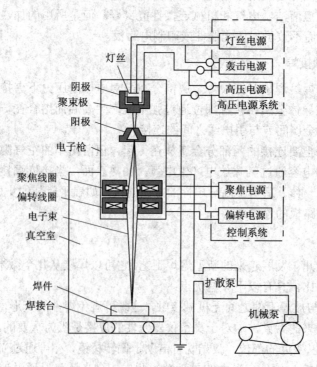

图 2.51　电子束焊接机

4. 超声焊接

超声焊接也是熔焊工艺的一种，适用于塑性较小的零件的焊接，特别是能够实现金属与塑料的焊接。其焊接工艺特点是，被焊零件之一需要与超声头相接，而且焊接是在超声波作用下完成的。

超声焊接的实质是超声振荡变换成焊件之间的机械振荡，从而在焊件之间产生交变的摩擦力，这一摩擦力在被焊零件的接触处可引起一种导致塑性变形的切向应力。随着变形而来的是接触面之间的温度升高，导致焊件原子间结合力的相互晶化，达到焊接的目的。

第3章 电子元器件

电子电路由电子元器件组合而成，因此，熟悉元器件的性能特点，合理选用元器件，对搞好电路设计极为重要。因为半导体二极管、三极管及集成电路已在其他教材中做了介绍，所以，本章针对学生了解甚少但又常用的电阻器、电容器、电感器及其他控制、电声等元器件的基本知识、主要参数和性能特点予以重点阐述。由于电子技术发展迅速、元器件品种繁多，新产品也不断出现，其详细资料可查阅有关手册或向生产厂家了解。

3.1 电 阻 器

3.1.1 电阻器和电位器的型号命名方法

对于二端元件，凡是伏安特性满足 $u = Ri$ 关系的理想电路元件叫电阻，其值大小就是比例系数 R(当电流单位为安培、电压单位为伏特时，电阻的单位为欧姆)；在电路中常用来做分压、限流等。电阻器可分为固定电阻器(含特种电阻器)和可变电阻器(电位器)两大类。

国内电阻器和电位器的型号一般由四部分组成，如图 3.1 所示。其中各部分的确切含义见表 3-1。

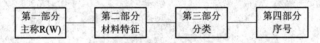

图 3.1 电阻器的型号命名

表 3-1 电阻器和电位器型号的命名方法

第一部分		第二部分		第三部分		第四部分
用字母表示主称		用字母表示材料		用数字或字母表示分类		用数字表示序号
符号	意义	符号	意义	符号	意 义	
R	电阻器	T	碳膜	1	普通	
W	电位器	P	硼碳膜	2	普通	
		U	硅碳膜	3	超高频	
		H	合成膜	4	高阻	
		I	玻璃釉膜	5	高温	
		J	金属膜(箔)	7	精密	
		Y	氧化膜	8	电阻：高压；电位器：特殊	
		S	有机实芯	9	特殊	

第一部分		第二部分		第三部分		第四部分
用字母表示主称		用字母表示材料		用数字或字母表示分类		用数字表示序号
符号	意义	符号	意义	符号	意　义	
		N	无机实芯	G	高功率	
		X	线绕	T	可调	
		C	沉积膜	X	小型	
		G	光敏	L	测量用	
				W	微调	
				D	多圈	

例如：RJ71——精密金属膜电阻器；WSW1——微调有机实芯电位器。

常用电阻器、电位器的外形及图形符号如图 3.2 所示。

敏感元件的型号命名方法见表 3-2。

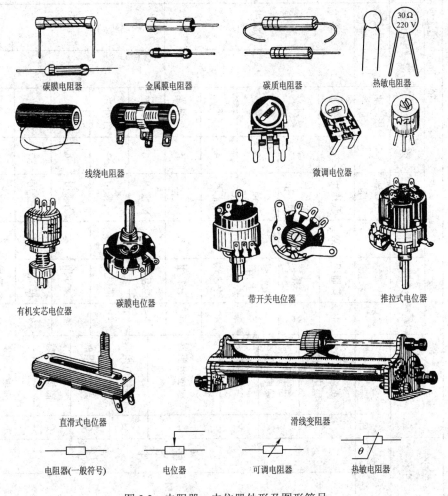

图 3.2　电阻器、电位器外形及图形符号

表 3-2 敏感元件的型号命名方法

第一部分:主称		第二部分:类别		第三部分:用途或特征														第四部分:序号
				热敏电阻器		压敏电阻器		光敏电阻器		湿敏电阻器		气敏电阻器		磁敏元件		力敏元件		
字母	含义	字母	含义	数字	用途或特征	字母	用途或特征	数字	用途或特征	字母	用途或特征	数字	用途或特征	字母	用途或特征	数字	用途或特征	
M	敏感元件	Z	正温度系数热敏电阻器	1	普通用	W	稳压用	1	紫外光							1	硅应变片	
		F	负温度系数热敏电阻器	2	稳压用	G	高压保护用	2	紫外光							2	硅应变片	
		Y	压敏电阻器	3	微波测量用	P	高频用	3	紫外光	C	测湿用	Y	烟敏	Z	电阻器	3	硅杯	
		S	湿敏电阻器	4	旁热式	N	高能用	4	可见光							4		
		Q	气敏电阻器	5	测温用	K	高可靠用	5	可见光							5		
		G	光敏电阻器	6	控温用	L	防雷用	6	可见光							6		
		C	磁敏电阻器	7	消磁用	H	灭弧用	7	红外光							7		
		L	力敏电阻器	8	线性用	Z	消噪用	8	红外光	K	控湿用	K	可燃性	W	电位器	8		
				9	恒温用	B	补偿用	9	红外光							9		
				0	特殊用	C	消磁用	0	特殊							0		

例如：MF11——负温度系数热敏电阻；MG45——硫化镉光敏电阻。

3.1.2 电阻器的主要参数及标志方法

1. 电阻器的标称阻值和偏差

由于工业化大批量生产的电阻器不可能满足使用者对阻值的所有要求，因此为了保证能在一定的阻值范围内选用电阻器，就需要按一定规律设计电阻器的阻值数列。一般选用一个特殊的几何级数，其通项公式为

$$a_n = (\sqrt[k]{10})^{n-1} \times \sqrt[k]{10}$$

式中"10 的 k 次方根"是几何级数的公比，n 是几何级数的项数。若在 10 内要求有 6 个值，则 k 选为 6，公比是 1.48，在 10 以内的 6 个值分别为 1.1，1.468，2.154，3.162，4.642，6.813，然后将数值归纳并取其接近值，则为 1.0，1.5，2.2，3.3，4.7，6.8。电阻器的标称值系列就是将 k 分别选择为 6、12、24、48、96、192 所得值化整后构成的几何级数数列，称为 E6，E12，E24，E48，E96，W192 系列，这些系列分别适用于允许偏差为 ±20%、±10%、±5%、±1% 和 ±0.5% 的电阻器。

这种标称值系列(如表 3-3 所示)的优越性就在于：在同一系列相邻两值中较小数值的正偏差与较大数值的负偏差彼此衔接或重叠，所以制造出来的电阻器，都可以按照一定标称值和误差分选。表 3-3 中的标称值可以乘以 10^n，例如 4.7 Ω 这个标称值，就有 0.47 Ω，4.7 Ω，47 Ω，470 Ω，4.7 kΩ……

表 3-3　普通电阻器的标称阻值系列

E24	E12	E6	E24	E12	E6
允许偏差	允许偏差	允许偏差	允许偏差	允许偏差	允许偏差
±5%	±10%	±20%	±5%	±10%	±20%
1.0	1.0	1.0	3.3	3.3	3.3
1.1			3.6		
1.2	1.2		3.9	3.9	
1.3			4.3		
1.5	1.5	1.5	4.7	4.7	4.7
1.6			5.1		
1.8	1.8		5.6	5.6	
2.0			6.2		
2.2	2.2	2.2	6.8	6.8	6.8
2.4			7.5		
2.7	2.7		8.2	8.2	
3.0			9.1		

电阻器的标称电阻值和偏差一般都直接标在电阻体上，其标识方法有三种：直标法、文字符号法和色标法。

(1) 直标法。直标法是用阿拉伯数字和单位符号在电阻器表面直接标出标称阻值，如图 3.3 所示，其允许偏差直接用百分数表示。

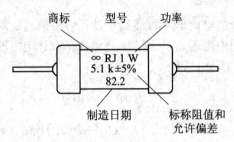

图 3.3　直标法表示的电阻器

(2) 文字符号法。文字符号法是用阿拉伯数字和文字符号两者有规律地组合来表示标称阻值，其允许偏差也用文字符号表示，如表 3-4 所示。符号前面的数字表示整数阻值，后面的数字依次表示第一位小数阻值和第二位小数阻值，其文字符号如表 3-5 所示。例如 1R5 表示 1.5 Ω，2k7 表示 2.7 kΩ。

表 3-4　表示允许偏差的文字符号

文字符号	允许偏差
B	±0.1%
C	±0.25%
D	±0.5%
F	±1%
G	±2%
J	±5%
K	±10%
M	±20%
N	±30%

表 3-5　表示电阻单位的文字符号

文字符号	所表示的单位
R	欧姆(Ω)
k	千欧姆($10^3\ \Omega$)
M	兆欧姆($10^6\ \Omega$)
G	千兆欧姆($10^9\ \Omega$)
T	兆兆欧姆($10^{12}\ \Omega$)

(3) 色标法。色标法是用不同颜色的带或点在电阻器表面标出标称阻值和允许偏差。根据其精度不同又分为两种色标法：

① 两位有效数字色标法。普通电阻用四条色带表示标称阻值和允许偏差，其中三条表示阻值，一条表示偏差。例如，电阻器上的色带依次为绿、黑、橙、无色，则表示其标称阻值为 50×1000＝50 kΩ，允许偏差为±20%；又如电阻器上的色标是红、红、黑、金，则其阻值为 22×1＝22 Ω，误差为 5%，具体见图 3.4 所示。

② 三位有效数字色标法。精密电阻器用五条色带表示标称阻值和允许偏差，如图 3.5 所示。例如色带是棕、蓝、绿、黑、棕，则表示 165 Ω ± 1%的电阻器。

颜色	第一 有效数	第二 有效数	倍　率	允许偏差
黑	0	0	10^0	
棕	1	1	10^1	
红	2	2	10^2	
橙	3	3	10^3	
黄	4	4	10^4	
绿	5	5	10^5	
蓝	6	6	10^6	
紫	7	7	10^7	
灰	8	8	10^8	
白	9	9	10^9	±20%
金			10^{-1}	±5%
银			10^{-2}	±10%
无色				±20%

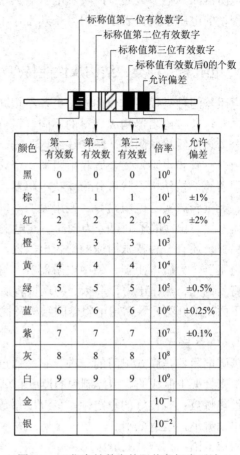

颜色	第一 有效数	第二 有效数	第三 有效数	倍率	允许 偏差
黑	0	0	0	10^0	
棕	1	1	1	10^1	±1%
红	2	2	2	10^2	±2%
橙	3	3	3	10^3	
黄	4	4	4	10^4	
绿	5	5	5	10^5	±0.5%
蓝	6	6	6	10^6	±0.25%
紫	7	7	7	10^7	±0.1%
灰	8	8	8	10^8	
白	9	9	9	10^9	
金				10^{-1}	
银				10^{-2}	

图 3.4　两位有效数字的阻值色标表示法　　图 3.5　三位有效数字的阻值色标表示法

2．电阻器的额定功率

额定功率指电阻器在正常大气压力(650～800 mmHg)及额定温度下，长期连续工作并能满足规定的性能要求时，所允许耗散的最大功率。

电阻器的额定功率也是采用了标准化的额定功率系列值，其中线绕电阻器的额定功率系列为 3 W、4 W、8 W、10 W、16 W、25 W、40 W、50 W、75 W、100 W、150 W、250 W、500 W。非线绕电阻器的额定功率系列为 0.05 W、0.125 W、0.25 W、0.5 W、1 W、2 W、5 W。

小于 1 W 的电阻器在电路图中常不标出额定功率符号。大于 1 W 的电阻器都用阿拉伯数字加单位表示，如 25 W。在电路图中表示电阻器额定功率的图形符号如图 3.6 所示。

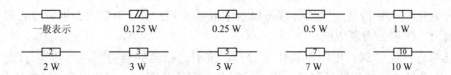

图 3.6　电阻器额定功率符号

电阻器的其他参数还有：表示电阻器热稳定性的温度系数；表示电阻器对外加电压的稳定程度的电压系数；表示电阻器长期工作不发生过热或电压击穿损坏等现象时的最大工作电压等。

3.1.3 电阻器的种类、结构及性能特点

电阻器的种类很多，分类方法也各不相同。通常有固定电阻器、可变电阻器和敏感电阻器之分。若按电阻器构成材料的不同，可分为线绕电阻器和非线绕电阻器。线绕电阻器又可分为通用线绕电阻器、精密线绕电阻器、功率线绕电阻器、高频线绕电阻器等；非线绕电阻器有碳膜电阻器、金属膜电阻器、金属氧化膜电阻器、合成碳膜电阻器、金属玻璃釉电阻器等。按结构形状可分为棒状电阻器、管状电阻器、片状电阻器、有机合成实芯电阻器、无机合成实芯电阻器等。按用途的不同可分为通用型、高阻型、高压型、高频无感电阻器。按引出线的不同可分为轴向引线电阻器、径向引线电阻器、同向引线电阻器等。

另外，还有一种特殊用途的敏感电阻器，如光敏电阻器、热敏电阻器、压敏电阻器、气敏电阻器、力敏电阻器、磁敏电阻器等。这些敏感电阻器在电路中主要用作传感器，以实现将其他光、热、压力、气味等物理量转换成电信号的功能。

下面简单介绍几种常用电阻器的结构及性能特点。

1. 碳膜电阻器

碳膜电阻器是膜式电阻的一种。它是通过真空高温热分解的结晶碳沉积在柱形的或管形的陶瓷骨架上制成的。用控制膜的厚度和刻槽来控制电阻值。

性能特点：有良好的稳定性，负温度系数小，高频特性好，受电压及频率影响较小，噪声电动势小，阻值范围宽，制作容易，成本低，应用广泛。

阻值范围：$1\,\Omega \sim 10\,M\Omega$；

额定功率：$1/8 \sim 10\,W$。

2. 金属膜电阻器

金属膜电阻器是膜式电阻的一种，是将金属或合金材料用高真空加热蒸发法在陶瓷体上形成一层薄膜制成的。合金膜也可以采用高温分解、化学沉积和烧渗等方法制成。

性能特点：稳定性好，耐热性能好，温度系数小，电压系数比碳膜电阻更好，工作频率范围大，噪声电动势小，可用于高频电路。在相同功率条件下，它比碳膜电阻体积小得多，但这种电阻器脉冲负荷稳定性较差。

阻值范围：$1\,\Omega \sim 200\,M\Omega$；

额定功率：$1/8 \sim 2\,W$。

3. 金属氧化膜电阻器

金属氧化膜电阻器是用锡或锑等金属盐溶液喷雾到约为550℃的加热炉内的炽热陶瓷骨架表面上，沉积后而制成的。

性能特点：比金属膜电阻抗氧化能力强，抗酸、抗盐的能力强，耐热性好(温度可达240℃)。缺点是由于材料特性和膜层厚度的限制，阻值范围小。主要用来补缺低阻值电阻。

阻值范围：$1\,\Omega \sim 200\,k\Omega$；

额定功率：1/8～10 W；25～50 W。

4. 合成碳膜电位器

合成碳膜电位器是将碳黑、填料和有机粘合剂配成悬浮液，涂覆在绝缘骨架上，经加热聚合而成。这种电阻器主要适用于制成高压和高阻用电阻器，并常用玻壳封上，制成真空兆欧电阻器。

性能特点：生产工艺、设备简单，价格低廉；阻值范围宽，可达 $10～10^6$ MΩ。其缺点是抗湿性差，电压稳定性低，频率特性不好，噪声大。

阻值范围：$10～10^6$ MΩ；

额定功率：1/4～5 W；

最高工作电压：35 kV。

5. 有机合成实芯电阻器

有机合成实芯电阻器是将碳黑、石墨等导电物质和填料、有机粘合剂混合成粉料，经专用设备热压后装入塑料壳内制成的。

性能特点：机械强度高，可靠性好，具有较强的过负荷能力，体积小，价格低廉。但固有噪声、分布参数较大，电压及温度稳定性差。

阻值范围：4.7 Ω～22 kΩ；

额定功率：1/4～2 W。

6. 玻璃釉电阻器

玻璃釉电阻器是由金属银、铑、钌等金属氧化物和玻璃釉粘合剂混合成浆料，涂覆在陶瓷骨架体上，经高温烧结而成。

性能特点：耐高温、耐湿性好，稳定性好，噪声小、温度系数小，阻值范围大。属于厚膜电阻器，有较好的发展前景。

阻值范围：4.7 Ω～200 MΩ；

额定功率：1/8～2 W，大功率型可达 500 W。

7. 线绕电阻器

线绕电阻器是用高电阻材料康铜、锰铜或镍铬合金丝缠绕在陶瓷骨架上制作而成的电阻器。又依据这种电阻器的表面被覆一层玻璃釉、有机漆或没有保护而被分别称做被轴线绕电阻器、涂漆线绕电阻器和裸式线绕电阻器。

性能特点：噪音小，温度系数小，热稳定性好，耐高温(工作温度可达 315℃)，功率大等。缺点是高频特性差。

阻值范围：0.1 Ω～5 MΩ；

额定功率：1/8～500 W。

8. 片状电阻器

片状电阻器是一种片状的新型元件，也称作表面安装元件。片状电阻器是由陶瓷基片、电阻膜、玻璃釉保护和端头电极组成的无引线结构电阻元件。基片大都采用陶瓷或玻璃，它具有很高的机械强度和电绝缘性能。电阻膜是采用特殊材料的电阻浆料印刷在陶瓷基片上，经烧结而成的。保护层是覆盖在电阻膜上的玻璃浆料再烧结成釉膜。端头电极由三层材料构成：内层由银铅合金与电阻膜接触，其附着力强；中层是镍，为阻挡层，以防止端头脱离；外层为镀锡铅合金的焊层。

性能特点：体积小，重量轻，性能优良，温度系数小，阻值稳定，可靠性强等优点。

阻值范围：通常为 10 Ω～10 MΩ，低阻值范围为 0.02～10 Ω。优选值为 E24 系列和 E96 系列。

额定功率：1/20～1/4 W。

9. 熔断电阻器

熔断电阻器又叫保险丝电阻器，是一种起着电阻和保险丝双重功能的新型元件。在正常工作时呈现着普通电阻器的功能；当电路出现故障而超过额定功率时，会像保险丝一样熔断，从而起到保护电路中电源及其他元件免遭损坏，以提高电路安全性、可靠性。熔断电阻器按电阻材料分为线绕型、金属膜型、碳膜型等。其阻值范围为 0.33 Ω～10 kΩ。

常见熔断电阻器的符号如图 3.7 所示。

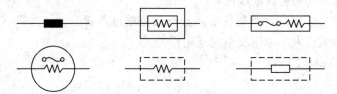

图 3.7　常见熔断电阻器符号

3.1.4　敏感电阻器

敏感电阻器是一些对温度、光、电压、外力、气味等反应敏感的电阻元件。利用这些敏感电阻元件将不同的物理量转换成电信号以便进行处理，已成为自动控制技术中的主要内容之一。下面简单介绍几种常用的敏感电阻器的种类及特性参数。

1. 光敏电阻器

光敏电阻器就是利用半导体材料的光电导特性制成的。根据光谱特性可分为红外光敏电阻器，可见光光敏电阻器及紫外光光敏电阻器等。其中可见光光敏电阻器有硫化镉、硒化镓电阻器；红外光敏电阻器有硫化镉、硒化镉、硫化铅电阻器。而硫化镉光敏电阻器的光谱响应范围在常温下为 0.5～0.8 μm，时间常数为 0.1～1 s。光敏电阻器由玻璃基片、光敏层、电极组成，外形结构多为片状。其外形结构和电路符号如图 3.8 所示。它以较高的灵敏度、体积小、结构简单、价格便宜等优点而被广泛应用于光电自动检测、自动计数、自动报警、照相机自动曝光等电路中。

主要参数：

(1) 额定功率(P_m)是指光敏电阻器在规定条件下长期连续负荷所允许消耗的最大功率。

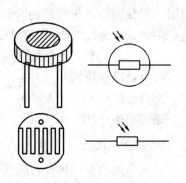

图 3.8　光敏电阻器外形结构和电路符号

(2) 最高工作电压(U_m)是指光敏电阻器在额定功耗下所允许承受的最高电压。

(3) 亮电阻(R_L)是指光敏电阻受到 100 Lx 照度时具有的阻值。

(4) 暗电阻(R_0)是指照度为 0 Lx 时光敏电阻所具有的阻值(一般在光源关闭 30 s 后测量)。

(5) 时间常数(τ)是指光敏电阻器从光照跃变开始到稳定亮电流的 63%所需的时间。

2. 热敏电阻器

热敏电阻器大多由半导体材料制成。它的阻值随温度的变化而变化。如果阻值的变化趋势与温度变化趋势一致,则称为正温度系数电阻器,简称 PTC。否则称为负温度系数的电阻器,简称 NTC。其中 NTC 型电阻器被广泛用来作为电路中的温度补偿元件。

3. 压敏电阻器

压敏电阻器是利用半导体材料的非线性特性的原理制成的,即外加电压增加到某一临界值时,电阻器的阻值急剧变小的敏感电阻器,也称为电压敏感电阻器。按材料来分,可分为氧化锌压敏电阻器、碳化硅压敏电阻器等。压敏电阻器在电路中主要用来作过电压保护、电路中浪涌电流的吸收和消除噪声等。

4. 磁敏电阻器

磁敏电阻器是利用磁电效应能改变电阻器的电阻值的原理制成的,其阻值会随穿过它的磁通密度的变化而变化。形状多为片状,工作温度范围在 0~65℃。一般由锑化铟、砷化铟等半导体材料制成。主要用于测定磁场强度,在频率测量、自动控制技术中有着广泛应用。

5. 力敏电阻器

力敏电阻器是利用半导体材料的压力电阻效应制成的新型半导体元器件,即电阻值随外加应力的大小而改变。利用力敏电阻器能够将机械力(加速度)转变成电信号的特性,可以制成加速度计、张力计、半导体传声器以及各种压力传感器等。

另外,还有湿敏电阻器、气敏电阻器等,这里就不一一介绍了。

3.1.5 电位器

电位器是由一个电阻体和一个转动或滑动系统组成的阻值可变的电阻,其主要作用是用来分压、分流和作为变阻器用。当用作分压器时,它是一个四端电子元件;当用作变阻器时,它是一个两端电子元件,如图 3.9 所示。

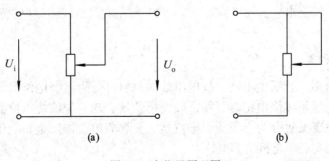

图 3.9 电位器原理图

(a) 分压器;(b) 变阻器

1. 电位器主要参数

电位器主要参数中的标称阻值、额定功率、温度系数等与电阻器相同，不再重述，这里仅介绍电位器的阻值变化规律、分辨率及机械寿命等几个特殊参数。

(1) 阻值变化规律。电位器的阻值变化规律是指其阻值随滑动触点旋转角度或滑动行程之间的变化关系。常用的有直线式、对数式和指数式三种，分别用 X、D、Z 来表示，如图 3.10 所示。

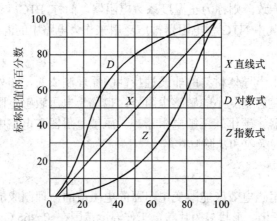

图 3.10　电位器旋转角和实际阻值变化关系图

直线式电位器的阻值变化与旋转角度成直线关系，可用于分压、调流等。

指数式电位器因其上的导电物质分布不均匀，所以其阻值按旋转角度依指数关系变化。例如由于人耳对声音响度的听觉特性是接近于对数关系的，当音量以零开始逐渐变大的一段过程中，人耳对音量变化的听觉最灵敏，当音量大到一定程度后，人耳听觉逐渐变迟钝，因此音量调整一般采用指数式电位器，使声音变化听起来显得平稳、舒适。

对数式电位器的阻值按旋转角度依对数关系变化，一般用在收录机、电视机的音调控制电路中。

(2) 分辨率。分辨率反映了电位器的调节精度，对于线绕电位器来讲，当动触点每移动一圈时，输出电压的变化量与输出电压的比值称其为分辨率。由于非线绕电位器的阻值是连续变化的，因此分辨率较高。

(3) 机械寿命。机械寿命是指电位器在规定的试验条件下，动触点运动的总周数，通常又称为耐磨寿命。线绕电位器的机械寿命为 500 周左右，合成碳膜电位器的机械寿命可达两万周次。

2. 电位器的种类

电位器种类繁多，分法也不同。按电阻体的材料可分为线绕电位器和非线绕电位器。线绕电位器又分为通用线绕电位器、精密线绕电位器、功率型线绕电位器、微调线绕电位器等。非线绕电位器又可分为合成碳膜电位器、金属膜电位器、金属氧化膜电位器、玻璃釉电位器等和有机实芯、无机实芯电位器。

线绕电位器的电阻体是用电阻丝绕在绝缘胶木上制成的。其特点是：耐高温、精度高、额定功率大、稳定性好、寿命长，但其阻值范围小，分布参数大。膜式电位器的共同特点是阻值范围宽、分辨率高、分布电容和分布电感小、制作容易，价格便宜，但比线绕电位器的额定功率小，寿命也短。有机实芯电位器是用碳黑、石墨、石英粉、有机粘合剂等经过加热加压后压入塑料基体上制成的，其特点是可靠性高、体积小、耐磨性好、分辨率高。阻值范围宽、耐热性好；但其耐湿性不好，噪声大、精度低。主要用于对可靠性要求较高的电路中。

电位器按接触方式来分类，又分为接触式电位器和非接触式电位器。前面介绍的都属于接触式的。非接触式电位器有光电电位器、电子电位器、磁敏电位器等。

电位器按结构特点分，又可分为单联、双联、多联电位器；单圈、多圈、开关电位器；锁紧、非锁紧电位器等。按调节方式分，可分为旋转式电位器和直滑式电位器等类型。

下面仅以合成碳膜电位器和线绕电位器为例予以介绍。

1）合成碳膜电位器

合成碳膜电位器的电阻体是用碳黑、石墨、石英粉、有机粘合剂等配成的一种悬浮液，涂在玻璃纤维板或胶板上制成的。再用各类电阻体制成各种电位器，如片状半可调电位器、带开关的电位器、精密电位器等，其外形如图 3.11 所示。

图 3.11　合成碳膜电位器外形

性能特点：

(1) 阻值范围宽：从几百欧姆到几兆欧姆。

(2) 分辨率高：由于阻值可连续变化，因此分辨率高。

(3) 能制成各种类型的电位器：碳膜电阻体可以按不同要求配比组合电阻液，从而制成多种类型电位器，比如精密电位器、函数式电位器等。

(4) 寿命长、价格低、型号多，得以广泛应用。

合成碳膜电位器不足之处：

(1) 功率较小，一般小于 2 W。

(2) 耐高温性、耐湿性差。

(3) 滑动噪声大，温度系数较大。

(4) 低阻值的电位器(小于 100 Ω)不易制造。

2）线绕电位器

线绕电位器是由电阻体和带滑动触点的转动系统组成的。电阻体是由电阻丝绕在涂有绝缘材料的金属或非金属板片上、制成圆环形或其他形状，经有关处理而成。

性能特点：

耐热性好，温度系数小，并能制成功率电位器。又因为金属电阻丝是规则晶体，所以噪声低、稳定性好，可制成精密线绕电位器。但其主要不足是分辨率低，耐磨性差，分布电容和固有电感大，不适于在高频电路中使用。

3.1.6　电阻器的选用及注意事项

电子元件的选用是一项复杂的工作，下面就电阻器选用的基本思路予以简单介绍。

(1) 主要参数必须满足。对电阻器来说，主要参数指的是其标称阻值和额定功率。

(2) 在高频电路中，应选用分布参数小的电阻器。这里所指的分布参数是指电阻器的分布电感和分布电容。一般选非线绕电阻器，如碳膜电阻器、金属膜电阻器等。

(3) 在高增益前置放大电路中，应选用噪声电动势小的电阻器。因为各种类型的电阻器都不同程度地存在着噪声电动势，如合成碳膜和实芯电阻器的噪声电动势就高达几十微伏，而金属膜电阻器的噪声电动势小于 1 μV。

(4) 不同工作频率的电路选用不同种类电阻器。如线绕电阻器不适宜在高频电路中工作，但在低频电路中仍可选用；高频电路中可选用分布参数小的膜式电阻器。

(5) 针对电路稳定性的要求选用不同温度特性的电阻器。原则上讲温度系数越小，该电阻器随温度变化就越小，电路就越稳定，例如稳压电源电路中的取样电阻，就宜选用温度系数小的金属氧化膜电阻器或玻璃釉电阻器等。但若在实际中考虑到寿命、价格及该电阻器在电路中的具体作用时，就可忽略这个因素。如在去耦电路中，即是选用温度系数比较大的实芯电阻器，对电路的工作影响也并不大。另外，在一些实际电路中，常选用具有正(负)温度系数的电阻器去补偿因温度变化引起的电路稳定性变化。例如在甲乙类推挽功率放大电路中，常选用合适的负温度系数的热敏电阻器与下偏置电阻器并联，来补偿因功放管集电极电流随温度变化而引起的变化，从而稳定管子的静态工作点。

(6) 根据工作环境场合选用不同类型电阻器。这里主要考虑该电阻器具体的工作环境。如靠近热源，则应耐高温；如果湿度太大，则应选防潮性能好的玻璃釉电阻器；如果有酸、碱、盐腐蚀的影响，则应选抗腐蚀型电阻器。

(7) 优先选用通用型和标准系列电阻器。选用通用型和标准系列的电阻器，不仅由于种类多，规格齐全，而且成本低，并在以后的维修工作中也易替换。如果确实不能满足要求时，再考虑选用特殊型非标准系列的电阻器。

3.2　电　容　器

3.2.1　电容器的型号命名方法

对于二端元件，凡是伏安特性满足 $i = C\dfrac{\mathrm{d}u}{\mathrm{d}t}$ 关系的理想电路元件叫电容，其值大小就是比例系数 C(当电流单位为安培、电压单位为伏特时，电容的单位为法拉)；在电路中常用来做耦合、旁路等。

电容器种类繁多，分类方式有多种，通常按绝缘介质材料分类，有时也按容量是否可调分类。国内电容器的型号一般由以下四部分组成，如图 3.12 所示。各部分的确切含义如表 3-6、表 3-7 所示。例如，CL21 表示聚酯薄膜介质电容器；CD11 表示铝电解电容器。

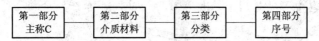

图 3.12　电容器的型号命名

表 3-6　用字母表示产品的材料

字　母	电容器介质材料	字　母	电容器介质材料
A	钽电解	L	聚酯等极性有机薄膜
B	聚苯乙烯等非极性薄膜	N	铌电解
C	高频陶瓷	O	玻璃膜
D	铝电解	Q	漆膜
E	其他材料电解	S T	低频陶瓷
G	合金电解	V X	云母纸
H	纸膜复合	Y	云母
I	玻璃釉	Z	纸
J	金属化纸介		

表 3-7　用数字表示产品的分类

数　字	瓷介电容器	云母电容器	有机电容器	电解电容器
1	圆形	非密封	非密封	箔式
2	管形	非密封	非密封	箔式
3	叠片	密封	密封	烧结粉，非固体
4	独石	密封	密封	烧结粉，固体
5	穿心		穿心	
6	支柱等			
7				无极性
8	高压	高压	高压	
9			特殊	特殊

常见电容器的外形及电路符号如图 3.13 所示。

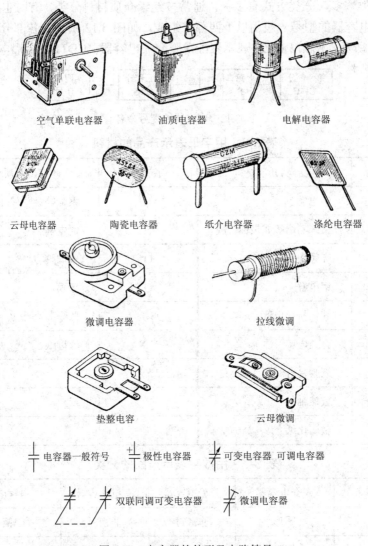

空气单联电容器　　　　油质电容器　　　　电解电容器

云母电容器　　　陶瓷电容器　　　纸介电容器　　　涤纶电容器

微调电容器　　　　　　　拉线微调

垫整电容　　　　　　　云母微调

┴┬ 电容器一般符号　┴┬ 极性电容器　可变电容器 可调电容器

双联同调可变电容器　　微调电容器

图 3.13　电容器的外形及电路符号

3.2.2　电容器的主要参数及标志方法

1. 电容器的标称容量和偏差

不同材料制造的电容器，其标称容量系列也不一样，一般电容器的标称容量系列与电阻器采用的系列相同，即 E24、E12、E6 系列。

电容器的标称容量和偏差一般直接标在电容体上，其标识方法和电阻器一样，有直标法、文字符号法和色标法三种。

(1) 直标法就是将标称容量及偏差值直接标在电容体上，如 0.22 μF ± 10%。

(2) 文字符号法就是将容量的整数部分写在容量单位标识符号的前面，容量的小数部分写在容量单位标识符号的后面，例如，2.2 pF 写为 2 p2；6800 pF 写为 6 n8；0.01 μF 写为 10 n 等。

(3) 电容器色标法原则上与电阻器色标法相同，标志的颜色符号与电阻器采用的相同。

色标法表示的电容单位为微微法(pF)。有时对小型电解电容器的工作电压也采用色标(6.3 V用棕色，10 V用红色，16 V用灰色)，而且应标志在正极引线的根部。

2．电容器的额定直流工作电压

额定直流工作电压指在电路中能够长期可靠地工作而不被击穿时所能承受的最大直流电压。其大小与介质的种类和厚度有关。

钽、钛、铌、固体铝电解电容器的直流工作电压，是指 85℃条件下能长期正常工作的电压。如果电容器工作在交流电路中，则应注意所加的交流电压的最大值(峰值)不能超过额定直流工作电压。

电容器常用的额定电压有 6.3 V、10 V、16 V、25 V、63 V、100 V、160 V、250 V、400 V、630 V、1000 V、1600 V、2500 V 等。

3．电容器的频率特性

频率特性是指电容器在交流电路工作时(高频情况下)，其电容量等参数随电场频率而变化的性质。电容在高频电路工作时，随频率的升高，介电常数减小，电容量减小，电损耗增加，并影响其分布参数等性能。

4．电容器的损耗角正切

损耗角正切 $\tan\delta$ 这个参数是用来表示电容器能量损耗的大小。它又分为介质损耗和金属损耗两部分。其中金属损耗包括金属极板和引线端的接触电阻所引起的损耗，在高频电路工作时，金属损耗占的比例很大。介质损耗包括介质的漏电流所引起的电导损耗、介质的极化引起的极化损耗和电离损耗。它是由介质与极板之间在电离电压作用下引起的能量损耗。

3.2.3　电容器的种类、结构及性能特点

电容器的种类很多，分类方法也各不相同。按介质材料不同可分为有机固体介质电容器、无机固体介质电容器、电解介质电容器、复合介质电容器、气体介质电容器；按结构不同可分为固定电容器、可变电容器及微调电容器等。

有机固体介质电容器又分为玻璃釉电容器、云母电容器、瓷介电容器等。电解电容器分为铝电解电容器、铌电解电容器、钽电解电容器等。气体介质电容器分为空气电容器、真空电容器、充气式电容器等。

可变电容器又分为空气介质、塑膜介质和其他介质可变电容器。微调电容器又分为陶瓷介质、云母介质、有机薄膜介质微调电容器。

下面介绍几种常用电容器结构、性能特点。

1．铝电解电容器

铝电解电容器是以氧化膜为介质，其厚度一般为 0.02～0.03 μm。铝电解电容器所以有正负极之分，是因为氧化膜介质具有单向导电性。当接入电路时，正极必须接入直流电源的正极，否则电解电容器不但不能发挥作用，而且会因为漏电流加大，造成过热而损坏电容器。

性能特点：

(1) 单位体积的电容量大，重量轻。

(2) 介电常数较大，一般为 7～10。

(3) 时间稳定性差，存放时间长易失效。

(4) 漏电流大、损耗大，工作温度范围为$-20\sim+50℃$。

(5) 耐压不高，价格不贵，在低压时优点突出。

容量范围：$1\sim10\ 000\ \mu F$；

工作电压：$6.3\sim450\ V$。

2．钽电解电容器

钽电解电容器有固体钽和液体钽电解电容器之分。固体钽电解电容器的正极是用钽粉压块烧结而成的，介质为氧化钽；液体钽电解电容器的负极为液体电解质，并采用银外壳。

性能特点：

(1) 与铝电解电容器相比，可靠性高，稳定性好，漏电流小，损耗低。

(2) 因为钽氧化膜的介电常数大，所以比铝电解电容器体积小，容量大，寿命长，可制成超小型元件。

(3) 耐温性好，工作温度最高可达200℃。

(4) 金属钽材料稀少，价格贵，因此仅用于要求较高的电路中。

容量范围：$0.1\sim1000\ \mu F$；

工作电压：$6.3\sim125\ V$。

3．金属化纸介电容器

金属化纸介电容器用真空蒸发的方法在涂有漆的纸上再蒸发一层厚度为$0.01\ \mu m$的薄金属膜作为电极。再用这种金属化纸卷绕成芯子，装入外壳内，加上引线后封装而成。

性能特点：

(1) 体积小、容量大，相同容量下比纸介电容器体积小。

(2) 自愈能力强，即当电容器某点绝缘被高压击穿后，由于金属膜很薄，击穿处的金属膜在短路电流的作用下，很快会被蒸发掉，避免了击穿短路的危险。

(3) 稳定性能、老化性能都比瓷介、云母电容器差。

容量范围：$6500\ pF\sim30\ \mu F$；

工作电压：$63\sim1600\ V$。

4．涤纶电容器

涤纶电容器的介质为涤纶薄膜。外形结构有金属壳密封的，有塑料壳密封的，还有的是将卷好的芯子用带色的环氧树脂包封的。

性能特点：

(1) 容量大、体积小、耐热、耐湿性好。

(2) 制作成本低。

(3) 稳定性较差。

容量范围：$470\ pF\sim4\ \mu F$；

工作电压：$63\sim630\ V$。

5．云母电容器

云母电容器的介质为云母，电极有金属筒式和金属膜式。现在大多采用在云母上被覆一层银电极,芯子结构是装叠而成的,外壳有金属外壳、陶瓷外壳和塑料外壳几种。

性能特点:

(1) 稳定性高,精密度高,可靠性高。

(2) 介质损耗小,固有电感小,温度特性、频率特性好,不易老化,绝缘电阻高。

容量范围:5~51 000 pF;

工作电压:100 V~7 kV;

精密度:±0.01%。

6. 瓷介电容器

瓷介电容器是用陶瓷材料作介质,在陶瓷片上覆银而制成电极,并焊上引出线,再在外层涂以各种颜色的保护漆,以表示系数。如白色、红色表示负温度系数;灰色、蓝色表示正温度系数。

性能特点:

(1) 耐热性能好,在 600℃高温下长期工作不老化。

(2) 稳定性好,耐酸、碱、盐类的腐蚀。

(3) 易制成体积小的电容器,因为有些陶瓷材料的介电常数很大。

(4) 绝缘性能好,可制成高压电容器。

(5) 介质损耗小,陶瓷材料的损耗正切值与频率的关系很小,因而被广泛应用于高频电路中。

(6) 温度系数范围宽,因而可用不同材料制成不同温度系数的电容器。

(7) 瓷介电容器的电容量小,机械强度低,易碎易裂,这是不足之处。

容量范围:1~6800 pF;

工作电压:63~500 V;高压型:1~30 kV。

常见的瓷介电容器有高频型瓷介电容器、低频型瓷介电容器、高压型瓷介电容器、叠片型瓷介电容器、穿心瓷介电容器、独石瓷介电容器等。由于篇幅所限,这里不一一介绍了。

3.2.4 可变电容器

可变电容器一般由两组金属片组成电极,其中固定的一组称为定片,可旋转的一组称为动片,当旋转动片角度时,就可以达到改变电容量大小的目的。通常依据结构特征又分为固体介质可变电容器、空气介质可变电容器和微调电容器。

1. 固体介质可变电容器

在动片与定片之间加上云母片或塑料薄膜作介质的可变电容器叫固体介质电容器。这种可变电容器整个是密封的。依据电极组数又分为单联、双联和多联几种可变电容器,如用于调频调幅收音机中的就是四联可变电容器。

2. 空气介质可变电容器

当可变电容器的动片与定片之间的介质为空气时则称为空气介质可变电容器。常见的有单联及双联可变电容器,其最大容量一般为几百皮法,如 CB-E-365 型空气单联可变电容器的最大容量是 365 pF。

3. 微调电容器

微调电容器又叫半可变电容器，它是在两片或两组小型金属弹片中间夹有云母介质或有机薄膜介质组成的；也有的是在两个陶瓷片上镀上银层制成的，称作瓷介微调电容器。用螺钉旋动调节两组金属片间的距离或交叠角度即可改变电容量。微调电容主要用作电路中补偿电容或校正电容等，如一般用于收音机或其他电子设备的振荡电路频率精确调整电路中。容量范围较小，一般为几皮法到几十皮法。

3.2.5 电容器的选用及注意事项

电容器的正确选用，对确保电路的性能和质量非常重要。下面简单介绍一下选用电容器的基本原则或者说基本思路。

(1) 首先要满足电路对电容器主要参数的要求。不管是电解电容器、纸介电容器或瓷介电容器等，其主要参数是标称容量、允许偏差和额定工作电压。其次要优先选用绝缘电阻大、介质损耗小、漏电流小的电容器。因为漏电流大会使电容器的功率损耗加大，且会直接影响电路性能。又如在振荡电路中应选用温度系数小的电容器。在高频电路(如混频电路)中要选用云母电容器等高频性能好的电容器。

(2) 要选用符合电路要求的类型。什么电路，选用什么类型电容器。如电源滤波、去耦电路可选用铝电解电容器；在低频耦合、旁路电路选用纸介和电解电容器；在中频电路可选用金属化纸介和有机薄膜电容器；在高频电路中应选用云母电容器及 CC 型瓷介电容器；在高压电路中可选用 CC81 型高压瓷介电容器、云母电容器等。调谐电路中可选用小型密封可变电容器或空气介质电容器等。

(3) 根据线路板的安装要求等来选用一定形状的电容器。各类电容器均有多种形状和结构，有管形、筒形、圆片形、方形、柱形及片状无引线形等。选用时要根据安装线路板的连接方式、位置等实际情况来选择电容器的结构形状。

(4) 选用电解电容器时，要考虑其极性要求。

3.3 电感器和变压器

对于二端元件，凡是伏安特性满足 $u = L\dfrac{\mathrm{d}i}{\mathrm{d}t}$ 关系的理想电路元件叫电感，其值大小就是比例系数 L(当电流单位为安培、电压单位为伏特时，电感的单位为亨利)。电感又称电感线圈，是利用自感作用的元件，在电路中主要起调谐、振荡、延迟、补偿等作用。

变压器是利用多个电感线圈产生互感作用的元件。变压器实质上也是电感器。它在电路中主要起变压、耦合、匹配、选频等作用。

3.3.1 电感器的型号命名方法

电感器的型号命名一般由四部分组成，如图 3.14 所示。表 3-8 为部分国产固定线圈的型号和性能参数。例如，LGX 代表小型高频电感线圈。

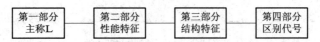

图 3.14　电感器的型号命名

表 3-8　部分国产固定线圈的型号和性能参数

型号	电感量范围/μH	额定电流/mA	Q 值	用途	型　号	电感量范围/μH	额定电流/mA	Q 值	用　途
LG400 LG402 LG404 LG406	1～82 000	50～150			LG2	1～2200	A 组	7～46	
						1～10 000	B 组	3～34	
LG408 LG410 LG412 LG414	1～5600	50～250	30～60			1～100	C 组	13～24	
						1～560	D 组	10～12	
LG1	0.1～22 000	A 组	40～80			1～560	E 组	6～12	
	0.1～10 000	B 组	40～80		LF12DR01	39±10%	600		83P 型彩电
	0.1～1000	C 组	45～80		LF10DR01	150±10%	800		84P 型电源滤波
	0.1～560	D、E 组	40～80		LFSDR01	6.12～7.48		>60	83P 型展光线圈

　　电感线圈就是用漆包线或纱包线一圈靠一圈地绕在绝缘管架、磁芯或铁芯上的一种元件。其固定电感的外形如图 3.15 所示。电路中各种电感线圈的图形符号如图 3.16 所示。

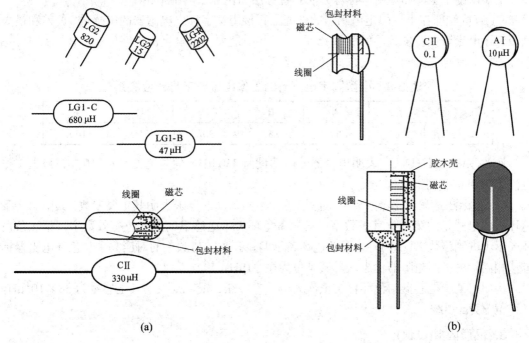

(a)　　　　　　　　　　　　　　　　　　　　(b)

图 3.15　固定线圈外形图

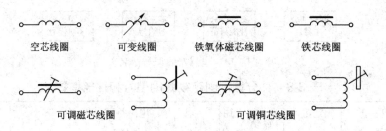

图 3.16 各种电感线圈的电路图形符号

3.3.2 电感器的主要参数及标志方法

1. 电感量及允许偏差

电感器的电感量的大小主要取决于线圈的圈数、绕制方式及磁芯的材料等。其单位为亨利，用字母"H"表示。1 H 的意义是当通过线圈的电流每秒钟变化 1 安培(A)所产生的感应电动势为 1 伏特(V)时，则线圈的电感量为 1 H(即 1 亨利)。

固定电感器的标称电感量与允许偏差，都是根据 E 系列规范产生，具体可参阅电阻器部分相应内容。

2. 标称电流值

电感器在正常工作时允许通过的最大电流叫标称电流值，也叫额定电流。若工作电流大于额定电流，电感器会发热而改变其固有参数甚至被烧毁。

电感器的电感量、允许偏差和标称电流值这几个主要参数都直接标识在固定电感器的外壳上，以便于生产和使用，标志方法有直标法和色标法两种。

(1) 直标法即在小型固定电感器的外壳上直接用文字标出电感器的电感量、偏差和最大直流工作电流等主要参数，如图 3.15 所示。其中最大工作电流常用字母 A、B、C、D、E 等标志，字母与电流的对应关系如表 3-9 所示。

表 3-9　小型固定电感器的工作电流与字母对应关系

字　母	A	B	C	D	E
最大工作电流/mA	50	150	300	700	1600

例如，330 μH—C·Ⅱ 表明电感器的电感量为 330 μH，偏差为 C 级($\pm 10\%$)，最大工作电流为 300 mA(C 挡)。

(2) 色标法是在电感器的外壳上涂以各种不同颜色的环来表明其主要参数。其中第一条色环表示电感量的第一位有效数字；第二条色环表示电感量的第二位有效数字；第三条色环表示十进制倍数(即 10^n)；第四条色环表示偏差。数字与颜色的对应关系与色环电阻器标志法相同，可参阅电阻器标志法。其单位为微亨(μH)。

例如，某一电感器的色环标志依次为橙、橙、红、银，则表明其电感量为 33×10^2 μH，允许偏差为 $\pm 10\%$。

3. 品质因数(Q 值)

品质因数是衡量电感器质量的重要参数，一般用字母"Q"表示。Q 值的大小表明了电感器损耗的大小，Q 值越大，损耗愈小；反之损耗愈大。Q 在数值上等于线圈在某一频率的交流电压下工作时，线圈所呈现的感抗和线圈的损耗电阻的比值：$Q = 2\pi fL/R = \omega L/R$。通常 Q 值为几十至一百，高的可达四五百。

4. 分布电容

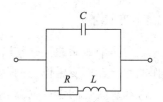

图 3.17 电感线圈等效电路

线圈的匝与匝之间存在着电容，线圈与地、线圈与屏蔽层之间也存在着电容，这些电容称为线圈的分布电容。若把这些分布电容等效成一个总的电容 C，再考虑到线圈的电阻 R 的影响，就构成了分布电容 C 与线圈并联的等效电路，如图 3.17 所示。这个等效电路的谐振频率 $f = 1/2\pi\sqrt{LC}$，该式称为线圈的固有频率。为了确保线圈稳定工作，应使其工作频率远低于固有频率。

依线圈等效电路来看，在直流和低频工作情况下，R、C 可忽略不计，此时可当作一个理想电感对待。当工作频率提高后，R 及 C 的作用就逐步明显起来。随着工作频率提高，容抗和感抗相等时，达到固有频率。如果再提高工作频率，则分布电容的作用就突出起来，这时电感又相当于一个小电容。所以电感线圈只有在固有频率以下工作时，才具有电感性。

3.3.3 电感器的种类、结构及性能特点

电感器按其功能及结构的不同又分为固定电感器和可调电感器。常用的电感器有固定电感器、可调电感器、阻流圈、振荡线圈、中周、继电器等。尽管在电路中作用不同，但通电后都具有储存磁能的特征。

1. 固定电感器

用导线绕在骨架上，就构成了线圈。线圈有空芯线圈和带磁芯的线圈。绕组形式有单层和多层之分，单层绕组有间绕和密绕两种形式，多层绕组有分层平绕、乱绕、蜂房式绕等形式。

(1) 小型固定电感线圈是将线圈绕制在软磁铁氧体的基体上构成的，这样能获得比空芯线圈更大的电感量和较大的 Q 值。一般有立式和卧式两种，外表涂有环氧树脂或其他材料作保护层。由于其重量轻、体积小、安装方便等优点，被广泛应用在电视机、收录机等的滤波、陷波、扼流、振荡、延迟等电路中。

(2) 高频天线线圈，其中磁体天线线圈一般采用纸管，用多股丝漆包线绕制而成。

(3) 偏转线圈。黑白电视机的偏转线圈由两组线圈、铁氧体磁环和中心位置调节片等组成。为了在显像管的荧光屏上显示图像，就要使电子束沿着荧光屏进行扫描。偏转线圈就是利用磁场产生的力使电子束偏转，行偏转使得电子束沿水平方向运动，同时场偏转又使电子束沿垂直方向运动，结果在荧光屏上就形成了长方形的光栅。

2. 可变电感器

线圈电感量的变化可分为跳跃式和平滑式两种。例如电视机的谐振选台所用的电感线圈，就可将一个线圈引出数个抽头，以供接收不同频道的电视信号，这种引出抽头改变电感量的方法，使得电感量呈跳跃式，所以也叫跳跃式线圈。

在需要平滑均匀改变电感值时，有以下三种方法：

(1) 通过调节插入线圈中磁芯或铜芯的相对位置来改变线圈电感量。

(2) 通过滑动在线圈上触点的位置来改变线圈匝数，从而改变电感量。

(3) 将两个串联线圈的相对位置进行均匀改变以达到互感量的改变，从而使线圈的总电感量值随着变化。

3.3.4 变压器

利用两个线圈的互感作用，把初级线圈上的电能传递到次级线圈上，利用这个原理所制作的起交连、变压作用的器件称作变压器。其主要功能是变换电压、电流和阻抗，还可使电源和负载之间进行隔离等。常用的变压器有电源变压器、输入和输出变压器以及中频变压器，其外形及电路符号如图 3.18 中(a)、(b)、(c)所示。

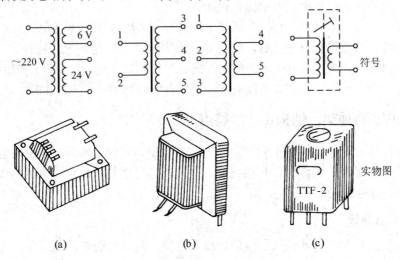

图 3.18　变压器外形和电路符号

(1) 低频变压器。低频变压器可分为音频变压器和电源变压器两种，是变换电压和作阻抗匹配的元件。其中音频变压器又可分为输入变压器、级间变压器、推动变压器、输出变压器等。

(2) 中频变压器。中频变压器又叫中周，适用频率范围从几千赫兹到几十兆赫兹。一般变压器仅利用了电磁感应原理，而中频变压器还应用了并联谐振原理。因此，中频变压器不仅具有普通变压器的变换电压、电流及阻抗的特性，它还具有谐振于某一固定频率的特性。在超外差式收音机中，它起到了选频和耦合的作用，在很大程度上决定了收音机的灵敏度、选择性和通频带等指标。其谐振频率在调幅式接收机中为 465 kHz(或 455 kHz)，调频半导体收音机中频变压器的中心频率为 10.7 MHz±100 kHz，频率可调范围大于500 kHz。

(3) 高频变压器。高频变压器又称耦合线圈或调谐线圈，天线线圈和振荡线圈都是高频变压器。

(4) 电视机行输出变压器。行输出变压器是电视机行扫描电路的专用变压器，常称回扫变压器。现在一般的一体化结构的行输出变压器的高压线圈绕组是分段绕制的，并在各段之间分别接上高压整流二极管，其输出的直流超高压是经过多级整流后串联在一起，形成一次升压，常称为多级一次升压方式。这种行输出变压器的高压绕组、低压绕组和高压整流二极管均被封灌在一起，所以称为一体化行输出变压器。其主要特点是体积小、可靠性高、输出的直流超高压稳定。

3.3.5 电感器、变压器的选用及注意事项

1. 电感器的选用

电感的选用和电阻及电容元件的选用方法一样，除了要使其主要参数满足电路要求外，还要根据使用场合不同(如高频振荡电路和电源滤波电路)来分别选择合适的电感器。但电感又不像电阻和电容元件那样由生产厂家根据规定标准和系列进行规模生产以供选用。电感器只有一部分如低频阻流圈、振荡线圈及专用电感器按规定的标准生产有成品外，绝大多数为非标准件，往往需要根据实际情况自己制作。这一部分内容可参考有关文献。

2. 变压器的选用

选用变压器时，首先要根据不同的使用目的选用不同类型变压器，如收音机和电视机的末级功放电路同扬声器的耦合要选用输出变压器，超外差式收音机的中频放大电路的耦合和选频一定要选用中频变压器。第二，要根据电路具体要求选好变压器的性能参数。选用时应注意不同电路所用变压器虽然名称相同，但性能参数相差很多。

这里专门介绍一种判断变压器同名端的方法。对于如图 3.19 所示的检测电路(一般阻值较小的绕组可直接与电池相接)。当开关 S 闭合的一瞬间，万用表指针若正偏，则说明1、4 脚为同名端；若反偏，则说明1、3 脚为同名端。这种方法对于同名端标志不清的变压器的判断非常方便实用。

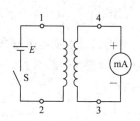

图 3.19　变压器同名端检测电路

3.4　半导体分立器件

3.4.1　半导体分立器件的型号命名方法

半导体器件的命名由五部分组成(如图 3.20 所示)，其中第二、三部分的意义如表 3-10 所示。例如，2AP9 中"2"表示二极管，"A"表示 N 型锗材料，"P"表示普通管，"9"表示序号。又如 3DG6 中"3"表示三极管，"D"表示 NPN 硅材料，"G"表示高频小功率管，"6"表示序号。

图 3.20　半导体分立器件的型号命名

表 3-10　半导体分立器件命名方法中第二、三部分的意义

第二部分		第 三 部 分					
字母	意　义	字母	意　义	字母	意　义	字母	意　义
A	N 型，锗材料	P	普通管	K	开关管	T	晶闸管(可控制)
B	P 型，锗材料	V	微波管	Y	体效应器件	A	高频大功率管 ($f_a \geqslant 3$ MHz，$P_C \geqslant 1$ W)
C	N 型，硅材料	W	稳压管	B	雪崩管		
D	P 型，硅材料	C	参数量	JG	阶跃恢复管	D	低频大功率管 ($f_a \leqslant 3$ MHz，$P_C \geqslant 1$ W)
A	PNP 型，锗材料	Z	整流管	CS	场效应器件		
B	NPN 型，锗材料	L	整流堆	BT	半导体特殊器件	C	高频小功率管 ($f_a \geqslant 3$ MHz，$P_C \leqslant 1$ W)
C	PNP 型，硅材料	S	隧道管	PIN	PIN 型管		
D	NPN 型，硅材料	N	阻尼管	FH	复合管	X	低频小功率管 ($f_a \leqslant 3$ MHz，$P_C \leqslant 1$ W)
E	化合物材料	U	光电器件	JG	激光管		

3.4.2　二极管

1. 常见二极管及电路符号

常见二极管及电路符号如图 3.21 所示。

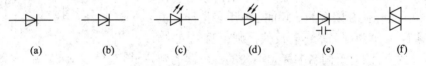

| (a) | (b) | (c) | (d) | (e) | (f) |

图 3.21　常见二极管及电路符号

(a) 普通二极管；(b) 稳压二极管；(c) 发光二极管；

(d) 光电二极管；(e) 变容二极管；(f) 双向触发二极管

2. 常见二极管检测

1) 普通二极管极性判别及性能检测

二极管具有单向导电性，一般带有色环的一端表示负极。也可以用万用表来判断其极性。用指针式万用表 R×1000 挡或者 R×1 kΩ 挡检测二极管正、负向电阻，阻值较小的一次二极管处于导通状态，则黑表笔接触的是二极管的正极。(因为在电阻挡时黑表笔是表中电源的正极)。二极管是非线性元件，用不同万用表，使用不同挡次测量结果都不同，用 R×100 挡测量时，通常小功率锗管正向电阻在 200～600 Ω 之间，硅管在 900～2 kΩ 之间，利用这一特性可以区别出硅、锗两种二极管。锗管反向电阻大于 20 kΩ 即可符合一般要求，而硅管反向电阻都要求在 500 kΩ 以上，若小于 500 kΩ 则视为漏电较严重，正常硅管测其反向电阻应为无穷大。

总的来说，二极管正、反向电阻值相差愈大愈好，阻值相同或相近都视为坏管。

2) 稳压管

稳压管是利用其反向击穿时两端电压基本不变的特性来工作，所以稳压管在电路中是反偏工作的，其极性和好坏的判断同普通二极管一样。

3) 发光二极管

(1) 普通发光二极管。有些万用表用 R×10 挡测量发光二极管正向电阻时，发光二极管会被点亮，利用这一特性既可以判断发光二极管的好坏，也可以判断其极性。点亮时黑表笔所接触的引脚为发光二极管正极。若 R×10 挡不能使发光二极管点亮则只能使用 R×10 kΩ 挡正、反向测其阻值，看其是否具有二极管特性，才能判断其好坏。

(2) 激光二极管。激光二极管是激光影音设备中不可缺少的重要元件，它是由铝砷化镓材料制成的半导体，简称 LD。为了易于控制激光管功率，其内部还设置一只感光二极管 PD，图 3.22 所示为 M 型激光管内部结构。激光管顶部为斜面的常用于 CD 唱机，顶部为平面的常用于视盘机。LD 的正向电阻较 PD 大，利用这一特性可以很容易地识别其三只引脚的作用。(注意做好防静电措施才可测量)。

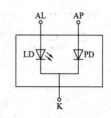

图 3.22　M 型激光管内部结构图

4) 光电二极管

又称为光敏二极管。当光照射到光电二极管时，其反向电流大大增加，使其反向电阻减小。在检测其好坏时，先用万用表 R×1 kΩ 挡判断出正负极，然后再测其反向电阻，无光照时，一般阻值大于 200 kΩ。受光照时，其阻值会大大减少。若变化不大则说明被测管已损坏或者不是光电二极管。此方法也可用于检测红外线接收管的好坏。

3．二极管的选用

(1) 根据具体电路要求选用不同类型及特性的二极管。如检波电路中选用检波二极管，稳压电路中选用稳压二极管，开关电路中选用开关二极管，并且要注意不同型号的管子的参数和特性差异。如整流电路中选用的整流二极管，不但要注意其功率的大小，还要注意工作频率和工作电压等。

(2) 在选好类型的基础上，要选好二极管的各项主要参数，要特别注意不同用途的二极管对哪些参数要求更严格，如选用整流管时要特别注意最大工作电流不能超过管子的额定电流。在选用开关二极管时，开关时间很重要，而这个主要由反向恢复时间来决定。

(3) 根据电路要求和电路板安装位置，选好二极管的外形、尺寸大小和封装形式。如外形有圆形的、方形的、片状的、小型的、中型的等。封装形式有全塑封装、金属外壳封装、玻璃封装等。

3.4.3　三极管

常见三极管有晶体三极管、晶体闸流管和场效应管三种，分别简称为晶体管、晶闸管和场效应管。下面予以简述。

1．晶体管

(1) 晶体管的引脚排列并没有具体的规定，所以各个生产厂家都有自己的排列规则。部分晶体管引脚排列如图 3.23 中所示。

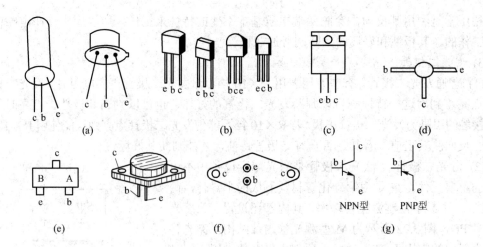

图 3.23 常见晶体三极管外形及其电路符号、引脚排列

(a) 国产普通三极管；(b) 塑封小功率三极管；(c) 中功率三极管；(d) 高频小功率三极管；
(e) 片状三极管；(f) 低频大功率三极管；(g) 三极管电路符号

(2) 用万用表判断晶体管管型和电极。

① 首先找出基极(b 极)。用万用表 R×100 Ω 或 R×1 kΩ 电阻挡随意测量晶体管的两极，直到指针摆动较大为止。然后固定黑(红)表笔，把红(黑)表笔移至另一引脚上，若指针同样摆动，则说明被测管为 NPN(PNP)型，且黑(红)表笔所接触引脚为 b 极。

② c 极和 e 极判别。根据①中测量已确定了 b 极，且为 NPN(PNP)，再使用用万用表 R×1 kΩ 挡进行测量。假设一极为 c 极接黑(红)表笔，另一极为 e 极接红(黑)表笔，用手指捏住假设为 c 极和 b 极(注意 c 极和 b 极不能相碰)，读出其电阻值 R_1，然后再假设另一极为 c 极，重复上述操作(注意捏住 b、c 极的力度两次都要相同)，读出阻值 R_2。比较 R_1 与 R_2 的大小，以小的一极为正确假设，黑(红)表笔对 c 极。

(3) 晶体管质量判别。通过检测以下三个方面来判断，只要有一个方面达不到要求，即为坏管。

① 首先判断发射结 BE 和集电结 BC 是否正常，按普通二极管好坏判别方法进行。

② 用测量 ce 漏电电阻的大小来判断，测量时对于 NPN(PNP)型晶体管，万用表的黑(红)表笔接 c 极，红(黑)表笔接 e 极，b 极悬空，这时的 R_{ce} 越大越好。一般应大于 50 kΩ，硅管应大于 500 kΩ 才可使用。

③ 检测晶体管有无放大能力。采用判断 c 极时的方法，观察万用表指针在手捏住 c、b 极前后的变化即可知道该管有无放大能力。

指针变化大说明该管 β 值较高，若指针变化不大则说明该管 β 值小，其测试原理图如图 3.24 所示。图中 E 为万用表内部电源，R_s 为表内电阻，R_b 为当用手捏住 b、c 极但不短接时的等效电阻。这样根据教材上所学知识，则用手捏住 b、c 极后三极管处于放大状态，当然 β 愈大，电流 I_c 愈大，即指针变化愈大。若万用表有 β 挡时，则直接测量更方便。

这里补充介绍一下电视机、计算机监视器等电路中扫描电路功率器件——行输出管的结构及检测。其内部结构如图 3.25 所示。这种管子要求输出功率大，耐压高，b、e 间有保护电阻 R，c、e 间有阻尼二极管 V_D。

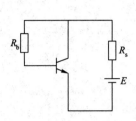
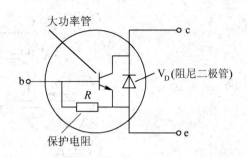

图 3.24　晶体管 β 的测试原理图　　　　　　图 3.25　行输出管内部结构

　　判断行输出管极性时，用万用表 R×10 挡任意测量其两极，若发现两极在正、反测量时的阻值都很小(如在 10～70 Ω 之间)，则比较两次阻值大小，小的一次黑表笔接的则是 b 极，红表笔接的是 e 极，剩下的一个极就是 c。若要检测其好坏时，重点是测量 R_{ce} 正、反向电阻，用 R×10 kΩ 挡，黑表笔接 e 极，红表笔接 c 极时阻值应无穷大，指针稍微偏转都视为漏电。反转表笔测量时，阻值较小，因为这时阻尼二极管导通。

2. 晶闸管

　　晶闸管是晶体闸流管的简称，它实际上是一个硅可控整流器，基本结构是在一块硅片上制作 4 个导电区，形成三个 PN 结，最外层的 P 区和 N 区引出两个电极，分别为阳极 A 和阴极 K，由中间的 P 区引出控制极 G。其结构如图 3.26(a)所示，在电路中表示符号如图 3.26(d)所示。

　　为了说明晶闸管的工作原理，把晶闸管看成是由 PNP 和 NPN 两个晶体管连接而成，每个晶体管的基极与另一个晶体管的集电极相连，如图 3.26(b)及(c)所示。阳极 A 相当于 PNP 型晶体管 V_1 的发射极，阴极 K 相当于 NPN 型晶体管 V_2 的发射极。

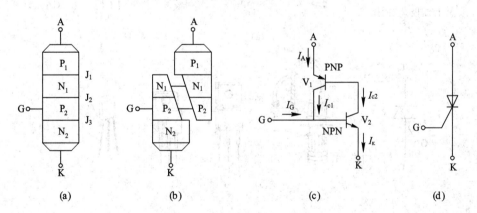

图 3.26　晶闸管结构图及等效电路图

　　如果晶闸管阳极 A 加正向电压，控制极也加正向电压，如图 3.27 所示，那么晶体管 V_2 处于正向偏置，E_G 产生的控制极电流 I_G 就是 V_2 的基极电流 I_{b2}，V_2 的集电极电流 $I_{c2}=\beta_2 I_G$。而 I_{c2} 又是晶体管 V_1 的基极电流，V_1 的集电极电流 $I_{c1}=\beta_1 I_{c2}=\beta_1\beta_2 I_G$，此电流又流入 V_2 基极，再一次放大，这样循环下去，形成强烈的正反馈，使两个晶体管很快达到饱和导通。这就是晶闸管的导通过程。导通后，其压降很小，电源电压几乎全部加在负载上。

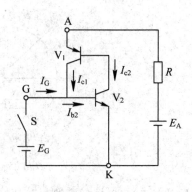

图 3.27 晶闸管工作原理图

另外，一旦晶闸管导通之后，它的导通状态完全依靠管子本身的正反馈来维持，即使控制电流消失，晶闸管仍然处于导通状态，所以控制极的作用仅仅是触发晶闸管导通，一旦导通之后，控制极就失去了控制作用。要想关断晶闸管，必须将阳极电流减小到使之不能维持正反馈过程，或者将阳极电源断开或者在晶闸管的阳极与阴极间加一个反向电压。

晶闸管按其功能又分为单向晶闸管和双向晶闸管两种。其外形图及电路符号如图 3.28 所示。其中单向晶闸管只能导通直流，且 G 极需加正向脉冲才导通。双向晶闸管可导通交流和直流，只要在 G 极加上相应控制电压即可。

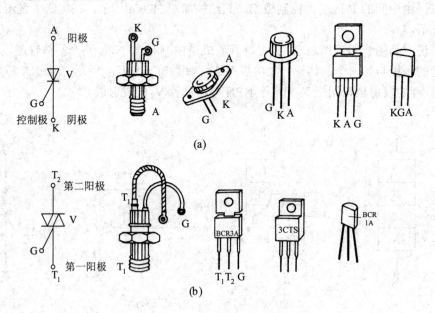

图 3.28 常见晶闸管种类及符号
(a) 单向晶闸管；(b) 双向晶闸管

晶闸管以导通压降小、功率大、效率高、操作方便、寿命长等优点而使半导体器件从弱电领域扩展到强电领域。主要用于整流、逆变、调压、开关四个方面。选用时根据具体情况和需要选择类型和参数满足要求的晶闸管。

3. 场效应管

场效应管是一种利用电场效应来控制其电流大小的半导体器件，外形和晶体管相似，但它以输入阻抗高、功耗小、噪声低、热稳定性好等优点而被广泛应用。根据其结构不同而分为结型场效应管和绝缘栅型场效应管(后者简称 MOS 管)。电路符号如图 3.29 所示。这里就选用场效应管时应注意的事项说明如下：

(1) 对于结型场效应管，根据其结构特点用万用表可判断出极性。将万用表调到 R×1 kΩ 挡，然后任测两个电极间的正、反向电阻值，若某两个电极的正、反向电阻值相等且为几千欧姆时，则可判定该两个电极分别是漏极 D 和源极 S(因为结型场效应管的 D 极和 S 极可以互换)，另外一个极为栅极 G。然后利用二极管的判别方法，测量 G 与 S(或 D)之间电阻值，进而确定是 N 沟道还是 P 沟道。

(2) 对于 MOS 管，因其输入阻抗极高，极易被感应电荷击穿，所以不仅不要随便去用万用表测量其参数，而且在运输、储藏中必须将引出管脚短路，并要用金属屏蔽包装，以防止外来感应电势将栅极击穿。尤其注意保存时应放入金属盒内，而不能放入塑料盒。

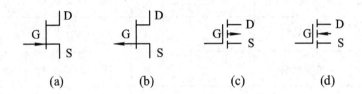

(a)　　　　　　　(b)　　　　　　　(c)　　　　　　　(d)

图 3.29　场效应管的电路符号

为了防止 MOS 管栅极感应击穿，要求从元器件架上用手取下时，应以适当方式确保人体接地；焊接时电烙铁和线路板都应有良好的接地；管脚焊接时，先焊源极，在接入电路前，管子的全部引线端保持相互短接状态，焊完后才允许把短接材料去掉。

3.5　集 成 电 路

集成电路简称 IC，是利用半导体工艺将许多二极管、三极管、电阻器等制作在一块极小的硅片上，并加以封装后成为一个能完成特定功能的电子器件。随着电子技术发展及半导体工艺的改进，集成电路的运行速度、可靠性和集成度远优于分立元件而被广泛应用。

本节就集成电路的型号命名方法、引脚识别及性能检测、种类和选用等三个内容分别予以阐述。另外，简述了音乐及语音集成电路的工作原理及部分产品性能特点。

3.5.1　集成电路的型号命名方法

1. 国内集成电路型号命名方法

国标 GB 3430—89 规定了半导体集成电路型号的命名由五个部分组成。五个组成部分的符号及意义见表 3-11。

表 3-11　集成电路型号中各部分的符号及意义

第0部分 (国家标准)		第一部分 (器件类型)		第二部分 (系列代号)	第三部分 (工作温度)		第四部分 (封装形式)	
用字母表示器件符号		用字母表示器件的类型		用阿拉伯数字和字符表示器件的系列和品种代号	用字母表示器件的工作温度范围		用字母表示器件的封装	
符号	意义	符号	意义		符号	意义	符号	意义
C	符合国家标准	T	TTL 电路		C	0～70℃	F	多层陶瓷扁平
		H	HTL 电路		G	−25～70℃	B	塑料扁平
		E	ECL 电路		L	−25～85℃	H	黑瓷扁平
		C	CMOS 电路		E	−40～85℃	D	多层陶瓷双列直插
		M	存储器		R	−55～85℃	J	黑瓷双列直插
		μ	微型机电路		M	−55～125℃	P	塑料双列直插
		F	线性放大器				S	黑瓷单列直插
		W	稳压器				K	金属菱形
		B	非线性电路				T	金属圆形
		J	接口电路				C	陶瓷芯片载体
		AD	A/D 转换器				E	塑料芯片载体
		DA	D/A 转换器				G	网络阵列
		D	音响、电视电路					
		SC	通信专用电路					
		SS	敏感电路					
		SW	钟表电路					

2. 国外集成电路型号命名方法

国外集成电路的命名，不同公司有不同的命名方法，一般前缀字母表示公司，但也有前缀字母相同的并不是一个公司，表 3-12 列出了国外部分公司常见集成电路的命名。

表 3-12 国外(部分公司)常见集成电路命名

生产公司	符号	电路种类	符号	封装形式
		字 头		**尾 标**
日本索尼公司	BX	混合型	A	改进型
	CXA	双极型	D	陶瓷封装双列直插式
	CXB	双极型数字	L	单列直插式
	CXD	MOS	M	小型扁平封装单列直插式
	CXK	存储器	P	塑料封装双列直插式
	L	CCD	Q	四列扁平
	PQ	微机	S	缩小型双列直插式
日本三菱公司	M5	工业用/消费产品	B	树脂封口陶瓷管双列直插式
		温度范围(—20~75℃)	FP	注塑扁平
	M9	高可靠型	K	玻璃封口陶瓷
			L	注塑单列直插式
			P	注塑双列直插式
			R	金属壳玻璃
			S	金属封口陶瓷
			SP	注塑扁型双列直插式
			T	塑料单列直插式
日本松下公司	AN	模拟	K	缩小型双列直插式
	DN	数字	N	改进型
	MN	MOS	P	普通塑料
	OM	助听器	S	小型扁平
日本日立公司	HN	模拟	AP	改进型
	HD	数字	C	陶瓷
	HM	RAM	F	双列扁平
	HN	ROM	G	陶瓷浸渍
			NO	陶瓷双列
			NT	缩小型双列直插式
			P	塑料
			R	引脚排列相反
			W	四列扁平
德国西门子公司	T	模拟		
	S	数字		
	V			

	字　头		尾　标	
生产公司	符号	电路种类	符号	封装形式
美国通用仪器公司	AY		12	8 引线双列直插式
	LC		16	8 引线 70-5
	LG		29	24 引脚塑料双列直插式
美国国家半导体公司	LF	线性(双极一场效应)	A	改进型
	LH	混合型	D	玻璃(金属)双列直插式
	Lh4	线性单片	F	玻璃(金属)扁平式
	LP	低功耗	N	标准双列直插式
	LX	传感器		
	TBA	线性仿制		
	TCA	线性		
美国无线公司	CA	线性	D	陶瓷双列直插式
	CD	数字	E	塑料双列直插式
	CDP	微处理器	EM	改进双列直插式
	WS	MOS	H	片状
美国摩托罗拉公司	MC	已封装产品	F	扁平陶瓷
	MCC	未封装产品	G	金属壳
	MCM	存储器	K	金属(功率型)
			L	陶瓷双列直插式
			P	塑料
			U	陶瓷

3.5.2 集成电路的引脚识别及性能检测

1. 集成电路引脚识别

集成电路封装材料常有塑料、陶瓷及金属三种。封装外形有圆顶形、扁平形及双列直插形等。虽然集成电路的引出脚数目很多(以几脚至上百脚不等)，但其排列还是有一定规律的，在使用时可按照这些规律来正确识别引出脚。

1) 圆顶封装的集成电路

对圆顶封装的集成电路(一般为圆形或菱形金属外壳封装)，识别引出脚时，应将集成电路的引出脚朝上，再找出其标记。常见的定位标记有锁口突平，定位孔及引脚不均匀排列等。引出脚的顺序由定位标记对应的引脚开始，按顺时针方向依次排列引出脚①、②、③…，如图 3.30 所示。

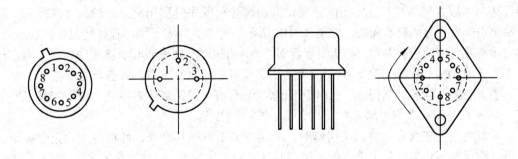

图 3.30 引脚的排列

2) 单列直插式集成电路

对单列直插式集成电路，识别其引脚时应使引脚朝下，面对型号或定位标记，自定位标记对应一侧的第一只引脚数起，依次为①、②、③ …脚。这一类集成电路上常用的定位标记为色点、凹坑、小孔、线条、色带、缺角等，如图 3.31(a)所示。但有些厂家生产的同一种芯片，为了印制电路板上能灵活安装，其封装外形有多种。例如，为适合双声道立体

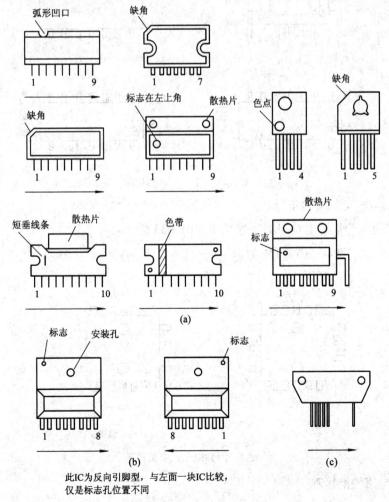

此IC为反向引脚型，与左面一块IC比较，
仅是标志孔位置不同

图 3.31 单列直插式引脚排列

声音频功率放大电路对称性安装的需要，其引脚排列顺序对称相反。一种按常规排列，即自左至右；另一种则自右向左，如图 3.31(b)所示。对这类集成电路，若封装上有识别标记，按上述不难分清其引脚顺序。若其型号后缀中有一字母 R，则表明其引脚顺序为自右向左反向排列。如 M5115P 与 M5115PR，前者其引脚排列顺序自左向右，后者反之。

还有些集成电路，设计封装时尾部引出脚特别分开一段距离作为标记，如图 3.31(c)所示。

3) 双列直插式集成电路

对双列直插式集成电路识别引脚时，若引脚向下，即其型号、商标向上，定位标记在左边，则从左下角第一只引脚开始，按逆时针方向，依次为①、②、③…脚，如图 3.32 所示。若引脚朝上，型号、商标向下，定位标志位于左边，则应从左上角第一只引脚开始，按顺时针方向，依次为①、②、③…引出脚。顺便指出，个别集成电路的引脚，在其对应位置上有缺脚符号(即无此引出脚)，对这种型号的集成电路，其引脚编号顺序不受影响。

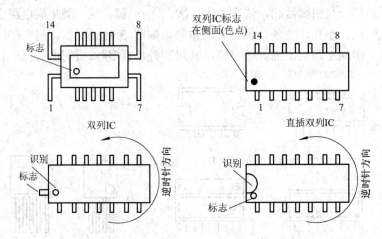

图 3.32　双列直插式集成电路引脚排列

4) 四列扁平封装的集成电路

四列扁平封装的集成电路引脚排列顺序如图 3.33 所示。

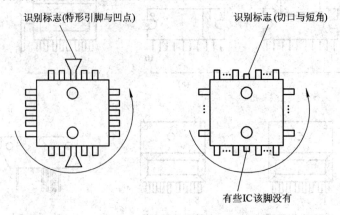

图 3.33　四列扁平式引脚排列

2．集成电路性能检测

集成电路内部元件众多，电路复杂，所以一般常用以下几种方法概略判断其好坏。

1) 电阻法

(1) 通过测量单块集成电路各引脚对地正、反向电阻,与参数资料或另一块好的相同集成电路进行比较,从而做出判断。注意,必须使用同一万用表的同一挡测量,结果才准确。

(2) 在没有对比条件的情况下只能使用间接电阻法测量,即在印制电路板上通过测量集成电路引脚外围元件好坏(电阻、电容、晶体管)来判断,若外围元件没有坏,则原集成电路有可能已损坏。

2) 电压法

测量集成电路引脚对地的静态电压(有时也可测其动态电压),与线路图或其他资料所提供的参数电压进行比较,若发现某些引脚电压有较大差别,其外围元件又没有损坏,则判断集成电路有可能已损坏。

3) 波形法

用示波器测量集成电路各引脚波形是否与原设计相符,若发现有较大区别,并且外围元件又没有损坏,则原集成电路有可能已坏。

4) 替换法

用相同型号集成电路替换试验,若电路恢复正常,则集成电路已损坏。

3.5.3 集成电路的种类及选用

集成电路种类很多,按其功能一般分为模拟集成电路、数字集成电路和模数混合集成电路等三大类。其中模拟集成电路包括运算放大器、比较器、模拟乘法器、集成功率放大器、集成稳压器以及其他专用模拟集成电路等;数字集成电路包括集成门电路、驱动器、译码器/编码器、数据选择器、触发器、寄存器、计数器、存储器、微处理器、可编程器件等;混合集成电路有定时器、A/D、D/A 转换器、锁相环等。

按其制作工艺不同,可分为半导体集成电路,膜集成电路和混合集成电路三类。其中半导体集成电路是采用半导体工艺技术,在硅基片上制作包括电阻、电容、二极管、三极管等元器件并具有某种功能的集成电路;膜集成电路是在玻璃或陶瓷片等绝缘物体上,以"膜"的形式制作电阻、电容等无源器件。但目前的技术水平尚无法用"膜"的形式来制作晶体二极管、三极管等有源器件,因而使膜集成电路的应用范围受到很大限制。在实际应用中,多半是在无源膜电路上外加半导体集成电路或分立的二极管、三极管等有源器件,使之构成一个整体,这便是混合集成电路。根据膜的厚薄不同,往往又把膜集成电路分为厚膜集成电路(膜厚为 $1 \sim 10~\mu m$)和薄膜集成电路(膜厚为 $1~\mu m$ 以下)两种。

按集成度高低不同,可分为小规模、中规模、大规模及超大规模集成电路四类。如 2000 年生产的 80786 微机芯片上集成了 500 万只以上晶体管,这么高的集成度,其功能可想而知了。

按导电类型不同分为双极型和单极型集成电路两类。前者频率特性好,但功耗大,而且制作工艺复杂,绝大多数模拟集成电路和数字集成电路中的 TTL、ECL、HTL、LSTTL 型等属于这一类。后者工作速度低,但输入阻抗高,功耗小,制作工艺简单,易于大规模集成,其主要产品有 MOS 型集成电路等。MOS 型集成电路又分为 NMOS、PMOS、CMOS 型。其中 NMOS 和 PMOS 是以其导电沟道的载流子是电子或空穴而区别。CMOS 型则是 NMOS 管和 PMOS 管互补构成的集成电路。

除了上面介绍的各类集成电路外，又有许多专门用途的集成电路，称为专用集成电路。例如电视专用集成电路就有伴音集成电路，行、场扫描集成电路，彩色解码集成电路，电源集成电路，遥控集成电路等。另外还有音响专用集成电路，电子琴专用集成电路及音乐与语音集成电路等。

通用的模拟集成电路有集成运算放大器和集成稳压电源。

在数字集成电路中，CMOS 型门电路应用非常广泛。但由于 TTL 电路、CMOS 电路、ECL 电路等逻辑电平不同，因此当这些电路相互连接时，一定要进行电平转换，使各电路都工作在各自允许的电压工作范围内。

3.5.4 音乐及语音集成电路

音乐及语音集成电路是一种乐曲及语音发生器，它可以向外输出固定存储的乐曲及语音，在家用电器、自动控制、报警器及玩具等场合得到广泛的应用。

1. 音乐集成电路

1) 电路基本结构及工作原理

目前，音乐集成电路已有许多系列，但基本电路和工作原理大都是相同的，图 3.34 是音乐集成电路的内部电路结构框图，当触发信号从输入端输入时，它就会按预先设定好的顺序和速度输出乐曲，该输出可直接驱动(或间接驱动)压电蜂鸣器(或扬声器)发出声音。

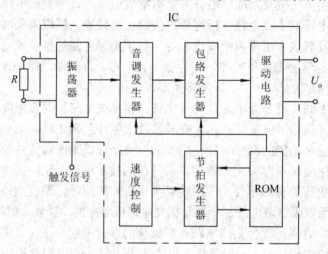

图 3.34　音乐集成电路内部电路结构框图

现将图中各电路的功能作简单介绍。

(1) 振荡器。振荡器由外接电阻 R 构成一个完整的振荡电路，其振荡频率与 R 阻值的大小有关，一般为 50 kHz 或 100 kHz。振荡频率是音调发生器和节奏发生器的时间基准。

(2) 存储器 ROM。存储器 ROM 的存储量有 64 字七位的，512 字七位的不等，其中四位用于控制音调发生器，三位用于控制节奏发生器，同时也提供自停信号。

(3) 音调发生器就是按 ROM 的数据分配产生不同音调的代码。

(4) 节拍发生器就是按 ROM 的数据分配，提供八种节拍去控制 ROM 地址时钟。

(5) 速度控制可提供与放音速度相匹配的速度，这种速度已按编好的程序固化在集成电路内，不能由外部选择。

(6) 包络发生器的作用是将音调信号和节奏信号输出给驱动电路。

(7) 驱动电路。不同的集成电路其驱动电路各不相同，有的在输出端输出电流，可直接驱动蜂鸣器，有的集成电路内还设置有前置放大器。

2) 封装形式

集成电路有三种基本形式，即双列直插式塑封、单排直插式塑封以及印制电路板黑膏封，如图 3.35 所示。

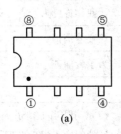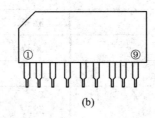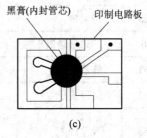

图 3.35　封装形式

3) 使用中注意事项

(1) 应了解并正确选用集成电路的工作电压，否则会产生失真。

(2) 外接电阻值对输出的音调有影响，阻值小时，音调高；阻值大时，音调低。

(3) 有些集成电路输出电流很小，所以一般应外接放大电路。

(4) 音乐集成电路大多由 CMOS 电路组成，因此焊接时应使电烙铁外壳可靠接地。

4) 常用的部分音乐集成电路

CIC2850/CIC3830 系列音乐集成电路是一种单乐曲发生器，它们的引脚排列及封装形式为 9 脚单排直插式塑封，其引脚功能见表 3-13，系列产品输出乐曲名见表 3-14。

表 3-13　单乐曲发生器的引脚功能

引　脚	CIC2850 系列	CIC3830 系列
①	NC：空脚	RPT：触发端(AC、EC 脉冲)
②	RPT：触发端(AC、DC 脉冲)	MO_1 MO_2 } 乐曲信号输出
③	MO：乐曲信号输出	
④	TB：检测端	TB：检测端
⑤	V_{DD}：电源正端	Vss：电源负端
⑥	TT：检测端	TT：检测端
⑦	OS_1 }外接振荡电阻	OS_1 }外接振荡电阻
⑧	OS_2	OS_2
⑨	Vss：负电源(接地)	V_{DD}：正电源

表 3-14　单乐曲发生器的输出乐曲

型号	曲　名	型号	曲　名
CIC2850	铃儿响叮当	CIC3830	铃儿响叮当
2851	铃儿响叮当＋桑德卡拉斯进城＋圣诞快乐	3831	同 2851
2852	寂静的夜晚	3832	圆舞曲
2853	铃儿响叮当＋红鼻子驯鹿＋快乐世界	3833	祝你生日快乐
2854	小鼓手	3834	三月婚礼
2855	圣诞树	3835	让我称你爱人
286	三只瞎老鼠＋林中农夫	3836	深夜静悄悄
2861	摇篮曲	3837	为了爱丽莎
2862	生日快乐	3838	圣诞树
2863	教堂钟声	3839	铃儿响叮当＋鲁道夫，火红的驯鹿＋极乐世界

这两个系列产品由于输出电流为 0.2～2.2 mA，因此不能直接驱动扬声器工作，可适用于时钟、门铃、玩具等。图 3.36 是 CIC2850 系列的典型应用电路。其中图(a)所示电路只要开关一闭合，就可反复地回放乐曲，释放开关后，乐曲在最后一个音符上停止；图(b)所示电路则每按一次开关，电路就可以回放一次乐曲，然后在最后一个音符上停止。

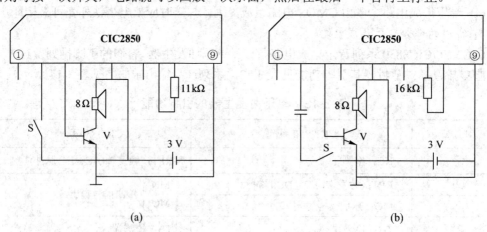

图 3.36　CIC2850 应用电路

HY-1 型音乐集成电路中内存一首乐曲，当触发端受脉冲触发时即输出音乐信号；乐曲结束时工作自行停止。当触发端与触发电平相连时，电路反复鸣奏，直到脱离触发电平并且正常演奏的乐曲程序结束后才自行停止。电路如图 3.37 所示。该集成电路⑤脚为功率输出端，可直接驱动扬声器，③、④脚为前置放大器输出端，用于推动压电蜂鸣器工作。②脚为触发端。

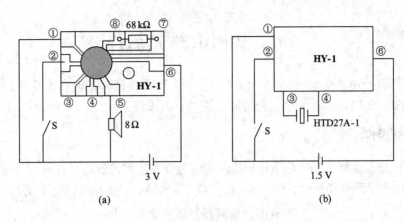

图 3.37　应用电路

2．语音集成电路

语音技术是一种固体录音技术，即不用磁头和磁带就能实现语音录音、放音和语言合成的技术。这种固体录音设备一般包括两部分：一是语言处理器；二是记录语言信息的存储器。存储器的类型和容量将决定语音集成电路的录、放音时间和质量。

语音集成电路可分为语音合成电路等三种类型，这里仅介绍此类。语音合成集成电路是将语音信号处理后，以数码形式存储在只读存储器 ROM 中。当用触发信号触发语音集成电路时，电路就输出所存储的语音信号。表 3-15 列出了部分常用的语音合成集成电路。

表 3-15　常用的语音合成集成电路

型　号	语音内容	型　号	语音内容
MSS0283-06	鞭炮声	MSS W001-13	英语现在时刻报时
MSS0283-25	恭喜发财	KD153	叮、咚
MSS0283-98	I LOVE YOU(英语)	KD482H	汉语报时
MSS0283-137	狗叫声	KD5603	欢迎光临
MSS0283-141	新年快乐	KD5604	谢谢光临
MSS0287-17	生日快乐	CIC5603	欢迎光临
MSS0287-18	婴儿笑声	CIC5604	谢谢光临
MSS0287-24	小猫叫声	CIC5605	喵、喵
MSS0287-30	圣诞快乐	XD-353	叮咚，您好，请开门！
MSS0302-76	电话铃声	HFC5203	请关门！
MSS1002-11	生日快乐歌	HFC5209	嘀，嘟，倒车！
MSS A003-01	中文正点报时	HFC5212	嘟，嘟，请注意！
MSS A003-02	摇篮曲	HFC5219	有电危险，请勿靠近！
MSS W001-07	普通话北京报时	HL-169A	请让路，谢谢！
MSS W003-12	普通话现在时刻报时	SR8803A	不好了，小偷偷东西，快抓小偷呀！

3.6 其他电路元器件

本节主要介绍电路中常见的电声器件、控制器件和接插件，而石英晶体谐振器和数字显示器件(LED、LCD 等)教材中已介绍过，这里不再重述。

3.6.1 电声器件

电声器件是指能将音频电信号转换成声音信号或者能将声音信号转换成音频电信号的器件。常用的电声器件有扬声器、传声器、拾音器、耳机等。表 3-16 列举了部分电声器件型号。

表 3-16　电声器件型号命名举例

序号	器　件	型号组成部分					示例
		主称	分类	特征	间隔号	序号	
1	直径为 100 mm 的动圈式纸盆扬声器	Y	D	100		1	YD100-1
2	短轴 6.5 cm、长轴 10 cm 的椭圆形动圈式纸盆扬声器	Y	D	T610		4	YDT610-4
	短轴 10 cm、长轴 16 cm 的椭圆形动圈式纸盆扬声器						
3	额定功率为 5 W 的高频号筒式扬声器	Y	D	T6106		1	YDT1016-1
	2 级动圈传声器						
4	2 级电容传声器	C	D	II	–	1	CDII-1
	3 级驻极体传声器						
5	立体声动圈耳机	Y	–	HG5		1	YHG5-1
6	耳塞式电磁耳机	C	R	II	–	3	CRII-3
	碳粒送话器						
7		C	Z	III		1	CZIII-1
8		E	D	L		3	EDL-3
9		E	C	S		1	ECS-1
10		O	T	–		1	OT-1

1. 传声器

传声器又称作话筒，是一种将声音转变为电信号的声电器件，其外形如图 3.38 所示。

图 3.38　各种传声器外形图

传声器种类很多，有动圈式、电容式、晶体式、铝带式、炭粒式传声器等，在电路中的图形符号也各不相同，图 3.39 中(a)为传声器一般图形符号，而(b)、(c)、(d)、(e)分别为动圈式、电容式、晶体式和铝带式传声器的图形符号。

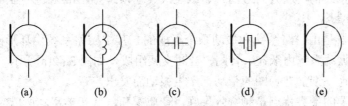

(a)　　　　(b)　　　　(c)　　　　(d)　　　　(e)

图 3.39　传声器图形符号

1) 动圈式传声器

动圈式传声器又称电动式传声器，是由永久磁铁、音膜、音圈、输出变压器等构成。其结构图如图 3.40 所示。音圈位于磁场空隙中，当人对着传声器讲话时，音膜受声波的作用而振动，音圈在音膜的带动下便做切割磁力线的运动，根据电磁感应原理，音圈两端便感应出音频电压。又由于音圈的匝数很少，因此阻抗很低，变压器的作用就是变换传声器的输出阻抗，以便与扩音设备的输入阻抗相匹配。其优点是坚固耐用、价格低廉。

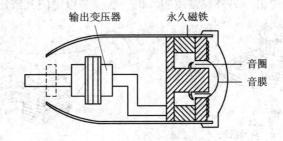

图 3.40　动圈式传声器的结构图

2) 电容式传声器

电容式传声器是一种靠电容量的变化而引起声电转换作用的传声器，其结构如图 3.41 所示。这是由一金属振动膜和一固定电极构成其介质为空气的电容器。且距离仅为 0.03 mm 左右。使用时在两金属片间接有 200～250 V 的直流电压，并串联一高阻值电阻。平时电容器呈充电状态，当声波作用于振动膜片上时，使其电容量随音频而变化，因而在电路中的充放电电流也随音频变化，其电流流过电阻器，便产生音频电压信号输出。

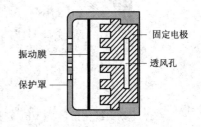

图 3.41　电容式传声器的结构图

电容式传声器的灵敏度高，频率特性好，音质失真小，因此多用于高质量广播、录音和舞台扩音用。但其制造较复杂，成本高，且使用时放大器须供给电源，因此给使用带来了麻烦。

另外，驻极体式传声器也是电容式传声器的一种，因其体积小，结构简单，价格低廉，有着广泛的应用。如用作收录机内话筒或声光控自动开关的话筒。

2．扬声器

扬声器是把音频电信号转变成声能的器件。按电声换能方式不同，分为电动式、电磁式、气动式等。按结构不同分为号筒式、纸盆式、球顶式等，常见扬声器如图 3.42 所示。

1) 电动式扬声器

电动式扬声器是由磁路系统和振动系统组成的。其中磁路系统由环形磁铁、软铁芯柱和导磁板组成；振动系统由纸盆、音圈、音圈支架组成，如图 3.42(a)所示。其工作原理是，由音圈与纸盆相连，纸盆在音圈的带动下产生振动而发出声音。

电动式扬声器的最大特点是频响效果好，音质柔和，低音丰富。所以应用最为广泛。

2) 电磁式扬声器

电磁式扬声器又称舌簧式扬声器。它是由舌簧外套一个外圈，放于磁场中间，舌簧一端经过传动杆连到圆锥形纸盆尖端。当线圈中通过音频电流时，舌簧片的磁极产生交替变化的磁场，舌簧片在变化磁场作用下产生振动，从而通过传动杆带动纸盆振动而发声。

3) 压电式扬声器

压电式扬声器是利用压电陶瓷材料的压电效应制成的。当音频电压加在陶瓷片上时，压电片产生机械形变，形变的规律与音频电压相对应。压电片的机械形变带动振膜作对应振动，使声音通过空气传出。另外，常用的耳机一般都是以电磁式或压电式原理工作。

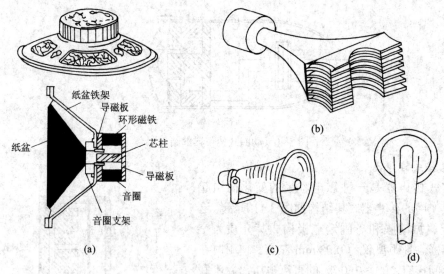

图 3.42　常见扬声器

(a) 电动式纸盆扬声器；(b) 高频号筒式扬声器；(c) 普通号筒式扬声器；(d) 耳机

扬声器使用中最应注意的是阻抗匹配，因为一般扬声器的阻抗为 4 Ω、8 Ω、12 Ω 等，所以要注意与功率放大器的输出阻抗相等，以免引起功率损耗和谐波失真。

3.6.2 开关及继电器

1．开关

在电路中，开关主要是用来切换电路的，其种类很多，常见的有联动式组合开关、扳手开关、按钮开关、琴键开关、导电橡胶开关、轻触开关、薄膜开关和电子开关等。开关的电路符号如图 3.43 所示。

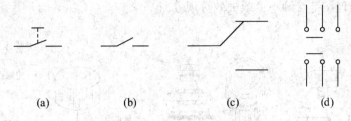

(a)   (b)   (c)   (d)

图 3.43　开关电路符号

(a) 复位开关；(b) 单刀单掷开关；(c) 单刀双掷开关；(d) 双刀双掷开关

1) 连动式组合开关

连动式组合开关是指由多个开关组合而成且只有连动作用的开关组合。根据其在电路中的作用分成多种开关，如波段开关、功能开关、录放开关等。开关调节方式有旋转式、拨动式和按键式。每一种开关根据"刀"和"掷"的数量又可分成多种规格。

在每个开关结构中，可以直接移动(或间接移动)的导体称为"刀"，固定的导体称为"掷"。组合开关内有"多少把刀"是指它由多少个开关组合而成。一个开关有多少个状态即有多少"掷"。如图 3.44(a)所示为四刀双掷的拨动式波段开关。组合开关有单列和双列结构。

2) 扳手开关

扳手开关又称钮子开关，常见的有双刀双掷和单刀双掷两种，也称作 2×2 和 1×2 开关，如图 3.44(b)所示，多用作小功率电源开关。

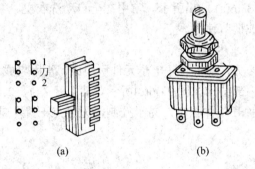

(a)   (b)

图 3.44　波段开关和扳手开关外形

3) 琴键开关

琴键开关有自锁自复位型、互锁复位型和自锁共复位型结构，常用在收录机、风扇、洗衣机等家电的电路中作功能、挡次转换开关，如图 3.45(a)所示。

4) 按钮开关

按钮开关分带自锁和不带自锁两种。带自锁的开关每按一次转换一个状态，常在各种家电中作电源开关用。不带自锁的开关即复位开关，每按一次只给两个触点作瞬间短路，像门铃开关，如图 3.45(b)所示。

5) 导电橡胶开关

导电橡胶开关也是复位开关的一种，它具有轻触、耐用、体积小、结构简单等特点，因其功率小，常在计算器、遥控器等数字控制电路中作功能按键用。开关的触点处有一块黑色橡胶即为导电橡胶，如图 3.45(c)所示，测其阻值一般在几十欧姆到数百欧姆之间。当大于 5 kΩ 时已出现按键接触不良或失效等现象。

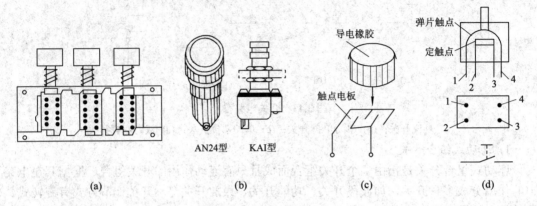

图 3.45 常用的几种开关

(a) 琴键开关；(b) 按钮开关；(c) 导电橡胶开关；(d) 轻触开关内部结构

6) 轻触开关

轻触开关也属于复位开关的一种，具有导通电阻小，轻触耐用，手感好，在电视机、音响等家电中作功能转换或调节使用，如图 3.45(d)所示。

7) 薄膜开关

薄膜开关是一种较为新型的开关，具有体积小、美观耐用、可防水、防潮等优点。有平面和凸面两种，如图 3.46(a)、(b)所示。常用在全自动洗衣机、数控型微波炉和电饭煲等家电产品中作功能转换或调节使用。

8) 电子开关

电子开关又称模拟开关，是由一些电子元件所组成，常用集成块形式封装，如 CD4066 为四个双向模拟开关，内部结构如图 3.46(c)所示。其中开关 1、2 是由 13 引脚的高、低电平来控制其通断的。这种开关体积小，易于控制，无触点干扰，常在电视或音响中作信号切换的开关使用。

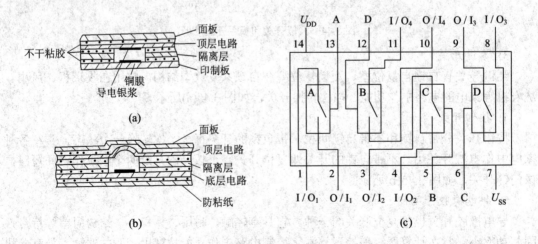

图 3.46 薄膜开关和电子开关结构图

2. 继电器

继电器是自动控制电路中常用的一种元件，它是用较小的电流来控制较大电流的一种自动开关，在电路中起着自动操作、自动调节、安全保护等作用。继电器的电路符号如图3.47 所示。

图 3.47 继电器电路符号

(a) 继电器线圈图形符号；(b) 继电器触点符号

继电器种类很多，通常分为直流继电器、交流继电器、舌簧继电器、时间继电器及固体继电器等。

(1) 直流继电器线圈必须加入规定方向的直流电流，才能控制继电器吸合。

(2) 交流继电器线圈可以加入交流电流来控制其吸合。

(3) 舌簧继电器最大特点是触点的吸合或释放速度快、灵敏，常用于自动控制设备中动作灵敏、快速的执行元件。

(4) 时间继电器与舌簧继电器恰好相反，触点吸合与释放具有延时功能，广泛应用于自动控制及延时电路中。通常按工作原理又分为空气式和电子式延时继电器几种。

(5) 固体继电器又叫固态继电器，是无触点开关器件，与电磁继电器的功能是一样的，并且还有体积小、功耗小、快速、灵敏、耐用、无触点干扰等优点，但其受控端单一，只能作一个单刀单掷开关使用。其内部结构主要由三部分构成，如图 3.48 所示为光电耦合的固体继电器内部原理图。固体继电器常见的应用电路有如下三种：

① 耦合电路常见的有光耦合器耦合电路、变压器耦合电路等。

② 触发电路。把控制信号放大后驱动触发器件(如双向触发二极管)，触发晶闸管 G 极。

③ 开关电路主要由双向晶闸管构成。

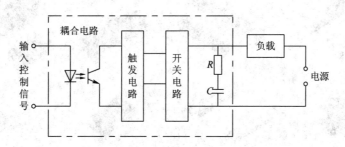

图 3.48 固体继电器内部原理图

3. 电磁式继电器原理

电磁式继电器是各种继电器的基础，使用率最高，交、直流继电器也是其中之一。它主要由铁芯、线圈、动触点、动断静触点、动合静触点、衔铁、返回弹簧等部分组成，如图 3.49 所示。线圈未通电流时，动触点 4 与常闭静触点 7 接触，当线圈有电流时，产生磁场并克服了弹簧引力，衔铁被吸下，动触点 4 与常开静触点 8 接触，实现电路切换。

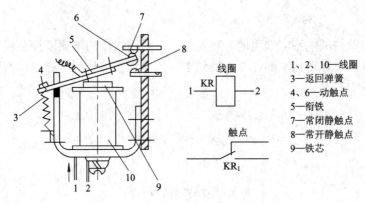

图 3.49　典型电磁继电器内部结构图

1、2、10—线圈
3—返回弹簧
4、6—动触点
5—衔铁
7—常闭静触点
8—常开静触点
9—铁芯

3.6.3　接插件

接插件又叫连接器，是电子产品中用于电气连接的一类机电元件，使用非常广泛。采用接插件可提高效率、容易装配、方便调试、便于维修等优点。在电子产品中一般有 A 类(元器件与印制电路板或导线之间连接)、B 类(印制电路板与印制电路板或导线之间的连接)、C 类(同一机壳内各功能单元相互连接)、D 类(系统内各种设备之间的连接)。

接插件按外形分类，有圆形接插件、矩形接插件、条形接插件、印制板接插件及 IC 接插件等。按用途分类，有电缆接插件、机柜接插件、电源接插件、光纤光缆接插件及其他专用接插件等。图 3.50 为部分常用连接器外形图。

图 3.50　部分常用连接器外形图

3.7 电子元器件一般选用原则

在电路原理图中，元器件是一个抽象概括的图形文字符号，而在实际电路中是一个具体的实物。如何正确选择才能既实现电路功能，又保证设计性能，对一件电子产品而言，实在不是一件容易的事，本节从实用角度出发介绍元器件选用要领。

1. 质量控制

理论上讲，凡是作为商品提供给市场的电子元器件，都应该是符合一定质量标准的合格产品。但实际上，由于各个厂商生产要素的差异(例如设备条件、原材料质地、生产工艺、管理水平、检测、包装等诸方面)，导致同种产品不同厂商之间的差异，或同一厂商不同生产批次的差异。这种差异对使用者而言就会产生质量的不同。例如同样功能、性能的一种集成电路，甲厂生产的比乙厂生产的产品引线可焊性好，那么采用甲厂的产品对整机产品的成品率，产品质量和可靠性都将得以提高。对电子产品设计制造厂而言，准确地选用甲厂产品应该是毫无异议的，但实际工作中并不是那么简单的。且生产厂商不正当竞争(这在商品经济中几乎是不可避免的)造成的误导，由于设计者观念、知识水平和经验不足也可能造成误选，从而对整个电子产品质量造成不良影响。

为了控制电子产品质量，国际标准化组织的质量保证委员会(ISO/T C176)制定了国际性质量管理标准 ISO 9000 系列标准。它以结构严谨、定义明确、规定具体实用得到了国际社会的认可和欢迎，成为国际通用的质量标准。我国按照 ISO9000 标准颁发了国家质量标准 GB/T 19000《质量管理和质量标准系列》，并成立了相应的质量保证和质量认证委员会。通过 ISO 9000 质量认证的产品是设计者选取元器件的首选。

对于大批量生产的电子产品，元器件选择是十分慎重的，一般来说要经过以下步骤才能确认：

(1) 选点调查。到有关厂商调查了解生产装备、技术装备、质量管理等情况，确认质量认证通过情况。

(2) 样品抽取试验。按厂商标准进行样品质量认定。

(3) 小批量试用。

(4) 最终认定。根据试用情况确认批量订购。

(5) 竞争机制。关键元器件应选两个或者两个以上制造厂商供货，同时下订单，防止供货周期不能保证，缺乏竞争而质量不稳定的弊病。

对一般小批量生产厂商或科研单位，不可能进行上述质量认定程序，比较简单而有效的做法是：

(1) 选择经过国家质量认证的产品。

(2) 优先选择国家大中型企业及国家、部属优质产品。

(3) 选择国际知名的大型元器件制造厂商产品。

(4) 选择有信誉保证的代理供应商提供的产品。

2. 统筹兼顾

首要准则是要算综合账。在严酷的竞争市场上，产品的经济性无疑是设计制造者必须考虑的关键因素。如果片面追求经济效益，为了降低制造成本不惜采用低质元器件，结果会造成产品可靠性降低，维修成本提高，反而损害了制造厂的经济利益。粗略估算，当一个产品在使用现场因某个电子元器件失效而出现故障，生产厂家为修复此元件将花费巨大的代价。这是因为通常一个电子产品元器件数量都在数百乃至数千，复杂的有数万至数十万件，若要进行彻底检查就会造成产品维修费用的上升。这还未计算因可靠性不高造成企业信誉的损失。

从技术经济的角度讲，可靠性与经济性之间并不是水火不相容的，而是有个最佳结合点，如图 3.51 所示。选用优质元器件，会使研制生产费用增加，但同时会使使用和维修费用降低，若可靠性指标选择合适，可使总费用达到最低水平。更何况由于产品可靠性提高会使企业信誉提高，品牌无形资产增加。

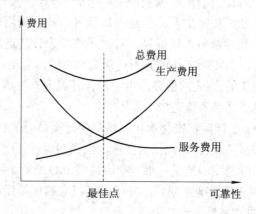

图 3.51　产品可靠性与费用关系示意图

其次要根据产品要求和用途选用不同品种和档次的元器件。例如很多集成电路都有军品、工业品和民用品三种档次，它们功能完全相同，仅使用条件和失效率不同，但价格可差数倍至数十倍，甚至百倍以上。如果在普通家用电器采用军品级元器件，将使成本大幅度提高，性能却不一定提高多少。这是因为有些性能指标对家电来说没有多少实际意义，例如工作温度，民品一般为 0～70℃，军品为−55～＋125℃，在家电正常使用环境中是不会考虑如此条件的。

对于可靠性要求极高的产品，例如航天飞机，使用军品电子元器件并不算昂贵；而对一般消费类低价格电子产品如普通收音机、录音机而言，如果盲目选用高档元器件则是不经济的。一方面这些产品通常生产厂家利润率都不高，元器件选用不当可能会将有限的利润全部"吃"掉；另一面，高档元器件的长寿命对于更新换代越来越快的家用电器并不具有太大意义，所以按需选用才是最佳选择。

最后还要提及的是，即使在一种电子产品中，也要按最佳经济性合理选择元器件品种和档次。例如有的电子产品在采用最先进集成电路的同时却选用低档的接插件和开关，结果由于这些接插件和开关的故障将集成电路的先进性冲得一干二净。再如某仪器上与电位器串联的电阻器采用精密电阻，无疑是一种浪费。

3. 合理选择

这是说在选择元器件时必须考虑电子产品使用的最不利条件，特别是涉及安全性能时尤其要注意。

一方面我们在选择元器件时要从最不利条件出发并留有余地，例如一般家用电器产品，考虑元器件工作温度时，必须考虑到夏天居室内最高温度约为 40℃，同时又要注意机内温度将比环境温度高 10~20℃，这时机内所有元器件和安装配件、材料耐热温度都不能低于70℃。再如电器的电源线，一般使用条件下是不承受机械力的，但考虑用户使用中有可能移动、挤压电源线，选择时必须考虑有一定的抗拉抗压能力。

另一方面，考虑不利因素时要适当并且采用其他保护措施，以防不适当增加元器件开销。例如采用 220 V 市电作为电源的产品，如果考虑电源接错出现 380 V 或电网千伏以上尖峰脉冲而采用 1000 V 甚至更高电压等级的元器件，将使产品造价大幅度上升。实际上这类产品考虑到裕度选用 600 V 的元器件就可以胜任，偶然的因素或尖峰脉冲可采用加保护电路的方式解决。

4. 设计简化

按照可靠性理论，系统愈复杂，所用元器件愈多，系统可靠性越低。(这里不包括为了增加系统可靠性而采用冗余系统而增加的元器件)，因此在满足电子产品性能质量要求的前提下尽量简化方案，减少所用元器件数目，以提高产品的可靠性。以下几点是最少选择的要点：

(1) 尽量选择采用微处理器和可编程器件的方案，充分发挥软件效能，减少硬件数量。目前各种微处理器、单片机、数字信号处理器(DSP)，在线可编程处理器(ISP)等器件为简化硬件提供了充分的条件。

(2) 确定产品功能和性能指标时要遵循"够用就行"的准则，不要盲目追求多功能，高指标而导致电路复杂，元器件增多。

(3) 尽量用集成电路代替分立器件，以集成度高的新器件代替旧器件。例如采用集成稳压器制作电源可使元器件数量减少一半；采用 ICM7226 制作数字频率计可代替十几块普通集成电路等。

(4) 一种产品中尽可能减少元器件品种、规格。

5. 降额使用

电子元器件工作条件对其使用寿命和失效率影响很大，减轻负荷可以有效提高可靠性。实验证明，将电容器的使用电压降低 1/5，其可靠性可提高 5 倍以上。因此在实际应用中电子元器件都可不同程度地降额使用。

不同元器件，不同的参数，用于不同的电子产品，降额范围各不相同。

对于某些元器件并非降额越多越好，例如继电器负载如果 $S<0.1$ 则由于触点接触电阻大而影响系统工作；电解电容 $S<0.3$ 会使有效电容量减小等，因此必须保持在一个合理的范围内。

第 4 章　印制电路板的设计与制作

印制电路板(PCB，Printed Circuit Board)也称为印刷电路板，一般常称为印制板或 PCB。它是由绝缘基板、印制导线、焊盘和印制元件组成的，是电子设备中的重要组成部分，被广泛地用于家用电器、仪器仪表、计算机等各种电子设备中。由于同类印制板具有良好的一致性，因此可以采用标准化设计，有利于装备生产的自动化，保证了产品的质量，提高了劳动生产率，降低了成本。

随着电子产品向小型化、轻量化、薄型化、多功能和高可靠性的方向发展，对印制电路板的设计提出了越来越高的要求。从过去的单面板发展到双面板、多层板、挠性板，其精度、布线密度和可靠性不断提高。不断发展的印制电路板制作技术使电子产品设计、装配走向了标准化、规模化、机械化和自动化的时代。掌握印制电路板的基本设计方法和制作工艺，了解生产过程是学习电子工艺技术的基本要求。

4.1　印制电路板的基础知识

印制电路板最早使用的是单面纸基覆铜板，自从半导体晶体管出现以来，对印制电路板的需求量急剧上升。特别是集成电路的迅速发展及其广泛应用，使电子设备的体积越来越小，电路布线密度及难度越来越大，对覆铜板的要求越来越高。覆铜板也由原来的单面纸基覆铜板发展到环氧覆铜板、聚四氟乙烯覆铜板。新型覆铜板的出现，使印制电路板不断更新，结构和质量不断提高。目前，计算机辅助设计(CAD)印制电路板的应用软件已经普及推广，在专业化的印制板生产厂家中，新的设计方法和工艺不断出现，机械化、自动化生产已经完全取代了手工操作。

印制电路板设计通常有两种方式：一种是人工设计，另一种是计算机辅助设计。无论采用哪种方式，都必须符合原理图的电气连接和产品电气性能、机械性能的要求，符合相应的国家标准要求。

4.1.1　印制电路板

制造印制电路板的主要材料是覆铜板。所谓覆铜板，就是经过粘接、热挤压工艺，使一定厚度的铜箔牢固地覆着在绝缘基板上。所用基板材料及厚度不同，铜箔与结合剂也各有差异，制造出来的覆铜板在性能上就有很大差别。板材通常按增强材料类别和粘合剂类别或板材特性分类。常用的增强材料有纸、玻璃布、玻璃毡等。粘合剂有酚醛、环氧树脂、聚四氟乙烯等。在设计选用时，应根据产品的电气特性和机械特性及使用环境，选用不同种类的覆铜板。同时，应满足国家(部)标准。

1. 覆铜板的种类

常用覆铜板有如下几类：

(1) 酚醛纸基覆铜箔层压板。酚醛纸基覆铜箔层压板是由绝缘浸渍纸或棉纤维浸以酚醛树脂，两面为无碱玻璃布，在其一面或两面覆以电解紫铜箔，经热压而成的板状纸品。此种层压板的缺点是机械强度低、易吸水和耐高温性能差(一般不超过 100℃)，但由于价格低廉，广泛用于低档民用电器产品中。

(2) 环氧纸基覆铜箔层压板。环氧纸基覆铜箔层压板与酚醛纸基覆铜箔层压板不同的是，它所使用的粘合剂为环氧树脂，性能优于酚醛纸基覆铜板。由于环氧树脂的结合能力强，电绝缘性能好，又耐化学溶剂和油类腐蚀，机械强度、耐高温和潮湿性较好，因此，广泛应用于工作环境较好的仪器、仪表及中档民用电器中。

(3) 环氧玻璃布覆铜箔层压板。环氧玻璃布覆铜箔层压板是由玻璃布浸以双氰胺固化剂的环氧树脂，并覆以电解紫铜，经热压而成的。这种覆铜板基板的透明度好，耐高温和潮湿性优于环氧纸基覆铜板，具有较好的冲剪、钻孔等机械加工性能，被用于电子工业、军用设备、计算机等高档电器中。

(4) 聚四氟乙烯玻璃布覆铜箔层压板。聚四氟乙烯玻璃布覆铜箔层压板具有优良的介电性能和化学稳定性，介电常数低，介质损耗低，是一种耐高温、高绝缘的新型材料，应用于微波、高频、家用电器、航空航天、导弹、雷达等产品中。

(5) 聚酰亚胺柔性覆铜板。聚酰亚胺柔性覆铜板基材是软性塑料(聚酰、聚酰亚胺、聚四氟乙烯薄膜等)，厚度约为 0.25～1 mm。在其一面或两面覆以导电层以形成印制电路系统。使用时将其弯成合适形状，用于内部空间紧凑的场合，如硬盘的磁头电路和电子相机的控制电路。

2. 覆铜板的非电技术标准

覆铜板质量的优劣直接影响印制板的质量。衡量覆铜板质量的主要非电技术标准有以下几项：

(1) 抗剥强度。抗剥强度是指单位宽度的铜箔剥离基板所需的最小力，用这个指标来衡量铜箔与基板之间的结合强度。此项指标主要取决于粘合剂的性能及制造工艺。

(2) 翘曲度。翘曲度是衡量覆铜板相对于平面的不平度指标，取决于基板材料和厚度。

(3) 抗弯强度。抗弯强度是指覆铜板所承受弯曲的能力。这项指标取决于覆铜板的基板材料和厚度，在确定印制板厚度时应考虑这项指标。

(4) 耐浸焊性。耐浸焊性是指覆铜板置入一定温度的熔融焊锡中停留一段时间(一般为 10 s) 后所承受的铜箔抗剥能力。一般要求铜板不起泡、不分层。如果浸焊性能差，印制板在经过多次焊接时，可能使焊盘及导线脱落。此项指标对电路板的质量影响很大，主要取决于板材和粘合剂。

除上述几项指标外，衡量覆铜板的技术指标还有表面平滑度、光滑度、坑深、介电性能、表面电阻、耐氧化物等，其相关指标可参考相关手册。

3. 印制电路板分类

印制电路板的种类很多，一般情况下可按印制导线和机械特性进行划分。

1) 按印制电路的分布划分

按印制电路的分布划分，可分为以下几类：

(1) 单面印制板。单面印制板是在绝缘基板的一面覆铜，另一面没有覆铜的电路板。单面板只能在覆铜的一面布线，另一面放置元器件。它具有不需打过孔、成本低的优点，但因其只能单面布线，使实际的设计工作往往比双面板或多层板困难得多。它适用于电性能要求不高的收音机、电视机、仪器仪表等。

(2) 双面印制板。双面印制板是在绝缘基板的顶层和底层两面都有覆铜，中间为绝缘层。双面板两面都可以布线，一般需要由金属化孔连通。双面板可用于比较复杂的电路，但设计工作并不一定比单面板困难，因此被广泛采用，是现在最常见的一种印制电路板。它适用于电性能要求较高的通信设备、计算机和电子仪器等产品。由于双面印制电路的布线密度高，因此在某种程度上可减小设备的体积。

(3) 多层印制板。多层印制板是指具有 3 层或 3 层以上导电图形和绝缘材料层压合而成的印制板，包含了多个工作层面。它在双面板的基础上增加了内部电源层、内部接地层及多个中间布线层。当电路更加复杂，双面板已经无法实现理想的布线时，采用多层板就可以很好地解决这一困扰。因此，随着电子技术的发展，电路的集成度越来越高，其引脚越来越多，在有限的板面上无法容纳所有的导线，多层板的应用会越来越广泛。

2) 按机械特性划分

按机械特性划分，可分为以下几类：

(1) 刚性板。刚性板具有一定的机械强度，用它装成的部件具有一定的抗弯能力，在使用时处于平展状态。主要在一般电子设备中使用刚性板。酚醛树脂、环氧树脂、聚四氟乙烯等覆铜板都属于刚性板。

(2) 柔性板。柔性板也叫挠性板，是以软质绝缘材料(聚酰亚胺)为基材而制成的，铜箔与普通印制板相同，使用粘合力强、耐折叠的粘合剂压制在基材上。表面用涂有粘合剂的薄膜覆盖，可防止电路和外界接触引起短路和绝缘性下降，并能起到加固作用。使用时可以弯曲，一般用于特殊场合。

4.1.2　印制电路板设计前的准备

印制电路板作为电子设备中一个重要的组装部件，是整机工艺设计中的重要一环。设计质量不仅关系到元器件在焊接装配、调试中是否方便，还直接影响到整机的技术性能。

印制电路板设计不像电路原理图设计那样需要严谨的理论和精确的计算，但在设计中应遵守一定的规范和原则。印制电路设计主要是排版设计，设计前应对电路原理及相关资料进行分析，熟悉原理图中出现的每一个元器件，掌握每个元器件的外形尺寸、封装形式、引脚的排列顺序、功能及形状，确定哪些元器件因发热而需要安装散热装置，哪些元器件装在板上，哪些装在板外；找出线路中可能产生的干扰，以及易受外界干扰的敏感器件；确定板材及使用单面、双面或多面板；了解印制板的工作环境等。

1. 覆铜板板材、板厚、形状及尺寸的确定

操作步骤如下：

(1) 选择板材。由于覆铜板的选用将直接影响电器的性能及使用寿命。因此在设计选用时，应根据产品的电气特性和机械特性及使用环境选用不同的覆铜板。主要依据是：电路中有无发热元器件(如大功率元器件)；结构要求印制电路板在电器中的放置方式(垂直或水平)及板上有无重量较重的器件；是否工作在潮湿、高温的环境中等。

(2) 印制板厚度的确定。在选择板的厚度时，主要根据印制板尺寸和所选元器件的重量及使用条件等因素确定。如果印制板的尺寸过大和所选元器件过重时，应适当增加印制板的厚度，如印制板采用直接式插座连接时，板厚一般选 1.5 mm。在国家标准中，覆铜板的厚度有系列标准值，选用时应尽量采用标准厚度值。

(3) 印制板形状的确定。印制板的形状通常与整机外形有关，一般采用长宽比例不太悬殊的长方形，则可简化成型加工。若采用异型板，将会增加制板难度和加工成本。

(4) 印制板尺寸的确定。印制板尺寸的确定要考虑到整机的内部结构和印制板上元器件的数量、尺寸及安装排列方式，板上元器件的排列彼此间应留存一定的间隔，特别在高压电路中，要注意留存足够的间距，在考虑元器件所占面积时，要注意发热元器件需安装散热器的尺寸，在确定印制板的净面积后，还应向外扩出 5~10 mm(单边)，以便于印制板在整机安装中固定。

2．选择对外连接方式

印制电路板是整机中的一个组成部分，因此，存在印制板与印制板间、印制板与板外元器件之间的连接问题。要根据整机结构选择合适的连接方式，总的原则是：连接可靠，安装调试维修方便。

1) 焊接方式

(1) 导线焊接。图 4.1 所示是一种操作简单，价格低廉且可靠性高的一种连接方式，连接时不需任何接插件，只需用导线将印制板上的对外连接点与板外元器件或其他部件直接焊牢即可。

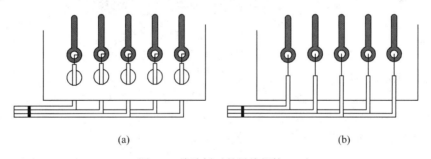

(a)　　　　　　　　　　　　　　(b)

图 4.1　线路板对外导线焊接

(a) 焊接合理；(b) 焊接不合理

导线焊接的优点是成本低、可靠性高，可避免因接触不良而造成的故障；缺点是维修不方便。一般适用于对外引线较少的场合，如收音机中的喇叭、电池盒等。

焊接时应注意，印制板的对外焊接导线的焊盘应尽可能在印制板边缘，并按统一尺寸排列，以利于焊接与维修；为提高导线与板上焊盘的机械强度，引线应通过印制板上的穿线孔，再从印制板的元件面穿过焊盘；将导线排列或捆扎整齐，通过线卡或其他紧固件将导线与印制板固定，避免导线移动而折断。

(2) 排线焊接。如图 4.2 所示，两块印制板之间采用排线焊接，既可靠又不易出现连接错误，且两块印制板的相对位置不受限制。

(3) 印制板之间直接焊接。如图 4.3 所示，直接焊接常用于两块印制板之间为 90°夹角的连接，连接后成为一个整体印制板部件。

图 4.2　印制板间排线焊接图　　　　　　图 4.3　印制板间直接焊接

2) 插接器连接方式

在较复杂的电子仪器设备中，为了安装调试方便，经常采用插接器的连接方式。如图 4.4 所示，这是在电子设备中经常采用的连接方式，这种连接是将印制板边缘按照插座的尺寸、接点数、接点距离、定位孔的位置进行设计做出印制插头，使其与专用印制板插座相配。

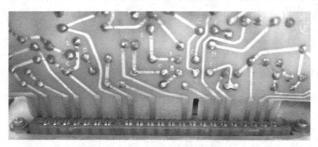

图 4.4　插接器连接

插接器连接方式的优点是可保证批量产品的质量，调试、维修方便；缺点是因为触点多，所以可靠性比较差。在印制板制作时，为提高性能，插头部分根据需要可进行覆涂金属处理。

插接器连接方式适用于印制板对外连接的插头、插座的种类很多，其中常用的几种为矩形连接器、口型连接器、圆形连接器等，如图 4.5 所示。一块印制电路板根据需要可有一种或多种连接方式。

3．电路工作原理及性能分析

任何电路都存在着自身及外界的干扰，这些干扰对电路的正常工作将造成一定的影响。

设计前必须对电路工作原理进行认真的分析，并了解电路的性能及工作环境，充分考虑可能出现的各种干扰，提出抑制方案。通过对原理图的分析应明确：

(1) 找出原理图中可能产生的干扰源，以及易受外界干扰的敏感元器件。

图 4.5　插接器

(2) 熟悉原理图中出现的每个元器件，掌握每个元器件的外形尺寸、封装形式、引线方式、引脚排列顺序、功能及形状等，确定哪些元器件因发热而需要安装散热片并计算散热片面积，确定元器件的安装位置。

(3) 确定印制板种类是单面板、双面板还是多层板。

(4) 确定元器件安装方式、排列规则、焊盘及印制导线布线形式。

(5) 确定对外连接方式。

4.2　印制电路板的排版设计

一台性能优良的仪器除选择高质量的元器件和合理的电路外，印制电路板的组件布局和电气连线方式及正确的结构设计是决定仪器能否正常工作的一个关键因素。对同一种组件和参数的电路，由于元件布局设计和电气连线方式(方向)的不同会产生不同的结果，因而，必须把如何正确设计印制电路板和正确选择布线方向及整体仪器的工艺结构三方面结合起来考虑。合理的工艺结构既可消除因布线不当而产生的干扰，又便于生产中的安装、调试与检修等。

排版设计不是单纯将元器件通过印制导线依照原理图简单连接起来，而是要采取一定的抗干扰措施，遵守一定的设计原则。在设计中考虑的最重要因素是可靠性高，调试维修方便。但是这些因素并非印制电路本身固有的，而是通过合理的印制电路设计的，正确地选择制作材料和采用先进的制造技术，整个系统才具有这些性能。

4.2.1　印制电路板的设计原则

目前电子设备仍然以印制电路板为主要装配方式。实践证明，即使电路原理图设计正确，印制电路板设计不当，也会对电子设备的可靠性产生不利影响。例如，印制板两条细平行线如果靠得很近，则会形成信号波形的延迟，在传输线的终端形成反射噪声。因此，在设计印制电路板时，必须遵守印制电路板设计的一般原则。

1. 元器件的布局

元器件在印制板上布局时，要根据元器件确定印制板的尺寸。在确定尺寸后，再确定特殊元器件的位置。最后，根据电路的功能单元，对电路的全部元器件进行布局。在确定特殊元器件的位置时要遵守以下原则：

(1) 高频元器件之间的连线应尽可能缩短，以减少它们的分布参数和相互间的电磁干扰。易受干扰的元器件之间不能距离太近。

(2) 对某些电位差较高的元器件或导线，应加大它们之间的距离，以免放电引出意外短路。带高压的元器件应尽量布置在调试时手不易触及的地方。

(3) 重量较大的元器件安装时应加支架固定，或装在整机的机箱底板上。对一些发热元器件应考虑采取必要的散热方法，热敏元件应远离发热元件。

(4) 对可调元器件的布局应考虑整机的结构要求，其位置布设应方便调整。

(5) 在印制板上应留出定位孔及固定支架所占用的位置。

根据电路的功能单元，对电路的全部元器件进行布局时，要符合以下原则：

(1) 按照电路的流程安排各个功能电路单元的位置，使布局便于信号流通，并使信号尽可能保持方向一致。

(2) 以每个功能电路的核心元器件为中心，围绕它来进行布局。

(3) 在高频下工作的电路，要考虑元器件之间的分布参数。

2. 布线的原则

布线应遵循以下原则：

(1) 印制导线的宽度要满足电流的要求且布设应尽可能短，在高频电路中更应如此。

(2) 印制导线的拐弯应成圆角。直角或尖角在高频电路和布线密度高的情况下会影响电气性能。

(3) 高频电路应采用岛形焊盘，并采用大面积接地布线。

(4) 当两面板布线时，两面的导线宜相互垂直、斜交或弯曲走线，避免相互平行，以减小寄生耦合。

(5) 电路中的输入及输出印制导线应尽量避免相邻平行，以免发生干扰，在这些导线之间最好加接地线。

(6) 充分考虑可能产生的干扰，并同时采取相应的抑制措施。良好的布线方案是设备可靠工作的重要保证。

3. 元器件排列的方法及要求

元器件位置的排列方法，因电路要求不同，结构设计各异，以及设备不同的使用条件等，而各种各样，这里仅介绍一般的排列方法和要求。

(1) 按电路组成顺序成直线排列的方法。这种方法一般按电路原理图组成的顺序(即根据主要信号的放大、变换的传递顺序)按级成直线布置。电子管电路、晶体管电路及以集成电路为中心的电路都是如此。

以晶体管多级放大器为例，图 4.6 所示为晶体管两级放大器。图 4.7 所示为两级放大电路的直线排列方法。各级电路以器件为中心，元件就近排列，各级间应保留适当的距离，并根据元件尺寸进行合理布设，使前面一级的输出与后面一级的输入很好地衔接，尽量使小型元件直接跨接在电路之间。直线排列法的优点是：电路结构清楚，便于布设、检查，也便于各级电路的屏蔽或隔离；输出级与输入级相距甚远，使级间寄生反馈减小；前后级之间衔接较好，可使连接线最短，减小电路的分布参数。

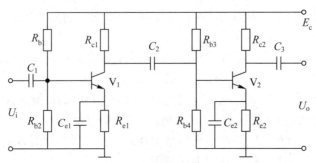

图 4.6　晶体管两级放大器

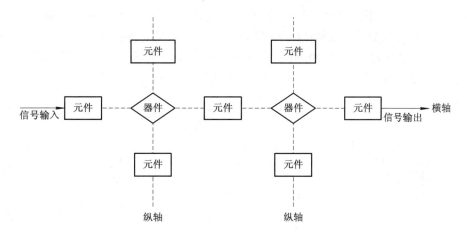

图 4.7　直线排列方法

如果受到机器结构等条件的限制，不允许做直线布置，仍可遵循电路信号的顺序按一定路线排列，或排列成一角度，或双排并行排列，或围绕某一中心元件适当布设。图 4.8 所示为某一晶体管收音机的电路排列图，读者可自行分析元件排列的特点。

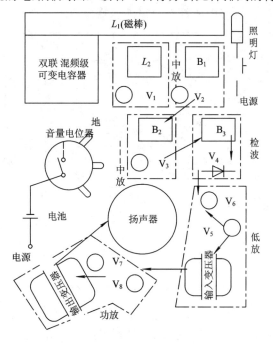

图 4.8　晶体管收音机电路排列图

(2) 按电路性能及特点的排列方法。在布设高频电路元件时，应注意元件之间的距离越小越好，引线要短而直，可相互交叉，但不能平行排列。

对于推挽电路、桥式电路等对称性电路元件的排列，应注意元件布设位置和走线的对称性，使对称元件的分布参数也尽可能一致。

在电路中高电位的元件应排列在横轴方向上，低电位的元件应排列在纵轴方向上，这样可使地电流集中在纵轴附近，以免窜流，减少高电位元件对低电位元件的干扰。

本级电路的高频回路地电位与本级的发射极接地点要尽量接成一点,如图 4.8 所示,若不能接成一点时,也不要在这两点间的印制导线上接其他级电路接地点。

如果遇到干扰电路靠近放大电路的输入端,在布设时无法拉开两者的距离时,可改变相邻的两个元件的相对位置,以减小脉动及噪声干扰,如图 4.9 所示。

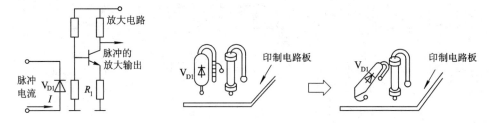

图 4.9　改变相邻元件的相对位置

为了防止通过公共电源、馈线系统对各级电路形成干扰,常用去耦电路。在布设去耦元件时,应注意将它们放在有关电路的电源进线处,使去耦电路能有效地起退耦作用,不让本级信号通过电源线泄漏出去。因此要将每一级电路的去耦电容和去耦电阻紧靠在一起,而且电容应就近接地。图 4.10 所示为某电视机中频放大电路去耦元件的布设图,每级都用闭合大面积印制地线围住,每级中放都有自己的退耦电路。

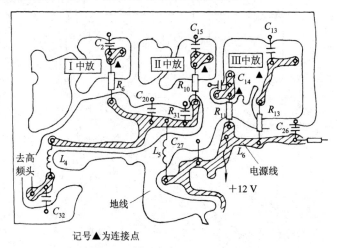

记号 ▲ 为连接点

图 4.10　中放电路去耦元件的布设图

(3) 按元器件的特点及特殊要求合理排列敏感元件的排列。要注意远离敏感区。如热敏元件不要靠近发热元件(功放管、电源变压器、功率电阻等),光敏元件更要注意光源的位置。

磁场较强的元件(变压器及某些电感器件),在放置时应注意其周围应有适当的空间或采取屏蔽措施,以减小对邻近电路(元件)的影响。它们之间应注意放置的角度,一般应相互垂直或成某一角度放置,不应平行安放,以免相互影响。

高压元器件或导线,在排列时要注意和其他元器件保持适当的距离,防止击穿与打火。

需要散热的元器件,要装在散热器或作为散热器的机器底板上,或者在排列时注意有利于通风散热。

(4) 从结构工艺上考虑元器件的排列方法。印制电路板是元器件的支撑主体,器件的排列主要是印制线路板上元件的排列，从结构工艺上考虑应注意以下几点：

① 为防止印制电路板组装后的翘曲变形，元器件的排列要尽量对称，重量平衡，重心尽量靠板的中心或下部，采用大板组装时，还应考虑在板上使用加强筋。

② 元件在板上排列应整齐，不应随便倾斜放置，轴向引出线的元件一般采用卧式跨接，使重心降低，有利于保证自动焊接时的质量。对于组装密度大，电气上有特殊要求的电路，可采用立式跨接。同尺寸的元器件或尺寸相差很小的元器件的插装孔距应尽量统一，跨距趋向标准化，便于元件引线的折弯和插装机械化。

③ 在元件排列时，元件外壳或引线至印制电路板的边缘距离不得小于 2 mm。在一排元件或部件中，两相邻元件外壳之间的距离应根据工作电压来选择，但不得小于 1 mm。机械固定用的垫圈等零件与印制导线(焊盘)之间的距离不得小于 2 mm。

④ 对于可调元件或需更换的元器件，应放在机器便于打开、便于触及或观察的地方，以利于调整与维修。

⑤ 对于比较重的元件，在板上要用支架或固定夹进行装卡，以免元件引线承受过大的应力。若印制电路板不能承载的元件，应在板外用金属托架安装，并注意固定及防止振动。

⑥ 元器件在印制电路板上排列，注意事项及排列技巧较多，处理好这些问题，更需要在实际工作中多实践、多研究，灵活运用各种技巧，解决问题。

4. 典型电路元器件布局举例

(1) 稳压电源。多数电子设备中都有稳压电源，是设备的直流电源供给部分，主要特点是重量大、工作温度高，容易产生电网频率干扰，有高压输出时对绝缘要求较高，输出低压大电流时，对导线及接点有一定要求，因此在元器件布局时，应考虑的主要问题如下：

① 电源中的主要元器件(如电源变压器、调整管、滤波电容器、泄放电阻等)体积和重量都大，布局时应放置在金属水平底座上，使整机重心平衡，机械紧固要牢。底座一般用涂覆的钢质材料，除保证机械强度外，还常用作公共地线。

② 电源中发热元件较多(如大功率整流器件，大功率变压器，大功率调整管等)，布局时，应考虑通风散热，一般安置在底座的后面或两侧空气流通较好的地方，调整管及整流元件应装在散热器上，并远离其他发热元件(最好装在机箱后板外侧)，对其他怕热元件(如电解电容，因为电容器内的电解质是糊状体，在高温下容易干涸，产生漏电)，应远离发热体，小的元器件一般放在印制电路板上，印制电路板不要放在发热元件附近，应放在便于观察的地方，以便于调整和维修。

③ 电源内有电网频率(50 Hz)的泄漏磁场，容易与放大器某些部分发生交连而产生交流声，因此电源部分应与低频放大部分隔开，或者进行屏蔽。

④ 当电源内有高压时，注意要高压端和高压导线与机架机壳的绝缘，并远离地电位的连线及结构件。控制面板上要安装高低压开关和指示灯，各种控制器和整流器的外壳都要妥善接地。

⑤ 对于大电流线路上所用的转接装置应选用端套焊片压接式焊点，便于粗导线的可靠连接，也便于维修时的拆卸和装接。

(2) 低频放大器。低频放大电路是电子设备中常用的一种电路，主要特点是工作频率低，一般增益较高，容易受干扰产生干扰声，或由寄生反馈引起的自激，因此在元件布局时应考虑以下几个方面：

① 元件排列应整齐，美观，并便于调整与检修，在同一级里，元件应布设在晶体管或集成电路周围，地电位最好连接在一点，级间耦合电容应直接连在输入电路的基极上，以防干扰信号窜入。

② 对于前置放大级，在布局时应把第一级电路的位置远离输出级和电源部分，在连线时应注意信号线要屏蔽，其他引线不要靠近或通过该级。输入变压器也应进行屏蔽。这是因为该级输入电平最低，增益较高，微小的干扰就能产生明显的干扰声，微小的正反馈就可能形成自激。

③ 由于各种电感器件的应用(如输入/输出变压器、耦合变压器、低频扼流圈等)，在布局时应采取措施，防止电磁耦合造成的干扰。例如，变压器之间，变压器与其他元器件之间，变压器与底板等，在排列时都要相互垂直，变压器与钢质底座之间应留有一定的空间，两变压器之间无法拉开距离时，可分别放在金属底板的上下两面，对个别变压器或特别敏感的元件实行单独屏蔽等。

④ 要抑制电源的影响，每级电路的集电极回路与电源之间应加去耦电路，消除通过电源内阻和馈线产生的级间耦合。汽船声就是一种通过电源内阻反馈产生的频率很低的振荡。对有交流电流通过的导线，最好不要靠近放大器，如果不能避免，则必须做成绞线，但仍要注意远离前置级，以免产生交流干扰。

⑤ 扬声器的接地引线应该接在印制电路板功放级的接地点上，切勿任意接地。

(3) 中频放大器。这里以收音机的中频放大器为例，它的特点是：工作频率为固定中频(465 kHz)，一般为 2～3 级，中放级增益高(可达 60 dB 或更大)。如果有微小的输出信号窜入输入端就会产生自激啸叫。若收听电台的频率(如 935 kHz 或 1395 kHz 等)刚好等于中频的 2 倍或 3 倍，则中频的二次或三次谐波很容易被接收而产生啸叫，这时若有电台信号就会产生差拍声。因此，在元器件布局时应注意如下几点：

① 中频变压器(中周)和中放管应按次序排列，中放级集电极输出要紧靠中频变压器，并注意中放管之间的距离和中频变压器之间的距离要适当拉开，以免相互影响，如图 4.11 所示。

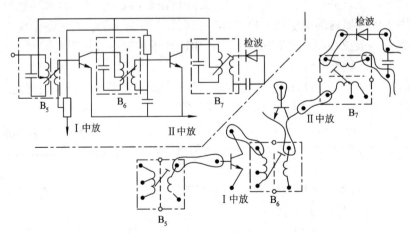

图 4.11　中周和中放管按次序排列

② 检波级的元件应相对集中布置，接地线要尽量短，而且要汇集在一起，不要穿过其他级。检波二极管应远离磁棒，以拉开信号输入与输出的距离，即使有少量辐射也感应不到天线回路中去。第二中放管也要远离磁棒和双联可变电容器，因为第二中放管的集电极中频信号很强，也可能辐射中频信号及其谐波而产生自激。

③ 各级发射极电阻和旁路电容接地点与基极偏置电阻和退耦电容的接地点应靠近，最好接在一起。如果拉开一段距离，就相当于在基极与发射极之间存在一个小电阻，如图 4.12(a)所示，其他级电路的信号将在这小电阻上产生电压降，从而带来影响。若接地点靠得很近或接在一点上，如图 4.12(b)所示，就没有其他级的影响。这一点对调频接收机更重要，因为调频中频越高，产生的干扰也就越大。

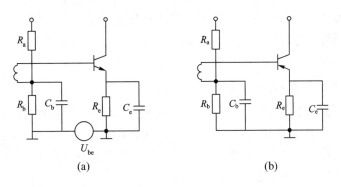

图 4.12　中放电路接地点的安排

(4) 高频放大器。高频放大器也是电子设备中常见的电路，它的主要特点是：工作频率较高(一般为几兆赫兹至几十兆赫兹)，若增益也比较大，则电路工作稳定性很容易受到影响，主要是由于电路元件的分布参数(如引线电感、寄生电容，接地电阻等)，使电路原来的参数发生变化，导致电路不能正常工作。因此，在布置元器件时应注意以下几点：

① 元器件布置应尽量紧凑，要有利于连接并且是最短连线，元件之间不要有交叉，连接线尽量不要平行放置。去耦电阻、旁路电容等都直接跨接在器件引线附近，高频转换开关的布设与有关电路必须靠近，避免连线过长和接线的交叉。必要时可将元件直接组装在开关上，形成波段转换组装件。

② 关于高频电路中的安装件(包括机械固定或绝缘保护所需要的)的布置，要考虑它们与高频回路元件之间的位置、距离及带来的影响。若距离很近，相对接触面积较大时会不同程度地改变回路的分布参数，影响电路的性能。金属零件对未屏蔽的回路线圈的电感量和品质因数有较大的影响，能改变回路的频率和增益。绝缘零件在高频回路的电磁场中，由于高频介质损耗，也能降低回路的品质因数。工作频率愈高，绝缘材料质量愈差，这种影响愈大。接地的金属零件如果紧靠元件和导线，就会增大它们之间的分布电容，使寄生耦合增强，故常将流过高频电流的导线和元件架空，离开底座。另外，每一件安装件都要保证牢固可靠。如遇振动冲击，不允许发生相对位移，以避免分布参数的改变给电路带来的不良影响。

③ 高频电路的接地十分重要。首先是接地点的正确选择。一是元件就近接地，能缩短接地引线，使引线电感和分布电容变小，对抑制各种寄生耦合也是有益的，频率愈高，此

优点愈显著。二是尽量做到一点接地，将每级电路中的高频回路元件以及其他有关的元件集中在一点接地，可以有效地限制本级电流只在本级范围内流通，大大减小高频电流流入底座(或大面积铜箔地线)的分量，同时有利于抑制底座上大的地电流对电路的不良影响。当这两种接法有矛盾时，可根据具体情况灵活运用，以试验效果来确定。其次是接地性能必须良好，若接地不良，接地电阻增大，地电流在其上的压降增大，这种干扰电压很容易被耦合到放大器中，形成不可忽视的干扰。

4.2.2　印制电路板干扰的产生及抑制

干扰现象在电器设备的调试和使用中经常出现，其原因是多方面的，除外界因素造成干扰外，印制板布线不合理、元器件安装位置不当等都可能产生干扰。如果这些干扰在排版设计时不给予重视并加以解决的话，将会使设计失败，电器设备不能正常工作。因此，在印制板排版设计时，就应对可能出现的干扰及抑制方法加以讨论。

1．地线干扰的产生及抑制

任何电路都存在一个自身的接地点(不一定是真正的大地)，电路中接地点在电位的概念中表示零电位，其他电位均相对这一点而言。但是在印制电路中，印制板上的地线并不能保证是绝对零电位，而往往存在一定数值，虽然电位可能很小，但是由于电路的放大作用，这小小的电位就可能产生影响电路性能的干扰。

为克服地线干扰，在印制电路设计中，应尽量避免不同回路电流同时流经某一段共用地线，特别是在高频电路和大电流电路中，更要注意地线的接法。在印制电路的地线设计中，首先要处理好各级的内部接地，同级电路的几个接地点要尽量集中(称一点接地)，以避免其他回路的交流信号窜入本级，或本级中的交流信号窜到其他回路中。

在处理好同级电路接地后，在设计整个印制板上的地线时，防止各级电流的干扰的主要方法有以下几种：

(1) 正确选择接地方式。在高增益、高灵敏度电路中，可采用一点接地法来消除地线干扰，如图 4.13(a)所示。如一块印制板上有几个电路(或几级电路)时，各电子电路(各级)地线应分别设置(并联分路)，并分别通过各处地线汇集到电路板的总接地点上，如图 4.13(b)所示。这只是理论上的接法，在实际设计时，印制电路的地线一般设计在印制板的边缘，并较一般印制导线宽，各级电路采取就近并联接地。

(2) 将数字电路地线与模拟电路地线分开。在一块印制板上，如同时有模拟电路和数字电路，两种电路的地线应完全分开，供电也要完全分开，以抑制它们相互干扰。

(3) 尽量加粗接地线。若接地线很细，接地点电位则随电流的变化而变化，致使电子设备的定时信号电平不稳，抗噪声性能变坏。因此，应将接地线尽量加粗，使它能通过三倍于印制电路板的允许电流。

(4) 大面积覆盖接地。在高频电路中，设计时应尽量扩大印制板上的地线面积，以减少地线中的感抗，从而削弱在地线上产生的高频信号，同时，大面积接地还可对电场干扰起到屏蔽作用，如图 4.13(b)所示。

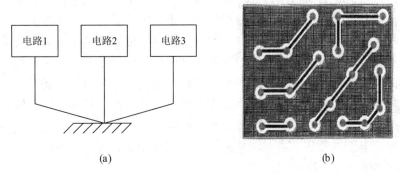

图 4.13　各种接地形式

(a) 并联分路式接地；(b) 大面积覆盖接地

2. 电源干扰及抑制

任何电子设备(电子产品)都需电源供电，并且绝大多数直流电源是由交流电通过变压、整流、滤波、稳压后供电的。供电电源的质量会直接影响整机的技术指标。而供电质量除了电源电路原理设计是否合理外，电源电路的工艺布线和印制板设计不合理都会产生干扰，这里主要包含交流电源的干扰和直流电源电路产生的电场对其他电路造成的干扰。所以，印制电路布线时，交直流回路不能彼此相连，电源线不要平行大环形走线；电源线与信号线不要靠得太近，并避免平行。必要时，可以在供电电源的输出端和用电器之间加滤波器。图 4.14 所示就是由于布线不合理，致使交直流回路彼此相连，造成交流信号对直流产生干扰，从而使质量下降的例子。

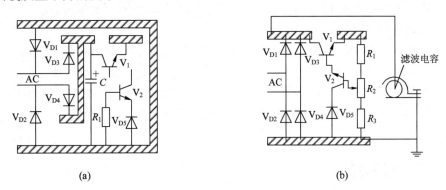

图 4.14　电器布线不合理引起的干扰

(a) 整流管接地过远；(b) 交流回路与取样电阻共地

3. 电磁场的干扰及抑制方法

印制板的特点是使元器件安装紧凑，连接密集，但是如果设计不当，这一特点也会给整机带来麻烦，如分布参数造成干扰、元器件的磁场干扰等。电磁干扰除了外界因素(如空间电磁波)造成以外，印制板布线不合理、元器件安装位置不恰当等，都可能引起干扰。这些干扰因素如果在排版设计中事先予以重视的话，则完全可以避免。电磁场干扰的产生主要有以下几种：

(1) 印制导线间的寄生耦合。两条相距很近的平行导线，它们之间的分布参数可以等效为相互耦合的电感和电容，当其中一条导线中流过信号时，另一条导线内也会产生感应信号，感应信号的大小与原始信号的频率及功率有关。感应信号就是干扰源。为了抑制这种干扰，排版时要分析原理图，区别强弱信号线，使弱信号线尽量短，并避免与其他信号线平行靠近，不同回路的信号线要尽量避免相互平行，双面板上的两面印制线要相互垂直，尽量做到不平行布设。这些措施可以减少分布参数造成的干扰。对某些信号线密集平行，无法摆脱较强信号干扰的情况下，可采用屏蔽线将弱信号屏蔽以抑制干扰。使用高频电缆直接输送信号时，电缆的屏蔽层应一端接地。为了减少印制导线之间寄生电容所造成的干扰，可通过对印制线屏蔽进行抑制。

(2) 磁性元器件相互间干扰。扬声器、电磁铁、永磁性仪表等产生的恒定磁场，高频变压器、继电器等产生的交变磁场。这些磁场不仅对周围元器件产生干扰，同时对周围印制导线也会产生影响。根据不同情况采取的抑制对策有：减少磁力线对印制导线的切割；两个磁元件的相互位置应使两个元件磁场方向相互垂直，以减少彼此间的耦合；对干扰源进行磁屏蔽，屏蔽罩应良好接地。

4．热干扰及抑制

电器中因为有大功率器件的存在，在工作时表面温度较高，这样在电路中就有热源存在，这也是印制电路中产生干扰的主要原因。比如，晶体管是一种温度敏感器件，特别是锗材料半导体器件，更易受环境的影响而使之工作点漂移，从而造成整个电路的电性能发生变化，因此，在排版设计时，应根据原理图，首先区别哪些是发热元件，哪些是温度敏感元件，要使温度敏感元件远离发热元件。另外在排版设计时，将热源(如功耗大的电阻及功率器件)安装在板外通风处，不能将它们紧贴印制板安装，以防发热元件对周围元器件产生热传导或辐射。如必须安装在印制板上时，要配以足够大的散热片，防止温升过高。

电子仪器的干扰问题较为复杂，它可能由多种因素引起。印制板设计是否合理，是关系到整机是否存在干扰的原因之一，因此，在进行印制板排版设计时，应分析原理图，尽量找出可能产生干扰的因素，采取相应措施，使得印制板可能产生的干扰得到最大限度地抑制。

4.2.3 元器件排列方式

元器件在印制板上的排列方式分为不规则与规则两种方式，在印制板上可单独采用一种方式，也可以同时采用两种方式。

1．不规则排列

元器件不规则排列也称随机排列，即元器件轴线方向彼此不一致，排列顺序无一定规则，如图 4.15(a)所示。用这种方式排列的元器件看起来杂乱无章，但由于元器件不受位置与方向的限制，因而印制导线布设方便，可以减少和缩短元器件的连接，这对于减少印制板的分布参数、抑制干扰特别对高频电路极为有利，这种排列方式常在立式安装中采用。

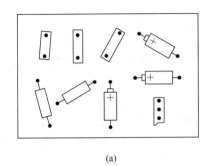
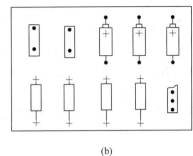

(a)

(b)

图 4.15 元器件排列格式

(a) 不规则排列；(b) 规则排列

2. 规则排列

元器件轴线方向排列一致，并与板的四边垂直或平行，如图 4.15(b)所示。用这种方式排列元器件可使印制板元器件排列规范、整齐、美观，方便装焊、调试，易于生产和维修。但由于元器件排列要受一定方向和位置的限制，因而印制板上的导线布设可能复杂一些，印制导线也会相应增加。这种排列方式常用于板面较大、元器件种类相对较少而数量较高的低频电路中。元器件卧式安装时一般均以规则排列为主。

3. 元器件的安装方式

元器件在印制板上的安装方式有立式和卧式两种，如图 4.16 所示。卧式安装是指元器件的轴线方向与印制板平行；立式则与印制板面垂直，两种方式特性各异。

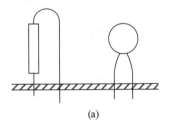
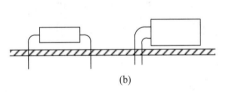

(a)

(b)

图 4.16 元器件安装方式

(a) 立式；(b) 卧式

(1) 立式安装。立式安装占用面积小，单位容纳元器件数量多，适合要求元器件排列紧凑密集的产品，如半导体收音机和小型便携式仪器。如果元器件过大、过重则不宜采用立式安装，否则，整机的机械强度将变差，抗振动能力减弱，元器件容易倒伏造成相互碰接，降低电路的可靠性。

(2) 卧式安装。元器件卧式安装具有机械稳定性好、排列整齐等优点。卧式安装由于元器件跨距大，两焊点间走线方便，因此对印制导线的布设十分有利。对于较大元器件，装焊时应采取固定措施。

4. 元器件布设原则

元器件的布设在印制板的排版设计中至关重要，它决定板面的整齐、美观程度和印制导线的长短与数量，对整机的可靠性也能起到一定作用。元器件在印制电路布设中应遵循

以下原则:

(1) 元器件在整个板面上应均匀布设,疏密一致。

(2) 元器件不要布满整个板面,板的四周要留有一定余量(5~10 mm),余量大小应根据印制电路板的大小及固定的方式决定。

(3) 元器件应布设在板的一面,且每个元器件引出脚应单独占用一个焊盘。

(4) 元器件的布设不能上下交叉,如图 4.17 所示。相邻元器件之间要保持一定间距,不得过小或碰接。相邻元器件如电位差较高,则应留有安全间隙,一般环境中安全间隙电压为 200 V/mm。

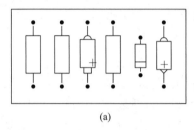 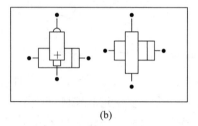

图 4.17   元器件布设

(a) 合理; (b) 不合理

(5) 元器件安装高度应尽量低,过高则安全性差,易倒伏或与相邻元器件碰接。

(6) 根据印制电路板在整机中的安装状态来确定元器件的轴向位置。规则排列的元器件,应使元器件轴线方向在整机内处于竖立状态,从而提高元器件在板上的稳定性,如图 4.18 所示。

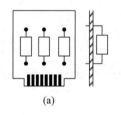 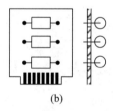

图 4.18   较大元器件布设方向

(a) 合理; (b) 不合理

(7) 元器件两端跨距应稍大于元器件的轴向尺寸,如图 4.19 所示。弯管脚时不要齐根弯折,应留出一定距离(至少 2 mm),以免损坏元器件。

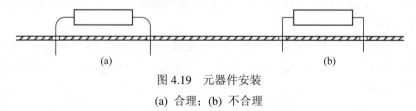

图 4.19   元器件安装

(a) 合理; (b) 不合理

4.2.4   焊盘及孔的设计

焊盘也叫连接盘,在印制电路中起到固定元器件和连接印制导线的作用。焊盘的尺寸、形状将直接影响焊点的外观与质量。

1. 焊盘的尺寸

连接盘的尺寸与钻孔设备、钻孔孔径、最小孔环宽度有关。为了便于加工和保持连接盘与基板之间有一定的粘附强度，应尽可能增大连接盘的尺寸。但是，对于布线密度高的印制电路板，若其连接盘的尺寸过大，就要减少导线宽度与间距。例如，引线中心距离为2.5 mm(或2.54 mm)的双列直插式集成电路的连接盘,当连接盘之间要通过一条0.3～0.4 mm宽度的印制导线时，连接盘的直径尺寸为1.5～1.6 mm，如果通过两条或三条印制导线时，连接盘的直径尺寸也不能小于1.3 mm，一般连接盘的环宽不小于0.3 mm。表4-1列出了不同钻孔直径所对应的最小连接盘直径。

表 4-1 钻孔直径与最小连接盘直径

钻孔直径/mm		0.4	0.5	0.6	0.8	0.9	1.0	1.3	1.6	2.0
最小连接盘直径/mm	Ⅰ级	1.2	1.2	1.3	1.5	1.5	2.0	2.5	2.5	3.0
	Ⅱ级	1.3	1.3	1.5	2.0	2.0	2.5	3.0	3.5	4.0

2. 焊盘的形状

焊盘的形状有以下几种：

(1) 岛形焊盘。如图 4.20(a)所示，焊盘与焊盘之间的连线合为一体，犹如水上小岛，故称为岛形焊盘。岛形焊盘常用于元器件的不规则排列，特别是当元器件采用立式安装时更为普遍。这种焊盘适合于元器件密集固定的情况，这样可大量减少印制导线的长度与数量，在一定程度上能抑制分布参数对电路造成的影响。此外，焊盘与印制导线合为一体后，铜箔的面积加大，可增加印制导线的抗剥强度。

(2) 圆形焊盘。由图 4.20(b)可见，焊盘与引线孔是同心圆。设计时，如板面允许，应尽可能增大连接盘的尺寸，以方便加工制造和增强抗剥能力。

(3) 方形焊盘。如图 4.20(c)所示，当印制板上元器件体积大、数量少且印制线路简单时，多采用方形焊盘。这种形式的焊盘设计制作简单，精度要求低，容易制作。手工制作常采用这种方式。

(4) 椭圆焊盘。这种焊盘既有足够的面积以增强抗剥能力，又在一个方向上尺寸较小，利于中间走线。常用于双列直插式器件，如图 4.20(d)所示。

(5) 泪滴式焊盘。这种焊盘与印制导线之间圆滑，在高频电路中有利于减少传输损耗，提高传输速率，如图 4.20(e)所示。

(6) 钳形(开口)焊盘。如图 4.20(f)所示，钳形焊盘上钳形开口的作用是为了保证在波峰焊后，使焊盘孔不被焊锡封死，其钳形开口应小于外圆的1/4。

(7) 多边形焊盘和异形焊盘。如图 4.20(g)所示，矩形和多边形焊盘一般用于区别某些焊盘外径接近而孔径不同的焊盘。

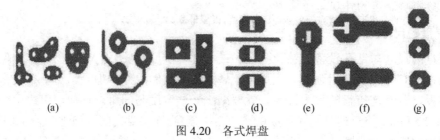

(a)   (b)   (c)   (d)   (e)   (f)   (g)

图 4.20 各式焊盘

3. 孔的设计

印制电路板上孔的种类主要有引线孔、过孔、安装孔和定位孔。

(1) 引线孔。引线孔即焊盘孔，有金属化和非金属化之分。引线孔有电气连接和机械固定双重作用。引线孔过小，元器件引脚安装困难，焊锡不能润湿金属孔；引线孔过大，容易形成气泡等焊接缺陷。若元器件引线直径为 d_1，引线孔直径为 d，则有

$$d_1 + 0.2 < d \leqslant d_1 + 0.4 \text{(mm)}$$

(2) 过孔。过孔也称连接孔。过孔均为金属化孔，主要用于不同层间的电气连接。一般电路过孔直径可取 0.6～0.8 mm，高密度板可减少到 0.4 mm，甚至用盲孔方式，即过孔完全用金属填充。孔的最小极限受制板技术和设备条件的制约。

(3) 安装孔。安装孔用于大型元器件和印制板的固定，安装孔的位置应便于装配。

(4) 定位孔。定位孔主要用于印制板的加工和测试定位，可用安装孔代替，也常用于印制板的安装定位，一般采用三孔定位方式，孔径根据装配工艺确定。

4.2.5 印制导线设计

印制导线用于连接各个焊点，印制电路板设计都是围绕如何布置导线来进行的。因为印制导线具有一定的电阻，当电流通过时，要产生热量和一定的压降，因此，选用合适的印制导线是很重要的。

1. 印制导线的宽度

在印制电路板中，印制导线的主要作用是连接焊盘和承载电流，它的宽度主要由铜箔与绝缘基板之间的粘附强度和流过导线的电流决定，导线宽度应以能满足电气性能要求而又便于生产为宜，它的最小值以承受的电流大小而定，但最小不宜小于 0.2 mm。在高密度、高精度的印制线路中，导线宽度和间距一般可取 0.3 mm。由于印制导线具有一定的电阻，当电流通过时，要产生热量和一定的压降，单面板实验表明，当铜箔厚度为 50 μm、导线宽度为 1～1.5 mm、通过电流时，温度升高小于 3℃，因此，选用合适宽度的印制导线是很重要的，一般选用 1～1.5 mm 宽度导线就可能满足设计要求而不致引起温升过高。根据经验值，印制导线的载流量可按 20 A/mm²(电流/导线截面积)计算，即当铜箔厚度为 0.05 mm 时，1 mm 宽的印制导线允许通过 1 A 电流，因此可以确定，导线宽度的毫米数值等于负载电流的安培数。对于集成电路的信号线，导线宽度可以选 0.2～1 mm，但是为了保证导线在板上的抗剥强度和工作可靠性，线不宜太细，只要印制板的面积及线条密度允许，应尽可能采取较宽的导线，特别是电源线、地线及大电流的信号线更要适当加宽，可能的话，线宽应大于 2～3 mm。

2. 印制导线的间距

印制导线之间的距离将直接影响电路的电气性能，导线之间间距的确定必须满足电气安全要求，考虑导线之间的绝缘强度、相邻导线之间的峰值电压、电容耦合参数等。而且为了便于操作和生产，间距也应尽量宽些。最小间距至少要能适合承受的电压。这个电压一般包括工作电压、附加波动电压及其他原因引起的峰值电压。

当频率不同时，间距相同的印制导线，其绝缘强度也不同。频率越高时，相对绝缘强度就会下降。导线间距越小，分布电容就越大，电路稳定性就越差。

在布线密度较低时，信号线的间距可适当地加大，对高、低电平悬殊的信号线应尽可能地短且加大间距。因此，设计者在考虑电压时应把这种因素考虑进去。表 4-2 给出的间距、电压参考值在一般设计中是安全的。

表 4-2　印制导线间距最大允许工作电压

导线间距/mm	0.5	1	1.5	2	3
工作电压/V	100	200	300	500	700

3. 印制导线走向与形状

印制电路板布线是按照原理图要求的，将元器件通过印制导线连接成电路，在布线时，"走通"是最起码的要求，"走好"是经验和技巧的表现。由于印制导线本身可能承受附加的机械应力，以及局部高电压引起的放电作用，因此在实际设计时，要根据具体电路选择如图 4.21 所示的导线形状。

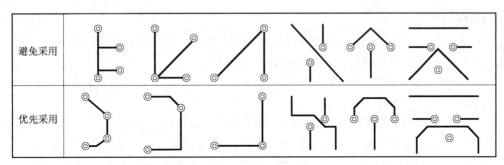

图 4.21　印制导线的形状

4. 印制导线的屏蔽与接地

印制导线的公共地线应尽量布置在印制线路板的边缘。在高频电路中，印制线路板上应尽可能多地保留铜箔作地线，最好形成环路或网状，这样不但屏蔽效果好，还可减小分布电容。多层印制线路板可采取其中若干层作屏蔽层，电源层、地线层均可视为屏蔽层，一般地线层和电源层设计在多层印制线路板的内层，信号线设计在内层和外层。

5. 跨接线的使用

在单面的印制线路板设计中，有些线路无法连接时，常会用到跨接线(也称飞线)，跨接线常是随意的，有长有短，这会给生产上带来不便。放置跨接线时，其种类越少越好，通常情况下只设 6 mm、8 mm、10 mm 三种，超出此范围的会给生产带来不便。

4.2.6 草图设计

所谓草图，是指制作照相底图(也称黑白图)的依据，它是在坐标纸上绘制的。要求图中的焊盘位置、焊盘间距、焊盘间的相互连接、印制导线的走向及板的大小等均应按印制板的实际尺寸或按一定比例绘制出来。通常在原理图中为了便于电路分析及更好地反映各单元电路之间的关系，元器件用电路符号表示，在此不考虑元器件的尺寸形状、引脚的排列顺序，只为便于电路原理的理解。这样做会有很多线交叉，这些交叉线若没有节点则为非电气连接点，允许在电路原理图中出现。但是在印制电路板上，非电气连接的导线交叉是不允许的，如图 4.22 所示。在设计印制电路草图时，不必考虑原理图中电路符号的位置，为使印制导线不交叉可采用跨接导线(飞线)。

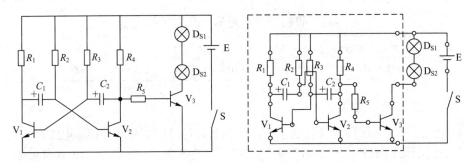

图 4.22　原理图及单面不交叉图

1. 草图设计原则

草图设计原则如下：

(1) 元器件在印制电路板上的分布应尽量均匀，密度一致，排列应整齐美观，一般应做到横平竖直排列，不允许斜排，不允许立体交叉和重叠排列。

(2) 不论单面印制电路板还是双面印制电路板，所有元器件都应布置在同一面，特殊情况下的个别元器件可布置在焊接面。

(3) 安全间隙一般不应小于 0.5 mm，元器件的电压每增加 200 V 时，间隙增加 1 mm。对易于受干扰的元器件加装金属屏蔽罩时，应注意屏蔽罩不得与元器件或引线相碰。

(4) 在特殊的情况下，元器件需要并排贴紧排列时，必须保证元器件外壳彼此绝缘良好。

(5) 对于面积大的印制电路板，应采取边框加固或用加强筋加固的措施。

(6) 元器件在印制电路板的安装高度要合理。对发热元器件、易热损坏的元器件或双面印制电路板元器件，元器件的外壳应与印制电路板有一定的距离，不允许紧贴印制电路板安装，在此安装之前，元器件的引线应弯曲成形后定位。除此之外，元器件可紧贴印制电路板安装，尤其是同一种元器件的安装高度应一致。

2. 草图设计的步骤

印制电路板草图设计通常先绘制单线不交叉图，在图中将具有一定直径的焊盘和一定宽度的直线分别用一个点和一根单线条表示。在单线不交叉图基本完成后，即可绘制正式的排版草图，此图要求板面尺寸、焊盘的尺寸与位置、印制导线宽度、连接与布设、板上各孔的尺寸位置等均需与实际板面相同并明确标注出来。同时应在图中注明印制板的各项技术要求，图的比例可根据印制电路板上图形的密度和精度要求而定，可以采用 1∶1，2∶1，4∶1 等比例绘制。草图绘制的步骤如下：

(1) 按草图尺寸选取网格纸或坐标纸，在纸上按草图尺寸画出板面外形尺寸；并在边框尺寸下面留出一定空间，用于标准技术要求的说明，如图 4.23(a)所示。

(2) 在单线不交叉图上均匀、整齐地排列元器件，并用铅笔画出各元器件的外形轮廓，元器件的外形轮廓应与实物相对应，如图 4.23(b)所示。

(3) 确定并标出各焊盘位置，有精度要求的焊盘要严格按尺寸标出，布置焊盘位置时，不要考虑焊盘的间距是否整齐一致，而要根据元器件的大小形状确定，以保证元器件在装配后分布均匀，排列整齐，疏密适中，如图 4.23(c)所示。

(4) 为简便起见，勾画印制导线时，只需要用细线标明导线走向及路径即可，不需按导线的实际宽度画出，但应考虑导线间距离，如图 4.23(d)所示。

(5) 将铅笔绘制的单线不交叉图反复核对无误后，再用铅笔重描焊点和印制导线，元器件用细实线表示，如图 4.23(e)所示。

(6) 标注焊盘尺寸及线宽，注明印制板的技术要求，如图 4.23(f)所示。

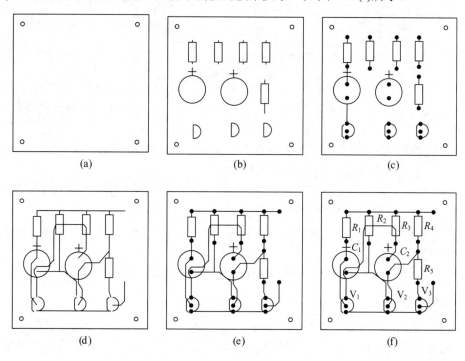

图 4.23　草图绘制过程

(a) 画板面外形尺寸及固定孔；(b) 布设元器件画外形尺寸；(c) 确定焊盘位置；
(d) 勾画印制导线；(e) 整理印制导线；(f) 标注尺寸及技术要求

(7) 对于双面印制板设计，还应考虑以下几点：

① 元器件应布设在板的一面(TOP 面)，主要印制导线应布设在元件面(BOT 面)，两面印制导线避免平行布设，应尽量相互垂直，以减少干扰。

② 两面印制导线最好分别画在两面，如在一面绘制，应用两种颜色以示区别，并注明

在哪一面。

③ 印制板两面的对应焊盘和需要连接印制导线的通孔要严格地一一对应。可采用扎针穿孔法将一面的焊盘中心引到另一面。

④ 在绘制元器件面的导线时,应注意避免元器件外壳和屏蔽罩可能产生短路的地方。

3. 制版底图绘制

制版底图绘制也称为黑白图绘制,它是依据预先设计的布线草图绘制而成的,是为生产提供照相使用的黑白底图。印制电路版面设计完成后,在投产制造时必须将黑白图转换成符合生产要求的1:1原版底片。所以说,黑白图的绘制质量将直接影响印制板的生产质量。获取原版底片与设计手段有关,图4.24所示是目前经常使用的几种方法示意图。

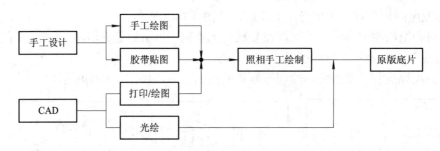

图 4.24　制取原版底片的几种方法

由图可见,除光绘可直接获得原版底片外,采用其他方式时都需要通过照相制版来获得整版底片。

(1) 手工绘图。手工绘图就是用墨汁在白铜板纸上绘制照相底图,其方法简单、绘制灵活。在新产品研制或小批量试制中,常用这种方法。

(2) 手工贴图。手工贴图是利用不干胶带和干式转移胶粘盘直接在覆铜板上粘贴焊盘和导线的,也可以在透明或半透明的胶片上直接贴制1:1黑白图。

(3) 计算机绘图。利用计算机辅助电路设计软件设计印制版图,然后采用打印机或绘图机绘制黑白图。

(4) 光绘。光绘就是使用计算机和光绘机,直接绘制出原版底片。

4. 制版工艺图

要制作一块标准的印制板,根据不同的加工工序,应提供不同的制版工艺图。

(1) 机械加工图。机械加工图是供制造工具、模具、加工孔及外形(包括钳工装配)用的图纸。图上应注明印制板的尺寸、孔位和孔径及形位公差、使用材料、工艺要求等。如图4.25所示是机械加工图样,采用CAD绘图,打印时选择机械层(Mech层)。

(2) 线路图。为了同其他印制板制作工艺图区别,一般将导电图形和印制元件组成的图称为线路图。图4.26采用CAD绘图时,打印时选顶层打印(TOP层)。

(3) 字符标记图(装配图)。为了装配和维修方便,常将元器件标记、图形或字符印制到板上,其原图称为字符标记图,因为常采用丝印方法,所以也称丝印图。图4.26包括丝印图形和字符,可通过制版照相或光绘获得底片。

(4) 阻焊图。采用机器焊接印制电路板时,为了防止焊锡在非焊盘区桥接,而在印制板焊点以外的区域印制一层阻止锡焊的涂层(绝缘耐锡焊涂料)或干膜，这种印制底图称为阻焊图。阻焊图与印制板上全部焊点形状对应，略大于焊盘，如图 4.27 所示。阻焊图可手工绘制，采用 CAD 时可自动生成标准阻焊图。

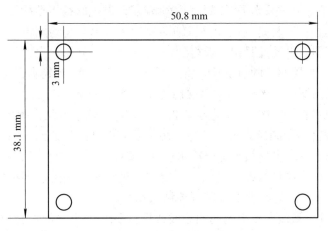

图 4.25　机械加工图样

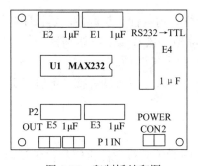

图 4.26　印制板丝印图

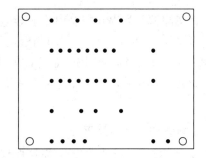

图 4.27　印制板阻焊图

4.3　印制电路板制造工艺

由于电子工业的发展，特别是微电子技术和集成电路的飞速发展，对印制板的制造工艺和精度也不断地提出新要求。印制板种类从单面板、双面板发展到多层板和挠性板。印制板的线条越来越细，现在印制导线可做到 0.2 mm 以下。但应用最广泛的还是单面印制板和双面印制板。

1. 印制电路板制造过程的基本环节

印制电路板的制造工艺技术发展很快，不同类型和不同要求的印制电路板可采取不同工艺，制作工艺基本上可以分为减成法和加成法两种。减成法工艺，就是在覆满铜箔的基板上按照设计要求，采用机械的或化学的方法除去不需要的铜箔部分来获得导电图形的方法。如丝网漏印法、光化学法、胶印法、图形电镀法等。加成法工艺，就是在没有覆铜箔的层压板基材上采用某种方法敷设所需的导电图形，如丝网电镀法、粘贴法等。在生产工艺中用得较多的方法是减成法。其工艺流程如下：

(1) 绘制照相底图。当电路图设计完成后，就要绘制照相底图，绘制照相底图是印制板生产厂家的第一道工序，可由设计者采用手绘或计算机辅助设计(CAD)完成，可按 1∶1，2∶1 或 4∶1 比例绘制，它是制作印制板的依据。

(2) 底图胶片制版。底图胶片(原版底片)确定了印制电路板上要配置的图形。获得底图胶片有两种基本途径：一种是利用计算机辅助设计系统和激光绘图机直接绘制出来，另一种是先绘制黑白底图，再经过照相制版得到。

(3) 图形转移。把照相底版制好后，将底版上的电路图形转移到覆铜板上，称为图形转移。具体方法有丝网漏印、光化学法(直接感光法和光敏干膜法)等。

(4) 蚀刻钻孔。蚀刻在生产线上也称烂板。它是利用化学方法去掉板上不需要的铜箔，留下组成图形的焊盘、印制导线与符号等。蚀刻的流程是：预蚀刻→蚀刻→水洗→浸酸处理→水洗→干燥→去抗氧膜→热水洗→冷水洗→干燥。

钻孔是对印制板上的焊盘孔、安装孔、定位孔进行机械加工，可在蚀刻前或蚀刻后进行。除用台钻打孔以外，现在普遍采用程控钻床钻孔。

(5) 孔壁金属化。双面印制板两面的导线或焊盘要连通时，可通过金属化孔来实现，即把铜沉积在贯通两面导线或焊盘的孔壁上，使原来非金属的孔壁金属化。在双面和多层板电路中，这是一道必不可少的工序。

(6) 金属涂覆。为提高印制电路的导电性、可焊性、耐磨性、装饰性，延长印制板的使用寿命，提高电气的可靠性，在印制板上的铜箔上涂覆一层金属便可达到目的。金属镀层的材料有：金、银、锡、铅锡合金等，方法有电镀和化学镀两种。

(7) 涂助焊剂与阻焊剂。印制板经表面金属涂覆后，为方便自动焊接，可进行助焊和阻焊处理。

2. 印制板加工技术要求

设计者将图纸(或设计图软盘)交给制板厂加工的同时需向对方提供附加技术说明，一般称技术要求。它一般写在加工图上，简单图也可以直接写到线路图或加工合同中。技术要求包括：外形尺寸及误差；板材、板厚；图纸比例；孔径及误差；镀层要求；涂层要求(阻焊层、助焊剂)。

3. 印制板的生产流程

1) 单面印制板

单面印制板的生产流程为：覆铜板下料→表面去油处理→上胶→曝光→成形→表面涂覆→涂助焊剂→检验。单面印制板的生产工艺简单，质量容易得到保证。但在进行焊接前还应进行检验，内容如下：

(1) 导线焊盘、字与符号是否清晰、无毛刺，是否有桥接或断路。

(2) 镀层是否牢固、光亮，是否喷涂助焊剂。

(3) 焊盘孔是否按尺寸加工，有无漏打或打偏。

(4) 板面及板上各加工的孔尺寸是否准确，特别是印制板插头部分。

(5) 板厚是否合乎要求，板面是否平直无翘曲等。

2) 双面印制板生产流程

双面印制板与单面印制板生产的主要区别在于增加了孔金属化工艺，即实现了两面印制电路的电气连接。由于孔金属化工艺很多,相应双面板的制作工艺也有多种方法。概括分类可有先电镀后腐蚀和先腐蚀后电镀两大类。先电镀的有板面电镀法、图形电镀法、反镀漆膜法;先腐蚀的有堵孔法和漆膜法。现将常用的图形电镀工艺法做简单介绍:下料→钻孔→化学沉铜→擦去表面沉铜→电镀铜加厚→贴干膜→图形转移→二次电镀加厚→镀铅锡合金→去保护膜→涂覆金属→成形→热熔→印制阻焊剂与文字符号→检验。

3) 多层印制板的生产

多层印制板是在双面板的基础上发展起来的,除了双面印制板的制造工艺外,还有内层板的加工、层定位、层压、粘合等特殊工艺。目前多层板的生产多集中在4~6层为主,如计算机主板、工控机 CPU 板等,在巨型机等领域内,有可达几十层的多层板。其工艺流程是:覆铜箔层板→冲定位孔→印制、蚀刻内层导电图形去除抗蚀膜→化学处理内层图形→压层→钻孔→孔金属化→外层抗蚀图形(贴干膜法)→图形电镀铜、铅锡合金→去抗蚀膜、蚀刻外形图形→插头部分退铅锡合金、插头镀金→热熔铅锡合金→加工外形→测试→印制阻焊剂文字符号→成品。

多层印制板的工艺较为复杂,即内层材料处理→定位孔加工→表面清洁处理→制内层走线及图形→腐蚀→层压前处理→外内层材料层压→孔加工→孔金属化→制外层图形→镀耐腐蚀可焊金属→去除感光胶→腐蚀→插头镀金→外形加工→热熔→涂焊剂→成品。

4) 挠性印制电路板

挠性印制电路板的制作过程与普通印制板的基本相同,主要不同是压制覆盖层。

4. 手工自制印制板

在样机尚未定型试制阶段或在科技创新活动中,往往需要制作少量的印制电路板供实验、调试使用。若按照正规加工工艺标准规程,送专业生产厂加工制造,不但费用高,而且加工时间较长。因此,掌握自制印制板加工方法很有必要。手工自制印制板的方法有漆图法、贴图法、铜箔粘贴法、热转印法等。下面简单介绍采用热转印法手工自制印制板,此方法简单易行,而且精度较高,其制作过程为:

(1) 用 Protel、OrCAD、CorelDraw 及其他制图软件,甚至可以用 Windows 的"图画"功能制作印制电路板图形。

(2) 用激光打印机将电路图打印在热转印纸上(没有可以用不干胶反印纸代替)。

(3) 按照需要裁好覆铜板。

(4) 用细砂纸磨平覆铜板及四周,将打印好的热转印纸覆盖在覆铜板上,送入照片塑封机(温度调到 150~200℃)来回压几次,使熔化的墨粉完全吸附在覆铜板上(也可用电熨斗往复熨烫也能实现)。

(5) 覆铜板冷却后,揭去热转印纸,检查焊盘与导线是否有遗漏。如有,则用稀稠适宜的调和漆或油性笔将图形和焊盘描好。

(6) 在焊盘上打样冲眼,以冲眼定位钻焊盘孔。钻孔时注意钻床转数应取高速,钻头应刃磨锋利,进刀不宜过快,以免将铜箔挤出毛刺。

(7) 将印好电路图的覆铜板放入浓度为28%~42%的三氯化铁水溶液(或双氧水+盐酸+水,比例为 2:1:2 混合液)。将板全部浸入溶液后,用排笔轻轻刷扫,待完全腐蚀后,取出用水清洗(或采用专用腐蚀箱进行腐蚀)。

(8) 将腐蚀液清洗干净后，用碎布沾去污粉后反复在板面上擦试，去掉铜箔氧化膜，露出铜的光亮本色。冲洗晾干后，应立即涂助焊剂(可用已配好的松香酒精溶液)。

4.4　计算机辅助设计印制电路

印制电路设计是电子工艺学科一个非常重要的组成部分，一台电子设备能否长期可靠地工作，不仅取决于电路的原理设计和电子元器件的选用，很大程度上还取决于印制电路板的设计，它直接关系到电子产品的质量。而且，随着人们审美意识的不断提高，印制电路板的设计也越来越美观，制作越来越精良，单纯地满足性能要求而忽视了审美，同样不被人们所接受。一个设计精良的印制电路板，不但要布局合理，满足电气要求，有效地抑制各种干扰，还要充分体现审美意识。这也是印制电路设计的新理念。现在，各行各业都在激烈的竞争中发展，某一方面的疏忽都将会给企业带来巨大损失。

同一张原理图，由不同的人来设计印制电路，会有不同的设计方案，在设计方案中所反映出人们对原理图的理解和审美观，最终都将在印制电路中体现出来。既能达到很好的电气性能，又具有良好的审美观点，并不是一朝一夕能做到的，但在设计时应力求完美，充分考虑电气性能与审美两方面的因素。审美方面包括元器件的摆放位置(方向)、合理搭配、印制导线的走线方向、拐角形式，焊盘的大小、形状及印制电路的整体布局。

印制电路板辅助软件有多种，国内市场上常用的软件主要有 Protel、PADS、OrCAD、Workbench 等几种，其中以 Protel 应用最广泛，下面对 Protel 软件的功能及使用方法进行简单介绍。

4.4.1　Protel 99 电路设计简介

Protel 99 是目前印制电路设计应用中最为广泛的软件之一，它具有丰富多样的编辑功能，强大便捷的自动化设计能力，完善有效的检测工具，灵活有序的设计管理手段。它为用户提供了极其丰富的原理图元件库、PCB 元件库及出色的库编辑和库管理。

在 Protel 99 原理图编辑器(Schematic Document)中，可以直接进行电路的原理设计，充分利用原理图元件库中提供的大量元器件及各种集成电路的电路符号，使原理图的设计极为方便。而且还可以利用原理图元件库编辑器(Schematic Library Document)，编辑特殊的电路符号。

印制电路图在印制电路板编辑器(PCB Document)中自动生成，可根据要求对生成的电路图进行编辑，调整元器件的位置与方向。另外，还可以在印制电路板(PCB)编辑器中通过手动方式直接设计印制电路图(简单电路)。同样，在 Protel 99 的印制电路板编辑器中，提供了大量元器件及集成电路封装形式图形，在设计过程中可随时调用。印制电路元件库编辑器(PCB Library Document)可用来编辑特殊元件的封装形式。

印制电路的设计过程：首先设计(绘制)电路原理图，然后由电路原理图文件生成网络表。网络表是由电路原理图(Sch)生成印制电路图(PCB)的桥梁和纽带，在 PCB 设计系统中，根据网络表文件自动完成元器件之间的连接并确定元器件的封装形式，经自动布局、布线后，完成印制电路的设计工作。

在 Protel 99 中，还设有文件夹编辑器(Document Folder)、表格编辑器(Spread Sheet

Document)、文字编辑器(Text Document)、波形编辑器(Waveform Document)。它是一个编辑功能强大、设计灵活的应用软件。本节主要介绍利用 Protel 99，从电路原理图设计开始，到印制电路板图设计完成的方法与步骤，至于该软件的其他功能与使用请参阅相关书籍。

4.4.2　电路原理图设计

1．启动 Protel 99

通过直接双击 Windows 桌面上 Protel 99 的图标来启动应用程序，或者直接单击 Windows【开始】菜单中的 Protel 99 图标。

(1) 创建一个新的设计文件。执行菜单命令【File】/【New】，出现【New Design Database】(创建设计数据文件)对话框。选择【Location】标签，在"Database File Name"(数据文件名)窗中输入文件名，单击【Browse…】按钮选择文件的存储位置，Protel 99 默认文件名为"My Design.ddb"，选择【Password】(密码)标签，设置密码，单击【OK】按钮进入设计数据库文件主窗口。

(2) 打开数据库文件夹。在设计数据库文件主窗口中双击文件夹 Documents 图标，打开数据库文件夹。也可以在设计管理器窗口中单击"My Design.ddb"下的"Documents"文件夹来打开数据库文件夹。

2．启动原理图编辑器(Schematic Document)

(1) 执行菜单命令【File】/【New…】进入选择文件类型【New Document】对话框。

(2) 在文件类型对话框中单击原理图编辑器(Schematic Document)图标，选中原理图编辑器图标，单击【OK】按钮，或双击原理图编辑器图标即可完成新的原理图文件的创建。

(3) 双击工作窗口中的原理图文件图标(Sheet1)即可启动原理图编辑器。

3．原理图绘制

1) 设置图纸尺寸

绘制电路原理图时，首先要设置图纸尺寸及相关参数。如图纸的尺寸、方向、标题栏、边框底色、文件信息等。执行菜单命令【Design】/【Options】，出现设置或更改图纸属性对话框。单击【Sheet Options】标签。

(1) Standard Style(标准图纸格式)：根据电路大小设置。

(2) Options(设定图纸方向)：有 Landscape(横向)和 Portrait(竖向)两种。

(3) Title Block(设置图纸标题栏)：Standard(标准型)和 ANSI(美国国家标准协会模式)两种。若显示标题栏，单击 "Title Block，选项前的复选框为(√)。

(4) Show Reference Zones(设置显示参考边框)：选中此项可以显示参考图纸边框，复选框为(√)。

(5) Show Border(设置显示图纸边框)：选中此项可以显示图纸边框，复选框为(√)。

(6) Show Template Graphics(设置显示图纸模板图形)：选中此项可以显示图纸模板图形，复选框为 (√)。

(7) Border Color(设置图纸边框颜色)：默认值为黑色。

(8) Sheet Color(设置工作区的颜色)：默认值为淡黄色。

(9) Grids(设置图纸栅格)：首先选中相应的复选框，然后在文本框中输入所要设定的值。

在该对话框中所有设定值的单位均为 1/100 英寸(1/1000 英寸 = 0.0254 mm = 1 mil (密尔))。

● Snap On(锁定栅格)：此项设置将影响光标的移动，光标在移动的过程中，将以设定值为移动的基本单位，设定值为 10，即 100 mil。

● Visible(可视栅格)：此项设置图纸上实际显示的栅格距离，设定值为 10，即 100 mil。

(10) Electrical Grid(设置自动寻找电气节点)：选中该项时，系统在绘制导线时会以【Grid】栏中的设定值为半径，以箭头光标为圆心，向周围搜索电气节点。如果找到了，此范围内最近的节点就会把光标移至该节点上，并在该节点上显示出一个圆点。使【Enable】前的复选框为(√)，然后在【Grid Range】后的文本框中输入所要设定的值，如"8"等。

(11) Change System Font(更改系统字体)：单击【Change System Font】按钮，出现更改系统对话框，选择字体字号。

(12) Custom Style(自定义图纸格式)：选中【Use Custom Style】前的复选框为(√)，然后在各选项后的文本框中输入相应的值。

● Custom Width(定义图纸宽度)：最大值为 6500，单位为 1/100 英寸。

● Custom Height(定义图纸高度)：最大值为 6500，单位为 1/100 英寸。

● X Ref Region Count(X 轴方向参考边框划分的等分个数)。

● Y Ref Region Count(Y 轴方向参考边框划分的等分个数)。

● Margin Width(边框宽度)。

(13) 单击对话框顶部的【Organization】标签可打开设置文件信息对话框。

● Organization(设置公司或单位名称)。

● Address(设置公司或单位地址)。

● Sheet(No.设置原理图编号，Total 设置该项目原理图的数量)。

● Document(设置文件其他信息)。其中包括 Title，原理图的标题；No.，原理图的编号；Revision，原理图的版本号。

2) 装入元件库

绘制一张原理图首先要把有关的元器件放置到工作平面上，在放置元器件之前，必须知道各个元器件所在的元件库，并把相应的元件库装入到原理图管理浏览器中。原理图元件库中装有各种元器件的电路符号，如果在原理图元件库中没有所需要的电路符号，这时就需要在原理图元件编辑器中设计电路符号。装入原件库的具体步骤：

(1) 打开原理图管理浏览器。在工作窗口为原理图编辑器窗口的状态下，单击设计管理器上部的【Browse Sch】标签，即可打开原理图管理浏览器窗口。

(2) 装入原理图所需要的元件库。单击原理图管理器窗口中的【Add/Remove】按钮，出现一对话框，该对话框用来装入所需的元件库或移出不需要的元件库。

(3) 单击所需要的库文件，然后单击【Add】按钮或双击所需要的库文件，被选中的库文件即出现在【Selected Files】列表框中，重复上述操作可添加不同的库文件，然后单击【OK】按钮，就可以将列表框中的文件装入原理图浏览器中，该元件库文件所包含的所有元件就会出现在原理图管理器中。

(4) 若想移出某个已经装入的库文件，只要在【Selected Files】列表框中选中该文件，然后单击【Remove】按钮。

(5) 自己设计的特殊电路符号也要按上述方法装入原理图浏览器中。

(6) 原理图所用元器件的库文件路径为(若 Protel 99 装在 C 盘): C: \Program Files\Design Explorer99\Library\Sch。

Sch 原理图元件库提供了 6 万多种元器件，又根据不同种类和厂家分别存在不同的库文件中。 Miscellaneous Devices 库文件和 Protel DOS Schematic Libraries 库文件中有常用的各种元器件。如电阻器、电容器、二极管、三极管、逻辑运算符号、各种运算放大器、TTL 电路等。

3) 在图纸中放置元件

元件库装入后，在原理图浏览器(Browse Sch)的两个窗口中分别可以看到库文件名和电路符号的名称。首先在上部窗口中单击选择电路符号所在的库文件名，该库文件中的所有电路符号名称显示在下部窗口中。双击电路符号名称，出现十字光标并拖动鼠标，确定放置位置，单击鼠标电路符号即被放置在图纸中，或单击选中电路符号名称后，按【Place】按钮，电路符号显示在光标处，拖动鼠标确定放置位置，单击鼠标，电路符号即被放置在图纸中，或双击电路符号名称，拖动鼠标，完成电路符号的放置。

也可以在窗口中的"Filter"对话框中直接输入电路符号名称，然后在上部窗口中选中库文件名，完成上述操作。

4. 画面管理与基本操作

1) 设计管理器(Design Manager)窗口的打开、关闭和切换

执行菜单命令 【View】/【Design Manager】可打开或关闭设计管理器，也可在主工具栏中单击设计管理器打开、关闭按钮(主工具栏中第 1 个按钮)。通常情况下，设计管理器窗口为项目浏览器(Explorer)和当前运行的编辑器的浏览器所共用，通过标签进行切换，如启动原理图编辑器时，设计管理器窗口为项目浏览器(Explorer)和原理图浏览器(Browse Sch)。

2) 工作窗口的打开、关闭和切换

工作窗口也称为设计窗口。 Protel 99 的工作窗口除包括项目管理窗口外还可以为多个编辑器所共用。各个工作窗口之间的切换是通过单击工作窗口上部相应的标签来实现的。当在各个工作窗口之间进行切换时，其左侧的设计管理器窗口也随之发生改变，同时主窗口中的菜单栏也会发生相应的变化。

3) 工具条的打开与关闭

Protel 99 为原理图、印制电路图的设计、修改提供了常用工具，这些工具可根据设计对象的不同而选择使用，各工具条打开、关闭的方法为：执行菜单命令【View 视图】/【Toolbars 工具条】，在选项菜单中选择所需要的工具，再次进行上述操作可关闭工具条。

(1) 主工具条(Main Tools)：是画面管理的主要工具，电路设计时不易关闭。

(2) 连线工具条(Wiring Tools)：原理图设计(绘制)时用此工具。该工具具有电气性能，如画线工具相当于导线，可使元器件电气连接。可在主工具条中打开或关闭。

(3) 绘图工具条(Drawing Tools)：可在原理图编辑状态下绘制图形，添加字符或文档。画线工具没有电气意义。可在主工具条中打开或关闭。

(4) 电源及接地符号工具条(Power Objects)：原理图设计时用此工具，用于提供电路中的电源和接地。

(5) 常用器件工具条(Digital Objects)：原理图设计时用此工具，提供常用模拟和数字电路器件。

(6) 可编程逻辑器件工具条(PLD Tools)：原理图设计时用此工具。完成 PLD 器件的编译、仿真、配置和引脚锁定。

(7) 模拟仿真信号源工具栏(Simulation Sources)：提供电路仿真时的不同频率的正弦信号源和脉冲信号源等。

4) 绘图区域的放大、缩小与刷新

(1) 放大。执行菜单命令【View】/【Zoom In】，或单击主工具条的"放大"按钮。在设计窗口中按 Page Up 键以光标指示为中心放大。

(2) 缩小。执行菜单命令【View】/【Zoom Out】，或单击主工具栏的"缩小"按钮。在设计窗口中按 Page Down 键以光标指示为中心缩小。

(3) 刷新画面。设计时会发现在滚动画面、移动元件、自动布线等操作后，有时会出现画面显示残留的斑点、线段或图形，虽然并不影响电路的正确性，但不美观。

执行菜单命令【View】/【Refresh】，或按【End】键就可以进行画面刷新。

5) 导线绘制

打开绘图工具条，单击绘制线段工具，拖动鼠标至线段的起始点，单击鼠标左键，继续拖动鼠标至线段的终止点，单击鼠标左键后再单击鼠标右键，即完成了线段的绘制。再次单击鼠标右键退出线段绘制状态。若绘制折线请在折点处单击鼠标左键。

6) 导线和元器件的删除与移动

(1) 删除。单击要删除的对象，按【Delete】键。或按住鼠标左键拖动，选中对象，按主工具条上的剪切工具，出现十字光标，移至要删除的对象上，单击即可删除。

(2) 取消选中。单击主工具条中的取消选中目标工具(第 13 个工具)。

(3) 移动和转动。将光标指向要调整的对象，按住鼠标左键不放拖动鼠标，对象即被移动。或按住鼠标左键拖动，选中对象(可分另选多个对象)，被选中的对象变为黄色或出现黄框，将光标指向任一被选中的对象按住鼠标左键不放拖动鼠标，被选中的对象将整体移动。在上述两种选中方式中，按住鼠标左键不放，按空格键对象旋转；按 X 键对象在 X 轴向上翻转，按 Y 键对象在 Y 轴向上翻转。

其他编辑状态的画面管理和基本操作与上述基本相同。

5. 设计电路符号

虽然 Protel 99 提供了大量的电路符号，但有很多电路符号是按元器件的型号给出的，如晶体管的电路符号就有近千个，有些电路符号元件库中却没有提供。另外，在原理图绘制时，为了更清楚地表达原理，一个元件的电路符号要根据原理图的需要往往绘制在不同的位置上，如波段开关、继电器等。所以遇到这种情况，就需要自己设计电路符号。

(1) 执行菜单命令【File】/【New】进入选择文件类型【New Document】对话框。

(2) 在文件类型对话框中单击原理图元件库编辑器(Schematic Library Document)图标，选中原理图元件库编辑器图标，单击【OK】按钮，或双击该图标，即可完成原理图元件库文件的创建。

(3) 双击工作窗口中的原理图元件库文件图标。Schlib1 即可启动原理图元件库编辑器。此时左侧的设计管理器(Design Manager)变为项目浏览器(Explorer)和原理图元件库浏览器(Browse Schlib)。

(4) 使用原理图元件库编辑器提供的工具在工作窗口绘制电路符号。

注意：所绘制的电路符号应在窗口内坐标原点附近(看屏幕左下角状态栏坐标显示)。自己设计的特殊电路符号，也要按上述方法装入原理图浏览器中。也可以按原理图元件库浏览器窗口中的【Place】按钮，将设计好的电路符号直接放在原理图中。

6．定义属性

原理图绘制完后，要对元器件属性进行定义。定义方法是：双击元器件，在出现的【Part】对话框中，选择【Attributes】标签，对以下各项进行定义：

(1) "Lib Ref"中显示为该元件在元件库中的电路符号名(或元件型号)，不必修改。

(2) "Footprint"写入该元件的封装形式，如电阻器的封装为"AXIAL-0.4"。

(3) "Designator"写入元件名及序号，如原理图中第一个电阻器为"R1"。

(4) "Part"写入元件型号，如电阻器的标称值"5.1 k"。

后两项"Sheet"和"Part"可根据情况改写或不写。

元件属性定义也可以在将元件放入图纸前进行，方法是在双击原理图浏览器(Browse Sch)窗口中电路符号名称出现十字光标后，按【Tab】键，出现上述对话框。同类元件的序号将按着此次的写入顺序排列。

7．电气规则检查

该步骤主要是对所绘制的原理图进行规则方面的检查，可以按指定的物理特性和逻辑特性进行，如元件标号重复、网络标号或电源没有连接等，元件的封装及型号不在此检查范围内。

在原理图编辑状态，执行菜单命令【Tools】/【ERC…】(电气规则检查)，在【Setup Electrical Rule Check】对话框中选择【Setup】标签，默认各项设置按【OK】键，在设计窗口中(Sheet1 ERC)标签下显示错误信息及具体位置，切换到原理图编辑状态时，在所绘制的图纸中有错误指示。

8．创建网络表

网络表是由电路原理图自动生成印制电路图的桥梁和纽带。在 PCB 设计系统中，印制电路图根据网络表文件自动完成元器件之间的电气连接，并根据元器件的封装形式，自动给出元器件在板中的形状大小。

执行菜单命令【Design】/【Create Netlist…】(创建网络表)，在出现的对话框中，选择【Preferences】标签，在"Output Format"下拉菜单中选择 "Protel"，其他按默认设置。单击【OK】按钮，在主窗口中 "Sheet1 NET" 标签下显示网络文件内容。

在网络表文件中，方括号内列出了在原理图设计时所定义的元器件名称序号、封装形式、标称值(或型号)。圆括号内列出了元器件引脚之间的连接关系，在生成印制电路图时按此连接关系连线。网络表中的内容将在印制电路图中体现。

4.4.3 印制电路图设计

印制电路图(PCB)是生产印制电路板的依据，在设计过程中，虽然软件有自动布局和自动布线的功能，但要想使电路达到工艺及电气要求，还需要认真调整元器件的布局，修改印制导线的走向，避免各种干扰的出现。这也是印制电路设计过程中工作量较大的部分。原理图设计(绘制)完后，即可进入印制电路图的设计。

1. 启动印制电路板设计编辑器(PCB Document)

(1) 执行菜单命令【File】/【New...】，进入选择文件类型【New Document】对话框。

(2) 在文件类型对话框中单击印制电路图编辑器(PCB Document)图标，选中印制电路板设计编辑器图标，单击【OK】按钮，或双击印制电路编辑器图标即可完成新的印制电路板设计文件(.ddb)的创建。

2. 工作层面设置

为了印制电路板制作加工的需要，Protel 99 在电路板设计功能上提供了不同的层面，其中有信号层 16 个(顶层、底层及 14 个中间信号层)、内部电源/接地层 4 个、机械层 4 个、钻孔图及钻孔位置层 1 个、阻焊层 2 个(顶层与底层)、锡膏防护层 2 个(顶层与底层)、丝网印刷层 2 个(顶层与底层)，以及禁止布线层、设置多层面、连接层、DRC 错误层、可视栅格层(2 个)、焊盘层、过孔层等 39 个层面。设计时可根据不同的印制电路板选择不同的层面。单面电路板的设计，若需要丝印的话，只需使用机械层(Mech)、禁止布线层(Keep Out)、底层(Botton)、丝印刷层(Silkscreen)。丝印刷层在工作窗口中的标签为(Tover)。

电路设计完成后可根据需要分别打印输出各个层面图，也可将选定的打印在一张图纸上。

执行菜单命令【Design】/【Options...】(选项)，弹出【Document Options】对话框，单击【Layers】标签进入工作层面设置对话框，选择所需要的层面，使复选框出现"√"。

3. 确定印制电路板的尺寸

在确定印制板的尺寸时，首先在 PCB 设计窗口内画出所设计的印制电路板的大小，以及固定孔、安装孔的大小及位置。

(1) 执行菜单命令【View】/【Status Bad】，打开状态栏，在屏幕的左下角可显示光标在设计窗口中的位置(英制 mil)。执行菜单命令【View】/【Toggle Units】(公英制转换)将坐标单位变为公制(mm)。

(2) 设置原点，执行菜单命令【Edit】/【Origin】(原点)/【Set】(设置)，光标变为十字光标，在设计窗口内的适当位置单击，光标所指处即为坐标原点。屏幕左下角的状态栏显示为 X: 0 mm，Y: 0 mm。

执行菜单命令【View】/【Toolbars】/【Placement Tools】，打开放置工具，选择设置原点工具，在设计窗口内适当位置单击，原点即被设定。

按【Ctrl】+【End】键可自动找到原点。

(3) 在设计窗口中画出板的外形尺寸。板的大小尺寸应设计在机械层，单击设计窗口下的【Mech】标签，切换到机械层。打开放置工具，单击画线工具，在设计窗口内单击确定线段的起始点，拖动鼠标至线段终止点单击。电路板的外形尺寸边框是由线段构成的，最好在所设原点开始画线。

线的宽度可进行设置，双击线段在出现的对话框中可对线宽(Width)、层面(Layer)及线段的起始点(Start)、终止点也(End)进行设置。也可以在单击画线工具后，按【Tab】键进行设置。手工设计印制电路图中的导线绘制也使用该工具，但要注意选择层面。

4. 确定自动布局区域

印制电路板上的元器件布设一般情况下不要紧靠板的边缘，更不可超出板外。所以在自动布局时，给它规定一个区域，使元器件自动布设在规定的区域内。方法是将工作窗口切换到禁止布线层，单击工作窗口下的【keep Out】标签，在印制电路板的边框内，用画线工具画出一个区域，方法与画边框相同。

5. 装入 PCB 元件库

在 PCB 管理浏览器(Browse PCB)窗口中的【Browse】选项的下拉列表框中选择【Libraries】选项，执行菜单命令【Design】/【Add/Remove Library】或单击 PCB 浏览器(Browse PCB)中的【Add/Remove Library】按钮，在弹出的【PCB Libraries】对话框中按 PCB 元件库所在路径找到库文件，将所需要的封装文件装入 PCB 管理浏览器中。封装库文件的路径为(若 Protel 99 装在 C 盘)：C：\Program Files\Design Explorer99\Library\PCB\Generic Footprints。

6. 利用网络表文件装入网络表和元件

在 PCB 编辑状态执行菜单命令【Design】/【Netlist】时，出现网络宏对话框，单击【Browse】按钮即可进入选择网络表文件对话框，在对话框中选中所需的网络表文件(Sheet1.NET)，单击【OK】按钮，所有网络宏都显示在对话框中。网络宏正确时，对话框中的"Status"显示为"All macros validated"，单击【Execute】按钮，即以网络宏显示的信息将元器件装入 PCB 图中。

7. 自动布局及手工调整

此时元器件重叠显示在印制电路板规定的区域中间，则必须进行布局设计，布局的方法有自动布局和手动布局。手动布局是将光标移至元器件上，按住鼠标左键拖动元器件至适当位置。

自动布局是利用软件按随机方式将元器件均匀布设。因为布局的随机性，元器件的放置位置并没有考虑连线最短、干扰最小的布线原则，所以还需要进行手工调整。自动布局的操作为：执行菜单命令【Tools】/【Auto Place…】弹出元件自动布局对话框，选择【Statistical Placer】项，其他设置默认，单击【OK】按钮，开始自动布局。布局结束后出现提示对话框，单击【OK】按钮。关闭元件自动布局窗口，用鼠标右键单击设计窗口的【Place1】标签，在出现的菜单中单击【Close】按钮，又出现提示用户更新的 PCB 对话框，单击【是(Y)】按钮即可。

单击设计窗口上的"PCB"标签，切换到 PCB 状态，将看到自动布局后的电路。元器件引脚之间用直线连接(可交叉)，只代表元器件之间的连接关系，并不是最终的印制导线。此电路还应手动进行调整，调整时元器件的连接关系不变。

8. 自动布线

经手工调整后的电路可进行自动布线，生成不交叉的印制导线，布线能否成功，与元器件的摆放位置有很大关系。

(1) 设置自动布线参数。执行菜单命令【Design】/【Rules…】，出现设置布线参数对话框，在【Routing】标签下的"Rule Classes"选项列表框中对布线参数进行设置。自动布线参数包括布线层面、布线优先级、导线宽度、布线的拐角模式、过孔类型及尺寸等。根据要求设置各项后，自动布线将按设置参数进行。

在"Rule Classes"选项列表框中的各项设置为：

- Clearance Constraint：设置安全间距；
- Routing Corners：设置布线的拐角模式；
- Routing Layers：设置布线工作层面；
- Routing Priority：设置布线优先级；
- Routing Topology：设置布线拓扑结构；
- Routing Via Style：设置过孔形式；
- Width Constraint：设置布线宽度。

① 布线工作层面的设置。选中列表框中的"Routing Layers"选项，单击【Properties…】按钮，或双击【Routing Layers】选项，进入布线工作层面设置对话框。

- 布线范围(Rule Scope)设定为 Whole Board(整个印制板)。
- 布线属性(Rule Attributes)用于设定布线层面和各个层面的布线方向。T(Top Layer)代表顶层，B(Botton Layer)代表底层，1~14 代表中间层。单面印制电路板顶层及中间层不布线，将 T 及中间层设为 Not Used，底层布线将 B 设为 Any，单击【OK】按钮确定。

② 布线宽度的设置。选中列表框中的"Width Constraint"选项，单击【Properties…】按钮，或双击【Width Constraint】选项，进入布线宽度设置对话框。

布线范围(Rule Scope)仍为 Whole Board(整个印制板)，布线属性(Rule Attributes)中的最小宽度(Minimum Width)、最大宽度(Maximum Width)按电路要求设置，单击【OK】按钮确定。

其他各项的设置可参考工作层面及布线宽度的设置。

(2) 自动布线。各项设置完成后可进行自动布线，布线结束后若出现短路交叉，应重新调整元器件的位置再进行布线，直到没有短路交叉为止。

执行菜单命令【Auto Routing】/【All】，程序开始对整个电路板进行布线，布线完成后单击【End】按钮刷新画面。

一块设计精良的印制电路板，需要经过反复的修改、调整、布线，必要时可采用手工布线进行修改。

4.5 Multisim 仿真软件简介

Multisim 是加拿大 Interactive Image Technologies 公司推出的基于 Windows 的电子线路仿真软件，是广泛应用的 EWB(Electronics Workbench，电子工作台)的升级版，不仅可以完成电路瞬态分析和稳态分析、时域和频域分析、噪声分析和直流分析等基本功能，而且还提供了离散傅里叶分析、电路零极点分析、交直流灵敏度分析和电路容差分析等电路分析方法，并具有故障模拟和数据储存等功能。

Multisim 为用户提供数量众多的元器件，分门别类地存放在多个器件库中，绘制电路图时只需打开器件库，再用鼠标左键选中要用的元器件，并把它拖放到工作区。当光标移动到元器件的引脚上时，会自动产生一个带十字的黑点，进入到连线状态，单击鼠标左键确认后，移动鼠标即可实现连线。搭接电路原理图既方便又快捷，就像在计算机上做实验一样。

与 PSpice 相比，Multisim 的最大特点是用户可在电路中直接接入虚拟仪器仪表，测试电路的参数及波形。Multisim 提供的虚拟仪器仪表主要有数字多用表、函数信号发生器、示波器、扫频仪、数字信号发生器、逻辑分析仪、逻辑转换仪等。有些仪器还具有和实际仪器相同的外形和使用方法。

4.5.1 Multisim 概貌

Multisim 以图形界面为主，采用菜单、工具栏和热键相结合的工作方式，具有一般 Windows 应用软件的界面风格。Multisim 的主窗口界面如图 4.28 所示。

图 4.28 Multisim 主窗口界面

Multisim 界面由菜单栏、工具栏、电路输入窗口、状态栏、列表框等组成。通过对各部分的操作可以实现电路图的输入、编辑，并根据需要对电路进行相应的观测和分析。

1. 工具栏

除了常用的工具栏外，Multisim 具有代表性的工具栏主要有两个：

(1) 元器件(Component)工具栏，如图 4.29 所示。工具栏有 13 个图标，每个图标对应一类元器件，其分类方式和 Multisim 元器件数据库中的分类相对应，通过按钮上的图标就可大致清楚该类元器件的类型。

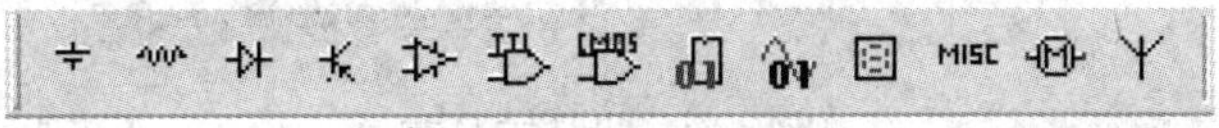

图 4.29 元器件工具栏

元器件工具栏作为元器件顶层工具栏，每个图标都有对应的下层弹出窗口，将该类元器件分得更为细致。如第一个图标代表电源与信号源类，单击这个图标打开的下层窗口如图 4.30 所示。

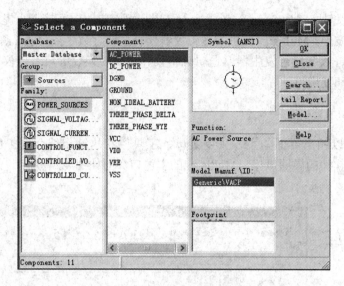

图 4.30　电源与信号源类子窗口

(2) 仪器(Instruments)工具栏。仪器工具栏位于主窗口的右侧，集中了 19 种虚拟仪器仪表，如图 4.31 所示。用户可以通过图标选择所需要的仪器对电路进行测量和观测。

图 4.31　虚拟仪器仪表工具栏

2. 工具菜单

工具菜单下有很多功能，可以方便地进行电路设计。电路设计向导可以设计定时器、滤波器、运算放大器、晶体管等电路，如图 4.32 所示。

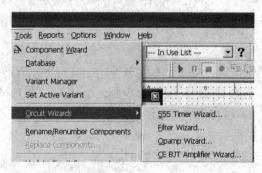

图 4.32　设计工具菜单

555 定时器菜单可以选择定时器电路形式和定时器频率；滤波器设计可以选择滤波器形式，可以根据需要任意设置通频带；运算放大器电路可以选择放大电路的形式，设置对应的放大要求；晶体管设计电路可以选择电路形式，设置信号源范围及静态工作点。Multisim 可以根据要求自动计算出电路参数并自动生成电路，因此不需要我们在设计时计算参数，以方便设计过程。

4.5.2 Multisim 电路仿真应用实例

1. 数字电路仿真

图 4.33 是在 Multisim 环境下进行计数器实验的例子。按图中所示将计数器 74LS161 接成计数状态，并设置好时钟信号的参数，打开电源开关就可以在数码管上看到计数器的状态和进位输出了。同时也可以根据数字电路中的原理修改图中连线将 74LS161 改接成十六进制数以下的任一进制的计数器。

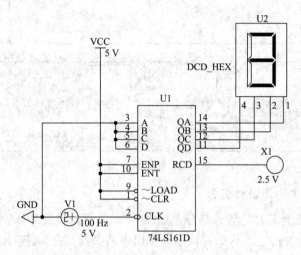

图 4.33　计数器实验电路*

图 4.34 是阶梯波发生器电路图。电路大致分为两个部分，上部分为 4 个 T 触发器和相应门电路构成的十六进制计数器，下部分为 D/A 转换器。电路的信号源为矩形波发生器，运行仿真观测电路的功能，通过示波器观测到的波形如图 4.35 所示。

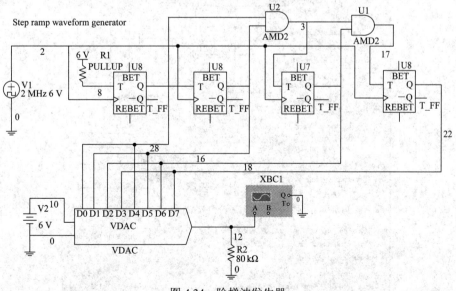

图 4.34　阶梯波发生器

---

*　图 4.33~图 4.40 中电路符号系 Multisim 软件中的电路符号，它与国标中的符号不一致，特此说明。

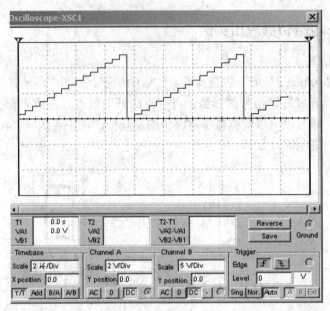

图 4.35 仿真波形图

2. 模拟晶体管放大电路设计仿真

在 Tools 菜单中选择晶体管设计向导，如图 4.36 所示。设置晶体管参数和输入信号等参数，Multisim 可以选择静态工作点并设计计算出电路参数，放大器电压增益为 99.3。点击建立电路就可以产生如图 4.37 所示的电路，在仪表栏选择电压表监视各工作点，然后执行 Run 进行仿真，就可在图中显示各节点静态、动态工作电压值。

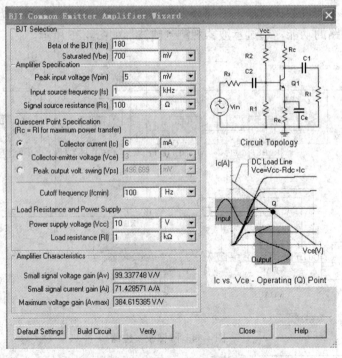

图 4.36 晶体管放大电路设计窗口

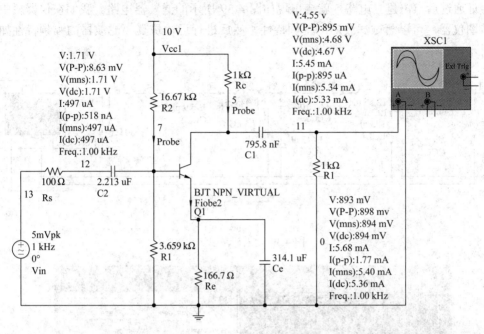

图 4.37　晶体管放大电路仿真

3. 模拟滤波器设计

在 Tools 菜单中选择滤波器设计向导，可以设置滤波器参数，选择高通、低通，带通或带阻滤波器，也可以选择有源、无源滤波器。如图 4.38 所示，我们选择带通滤波器，输入带通滤波器参数，选择无源滤波器。然后点击验证参数，如果参数不合适，Multisim 给出提示，修改参数。

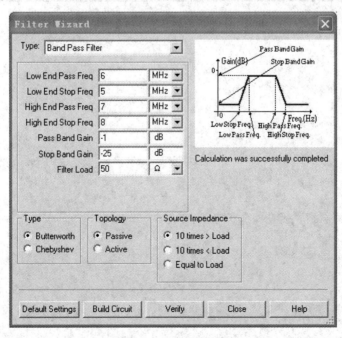

图 4.38　滤波器设计窗口

验证通过后点击建立电路，就会出现如图 4.39 所示的滤波器电路。我们在仪器栏中选择波特图仪器，可以测试滤波器的幅频特性。然后进行运行仿真，滤波器的幅频特性如图 4.40 所示。

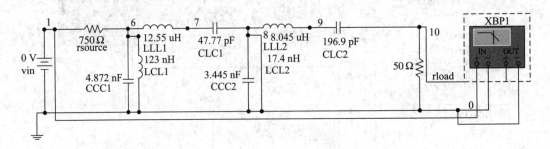

图 4.39　滤波器电路

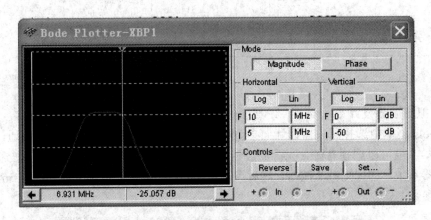

图 4.40　滤波器幅频特性仿真结果

第5章 准备工艺及装配

电子设备装配前的准备工序，也称加工工序，是指在整机装配或流水线生产前，将元器件、材料、工件等进行加工处理的过程。它是整个生产过程中很关键的生产阶段，其内容包括元器件成形、导线与电缆加工、线扎加工等工作。

5.1 元器件成形

电子元器件种类繁多，外形不同，引出线也多种多样，所以，印制电路板的组装方法也就有差异，必须根据产品结构的特点、装配密度、产品的使用方法和要求来决定。元器件装配到基板之前，一般都要进行加工处理，然后进行插装。良好的成形及插装工艺，不但能使机器性能稳定、防振、减少损坏，而且还能得到机内整齐美观的效果。

1. 元器件引线的成形

(1) 预加工处理。元器件引线在成形前必须进行加工处理。虽然在制造时对元器件引线的可焊性就已有技术要求，但因生产工艺的限制，加上包装、储存和运输等中间环节，在引线表面会产生氧化膜，导致引线的可焊性严重下降。引线的再处理主要包括引线的校直、表面清洁及搪锡三个步骤。要求引线处理后，不允许有伤痕，而且镀锡层均匀，表面光滑，无毛刺和焊剂残留物。

(2) 引线成形的基本要求。引线成形工艺就是根据焊点之间的距离，做成需要的形状，目的是使它能迅速而准确地插入孔内。基本要求：元件引线开始弯曲处，离元件端面的最小距离应不小于 2 mm；弯曲半径不应小于引线直径的 2 倍；怕热元件要求引线增长，成形时应绕环；元件标称值应处在便于查看的位置；成形后不允许有机械损伤。引线成形的基本要求如图 5.1 所示，其中 $A \geqslant 2$ mm，$R \geqslant 2d$。

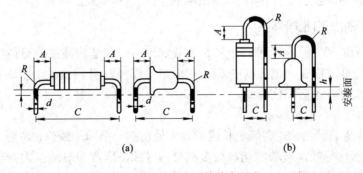

图 5.1 引线成形的基本要求

(3) 成形方法。为保证引线成形的质量和一致性，应使用专用工具和成形模具。成形工序因生产方式不同而不同。在自动化程度高的工厂，成形工序是在流水线上自动完成的，如采用电动、气动等专用引线成形机。在没有专用工具或加工少量元器件时，可采用手工成形，使用尖嘴钳或镊子等一般工具。为保证成形工艺，可自制一些成形机械，以提高手工操作能力。

2. 元器件安装的技术要求

元器件安装的具体技术要求如下：

(1) 元件器的标志方向应按照图纸规定的要求，安装后能看清元件上的标志。若装配图上没有指明方向，则应使标记向外易于辨认，并按从左到右、从上到下的顺序读出。

(2) 元器件的极性不得装错，安装前应套上相应的套管。

(3) 安装高度应符合规定要求，同一规格的元器件应尽量安装在同一高度上。

(4) 安装顺序一般为先低后高，先轻后重，先易后难，先一般元器件后特殊元器件。

(5) 元器件在印制电路板上的分布应尽量均匀，疏密一致，排列整齐美观。不允许斜排、立体交叉和重叠排列。元器件外壳和引线不得相碰，要保证 1 mm 左右的安全间隙，无法避免时，应套绝缘套管。

(6) 元器件的引线直径与印制电路板焊盘孔径应有 0.2～0.4 mm 的合理间隙。

(7) 对一些特殊元器件的安装处理应格外小心，例如：MOS 集成电路的安装应在等电位工作台上进行，以免产生静电而损坏器件；发热元件(如 2 W 以上的电阻)要与印制电路板面保持一定的距离，不允许贴板安装；较大的元器件的安装(重量超过 28 g)应采取绑扎、粘固等措施。

5.2 导线与电缆加工

5.2.1 绝缘导线的加工

绝缘导线加工可分剪裁、剥头、捻头(多股导线)、浸锡、清洁、印标记等工序。

1. 裁剪

导线裁剪前，用手或工具轻捷地拉伸，使之尽量平直，然后用尺和剪刀，将导线裁剪成所需尺寸。剪裁的导线长度允许有 5%～10% 的正误差(可略长一些)，不允许出现负误差。

2. 导线端头的加工(也叫剥头)

端头绝缘层的剥离方法有两种：一种是刃截法，另一种是热截法。刃截法设备简单但容易损伤导线，热截法需要一把热剥皮器(或用电烙铁代替)，并将烙铁加工成宽凿形。热截法的优点是：剥头好，不会损伤导线。

1) 刃截法

(1) 电工刀或剪刀剥头。先在规定长度的剥头处切割一个圆形线口，然后切深，注意不要割透绝缘层而损伤导线，接着在切口处多次弯曲导线，靠弯曲时的张力撕破残余的绝缘层，最后轻轻地拉下绝缘层。

(2) 剥线钳剥头。剥线钳适用于直径 0.5～2 mm 的橡胶、塑料为绝缘层的导线、绞合线和屏蔽线。有特殊刃口的也可用于以聚四氟乙烯为绝缘层的导线。剥线时，将规定剥头长度的导线插入刃口内，压紧剥线钳，刀刃切入绝缘层内，随后夹爪抓住导线，拉出剥下的绝缘层。

注意：一定要使刀刃口与被剥的导线相适应，否则会出现损伤芯线或拉不断绝缘层的现象。遇到绝缘层受压易损坏的导线时，要使用有宽且光滑夹爪的剥线钳，或在导线的外面包一层衬垫物。被剥芯线与最大允许损伤股数的关系如表 5-1 所示。

表 5-1　剥头芯线与最大允许损伤股数的关系　　　　　　（单位：股）

芯线股数	允许损伤的芯线股数	芯线股数	允许损伤的芯线股数
<7	0	26～36	4
7～15	1	37～40	5
16～18	2	>40	6
19～25	3		

2) 热截法

热截法通常使用的热控剥皮器外形如图 5.2(a)所示。使用时，将热控剥皮器通电预热 10 分钟，待热阻丝呈暗红色时，将需剥头的导线按剥头所需长度放在两个电极之间。边加热边转动导线，待四周绝缘层切断后，用手边转动边向外拉，即可剥出无损伤的端头。

加工时注意通风，并注意正确选择剥皮器端头合适的温度。

3．捻头

多股导线剥去绝缘层后，要进行捻头以防止芯线松散。捻头时要顺着原来的合股方向，捻线时用力不宜过猛，否则易将细线捻断。捻过之后的芯线，其螺旋角一般在 30°～45°，如图 5.2(b)所示。芯线捻紧不得松散；如果芯线上有涂漆层，应先将涂漆层去除后再捻头。

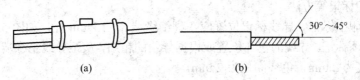

(a)　　　　　　　　(b)

图 5.2　热控剥皮器及多股导线捻头角度

4．浸锡(又称搪锡、预挂锡)

将捻好的导线端头浸锡的目的在于防止氧化，以提高焊接质量。浸锡有锡锅浸锡、电烙铁上锡两种方法。

(1) 采用锡锅(又称搪锡缸)浸锡时，锡锅通电使锅中焊料熔化，将捻好头的导线蘸上助焊剂，然后将导线垂直插入锡锅中，并且使浸渍层与绝缘层之间留有 1～2 mm 的间隙，如图 5.3 所示。待润湿后取出，浸锡时间为 1～3 s。

(2) 采用电烙铁上锡时，应待电烙铁加热至可熔化焊锡时，在烙铁上蘸满焊料，将导线端头放在一块松香上，烙铁头压在导线端头，左手边慢慢地转动边往后拉，当导

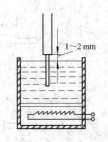

图 5.3　导线端头浸锡

线端头脱离烙铁后导线端上也即上好了锡。上锡时应该注意：松香要用新的，否则端头会很脏；烙铁头不要烫伤导线绝缘层。

5．清洁

浸(搪)好锡的导线端头有时会留有焊料或焊剂的残渣，应及时清除，否则会给焊接带来不良后果。清洗液可选用酒精。不允许用机械方法刮擦，以免损伤芯线。当然，对于要求不高的产品可以不进行清洗。

6．打印标记

(1) 端子标记的要求。打印端子标记是为了使安装、焊接、检修和维修时方便。标记通常打印在导线端子、元器件、组件板、各种接线板、机箱分箱的面板上以及机箱分箱插座、接线柱附近。

所有标记都应与设计图纸的标记一致，符合电气文字符号国家新标准。标记字体的书写应字体端正，笔画清楚，排列整齐，间隔均称。在小型元器件上加注标记时，可只标记元器件的序号。例如 R6 只标出"6"即可。当"6"与"9"不易分清时(上看、下看不易确认)，可在"6"、"9"字的右下方打点，成为"6."、9."以示读数方向。

标记应放在明显的位置，不被其他导线、器件所遮盖。标记的读数方向要与机座或机箱的边线平行或垂直，同一个面的标记、读数方向要统一。标记一般不要打印在元器件上，因为会给元器件更换带来麻烦。在保证不更换的元器件上，打印标记是允许的。

目前，在一般产品的印制电路板上，将元器件电路符号和文字符号都打印在印制电路板的背面。元器件的引线标记对准焊盘，这给安装和修理带来许多方便。

(2) 绝缘导线的标记。简单的电子制作所用的元器件不多，所用的导线也很少，仅凭塑料绝缘导线的颜色就能分清连接线的来龙去脉，就可以不打印标记。市场上导线的颜色大约有十几种，同一种颜色又可凭导线粗细不同区分开。

复杂的电子装置使用的绝缘导线通常有很多根，需要在导线两端印上线号或色环标记，或采用套管打印标记等方法。

① 导线端印字标记。导线标记位置应在离绝缘端 8～15 mm 处，如图 5.4 所示。

② 导线色环标记。导线的色环位置应根据导线的粗细，从距导线绝缘端 10～20 mm 处开始，色环宽度为 2 mm，色环间距为 2 mm。

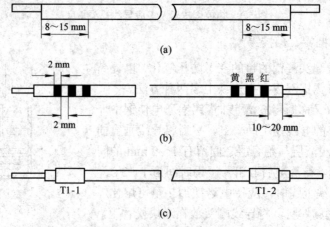

图 5.4　绝缘导线的标记

③ 端子筒标记。在元器件较多，接线很多，而且机壳较大时，如机柜、控制台等，为便于识别接线端子，通常采用端子筒。端子筒亦叫"标记筒"、"筒子"，有的干脆就叫"端子"。它常用塑料管剪成 8～15 mm 长的筒子，在筒子上印有标记及序号，然后套在绝缘导线的端子上。在业余制作及产品数量不多的情况下，端子筒上的文字与序号(合称为"标记")可用手写。在塑料筒子上一般可用写号笔写标记；也可采用蓝色或红色圆珠笔，但为了不易被手擦去，应把写好的标记放在烈日下曝晒 1～2 小时，或放在烘箱中烘烤 0.5 小时左右(烘烤温度 60～80℃)，这样，冷却后油墨就不易被擦去了。

(3) 手工打印标记。在绝缘导线或端子筒上，也可以用手工打印标记。手工打印标记一般用有弹性的字符印章，如橡皮印章、塑料印章、明胶印章等，不可用硬质材料做成的印章，因为要印标记的位置通常本身都是硬的。打印标记前应先去掉需打印标记位置上的灰尘和油污。然后将少量油墨放在油墨板上，用小油滚将油墨滚成均匀的一薄层，把字符印章蘸上油墨。打印时，印章要对准打印位置，先向外稍倾斜，再向里侧稍倾斜压下。操作时，用力不能太大，也不能太小，可先在不需要的绝缘电线或端子筒上试一试。如果标记印得模糊，可以立即用干净布料(或蘸少许汽油)擦掉，再重新打印。

5.2.2 屏蔽导线端头的加工

屏蔽导线是一种在绝缘导线外面套上一层铜编织套的特殊导线，其加工过程分为下面几个步骤。

1. 导线的剪裁和外绝缘层的剥离

用尺和剪刀(或斜口钳)剪下规定尺寸的屏蔽线。导线长度只允许 5%～10% 的正误差，不允许有负误差。

2. 剥去端部外绝缘护套

(1) 热剥法。在需要剥去外护套的地方，用热控剥皮器烫一圈，深度直达铜编织层，再顺着断裂圈到端口烫一条槽，深度也要达到铜编织层。再用尖嘴钳或医用镊子夹持外护套，撕下外绝缘护套，如图 5.5 所示。

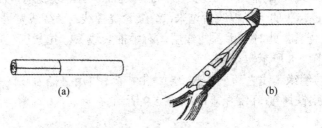

(a) (b)

图 5.5 热剥法去除外绝缘护套

(2) 刃截法。基本方法同热剥法，但需要用刀刃(或单面刀片)代替温控剥皮器。具体做法是：从端头开始用刀刃划开外绝缘层，再从根部划一圈后用手或镊子钳住，即可剥离绝缘层。注意，刀刃要斜切，划切时，不要伤及屏蔽层。

3. 铜编织套的加工

(1) 较细、较软屏蔽线铜编织套的加工：

① 左手拿住屏蔽线的外绝缘层，用右手指向左推编织线，使之成为图 5.6(a)所示的形状。

② 用针或镊子在铜编织套上拨开一个孔，弯曲屏蔽层，从孔中取出芯线，如图 5.6(b)所示，用手指捏住已抽出芯线的铜屏蔽编织套向端部捋一下，根据要求剪取适当的长度，端部拧紧。

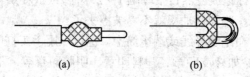

(a)　　　　　　　　　(b)

图 5.6　细软屏蔽线的加工

(2) 较粗、较硬屏蔽线铜编织套的加工：先剪去适当长度的屏蔽层，在屏蔽层下面缠黄蜡绸布 2～3 层(或用适当直径的玻璃纤维套管)，再用直径为 0.5～0.8 mm 的镀银铜线密绕在屏蔽层端头，宽度为 2～6 mm，然后用电烙铁将绕好的铜线焊在一起后，空绕一圈，并留出一定的长度，最后套上收缩套管。注意，焊接时间不宜过长，否则易将绝缘层烫坏。

(3) 屏蔽层不接地时端头的加工：将编织套推成球状后用剪刀剪去，仔细修剪干净即可，如图 5.7(a)所示。若是要求较高的场合，则在剪去编织套后，将剩余的编织线翻过来，如图 5.7(b)所示，再套上收缩性套管，如图 5.7(c)所示。

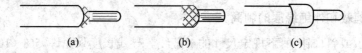

(a)　　　　　　　　(b)　　　　　　　　(c)

图 5.7　屏蔽层不接地时端头的加工

4. 绑扎护套端头

对于多根芯线的电缆线(或屏蔽电缆线)的端口必须绑扎。

(1) 棉织线套外套端部极易散开，绑扎时，从护套端口沿电缆放长约 15～20 cm 的蜡克棉线，左手拿住电缆线，拇指压住棉线头，右手拿起棉线从电缆线端口往里紧绕 2～3 圈，压住棉线头，然后将起头的一段棉线折过来，继续紧绕棉线。当绕线宽度达到 4～8 mm 时，将棉线端穿进环中绕紧。此时左手压住线层，右手抽紧线头。拉紧绑线后，剪去多余的棉线，涂上清漆，如图 5.8 所示。

(2) 在防波套与绝缘芯线之间垫 2～3 层黄蜡绸带，再用直径为 0.5～0.8 mm 镀银线密绕 6～10 圈，并用烙铁焊接(环绕焊接)，如图 5.9 所示。

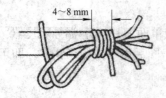 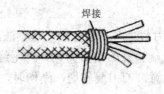

图 5.8　棉织线套电缆端头的绑扎　　　　　图 5.9　防波套外套电缆端头的加工

5. 芯线加工

屏蔽导线的芯线加工过程基本同绝缘导线的加工方法一样。但要注意的是，屏蔽线的芯线大多是采用很细的铜丝做成的，切忌用刀截法剥头，而应采用热截法。捻头时不要用力过猛。

6. 浸锡

浸锡操作过程同绝缘导线浸锡相同。在浸锡时，要用尖嘴钳夹持离端头 5～10 mm 的地方，防止焊锡透渗距离过长而形成硬结。屏蔽端头浸锡如图 5.10(a)所示，加工好的屏蔽线如图 5.10(b)所示。

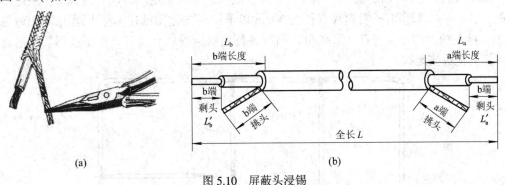

图 5.10　屏蔽头浸锡

(a) 屏蔽端头浸锡；(b) 加工好屏蔽线各部分名称

5.2.3　加工整机的"线扎"

1. 绝缘导线和地线的成形

导线成形是布线工艺中的重要环节。在导线成形之前，要根据机壳内部各部件、整件所处的位置，绘制布线图(俗称"线扎"、"线把"图)，这是布线的总体设想。有了"线扎"图，导线成形就可以有条不紊地进行。图 5.11 所示的是某电子装置的线把图。

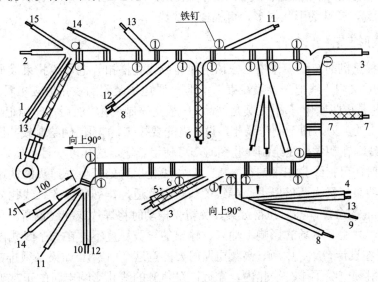

图 5.11　某电子装置线把图

导线成形往往是先从裸导线，即单股裸铜线开始，因为一经成形裸导线就不会变形，为下一步敷设其他软导线(多股塑料绝缘线)打下基础。

地线是指电子装置内部电路接地的共用导体，常使用单股裸铜线、多股裸线或扁铜带等材料。当然，自制的无屏蔽电缆，其地线就不能使用裸导线，而应使用绝缘导线，易振动部位的地线则使用多股编织线。通常，分机或小型电子制作的地线多使用粗铜线，大型机柜、控制台、机箱内的地线可采用扁铜带、钢带。扁铜带有成品出售，也可用钢板在剪板机上裁剪，然后再制成所需要的形状。

图 5.12 所示为粗铜线制成的地线。在业余制作或小批量生产时，导线成形一般用手工弯曲。手工弯曲成形时(一般铜线直径在 3 mm 以下)，可先按图纸在木板上画出线把图(见图5.12)，再在图形的弯曲处钉一只铁钉，将准备好的裸铜线从一端开始按图成形，然后再按图焊接其他分支地线。

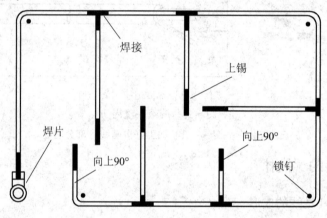

图 5.12　粗铜线制成的地线

如果是用多股软铜线制成地线，一般需在线头两端焊接焊片，以便于用螺钉紧固。在高频大功率电子装置内，有些活动引线采用多股软铜线，但必须套上瓷珠(瓷珠有耐热和绝缘损耗小的优点)，瓷珠的形状很多，可根据需要选用。

2. 线扎成形工艺

在电子装置整机的装配工作中，应该用线绳或线扎搭扣等把导线扎束成形，制成各种不同形状的线扎(又叫"线把"、"线束")，同一种电子装置的线扎也应相同。

通常，线扎是按图制作好后(尤其是产品，一般是先制线扎，然后打印标记再焊接安装)，再安装到机器上的。为了便于制作线扎，设计者先要按 1：1 的比例绘制线扎图，以便于在图纸上直接排线。在初学排线绘制线扎图时，可使用彩笔，这样可一目了然，不易出错。

制作线扎时，可把线扎图平铺在木板上，在线扎拐弯处钉上去掉头的铁钉。线扎拐弯处的半径应比线束直径大两倍以上。导线的长短要合适，排列要整齐。线扎分支线到焊点应有 10～30 mm 的余量，不要拉得过紧，免得受振动时将焊片或导线拉断。导线走的路径要尽量短一些，并避开电场的影响。输入、输出的导线尽量不排在一个线扎内，以防止信号回授(尤其是在设计音频、中频、高频电路时要注意这个问题)。如果必须排在一起，则应使用屏蔽线。射频电缆不排在线扎内。靠近高温热源的线扎影响电路的正常工作，应采取隔热措施，如加石棉板，石棉绳等隔热材料。

在排列线扎导线时，导线较多会导致排线不易平稳，可先用废铜线(或废漆包线)等金属线临时绑扎在线扎主要位置上，然后用线绳从主要干线束绑扎起，继而绑分支线束，并随时拆除临时绑扎线。导线较少的小线扎，亦可按图纸从一端随排随绑。绑线在线束上要松紧适度，过紧容易破坏导线绝缘，过松则线束不易挺直。下面介绍几种绑扎线束的方法。

(1) 线绳绑扎。绑扎线束的线绳有棉线、亚麻线、尼龙线、尼龙丝等。这些线可放在温度不高的石蜡中浸一下，以增加绑扎线的涩性，使线扣不易松脱。线绳的绑扎方法如图 5.13 所示。图 5.13(a)所示为起始线扣的结法，即先绕一圈，拉紧，再绕第二圈，第二圈与第一圈靠紧。图 5.13(b)所示为绕一圈后结扣的方法。图 5.13(c)所示为绕二圈后结扣。图 5.13(d)所示为终端线扣的绕法，即先绕一个中间线扣，再绕一圈固定扣。

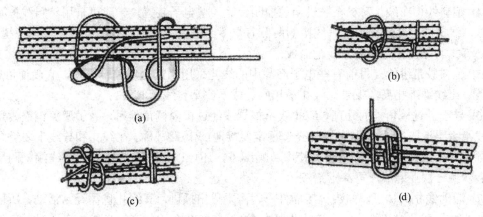

图 5.13　线绳的绑扎方法

起始线扣与终端线扣绑扎完毕应涂上清漆，以防止松脱。线扎较粗或带分支线束的绑扎方法如图 5.14 所示。在分支拐弯处应多绕几圈线绳，以便加固。

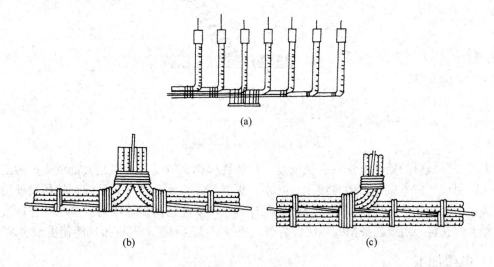

图 5.14　带分支线束的绑扎

(2) 粘合剂结扎。导线很少，如只有几根至十几根，而且这些导线都是塑料绝缘导线时，可以采用四氢呋喃粘合剂粘合成线束。

粘合时，可将一块平板玻璃放置在桌面上，再把待粘导线拉伸并列(紧靠)在玻璃上，然后用毛笔蘸四氢呋喃涂敷在这些塑料导线上，经过2～3分钟，待粘合剂凝固以后便可获得一束平行塑料导线。如果用多种颜色的导线来粘合则更好。

(3) 线扎搭扣绑扎。用线扎搭扣绑扎十分方便，线把也很美观，常为大中型电子装置采用。用线扎搭扣绑扎导线时，可用专用工具拉紧，但不可拉得太紧，以防破坏搭扣。搭扣绑扎的方法是，先把塑料导线按线把图布线，在全部导线布完之后，可用一些短线头临时 绑扎几处(如线把端头，转弯处)，然后将线把整理成圆束，成束的导线应相互平行，不允许有交叉现象，整理一段，用搭扣绑扎一段，从头至尾，直至绑扎完毕。捆绑时，搭扣布置力求距离相等。搭扣拉紧后，要将多余的长度剪掉。

(4) 塑料线槽布线。对机柜、机箱、控制台等大型电子装置，一般可采用塑料线槽布线的方法。线槽固定在机壳内部，线槽的两侧有很多出线孔，将准备好的导线一一排在槽内，可不必绑扎。导线排完后盖上线槽盖板。

(5) 塑料胶带绑扎。目前有些电子产品用的线扎采用聚氯乙烯胶带绑扎，它简便可行，制作效率比绳绑扎高，效果比线扎搭扣好，成本比塑料线槽低。

(6) 导线经过棱角处的处理。线扎或单根导线经过机壳棱角处时，为了避免钢铁棱角磨损导线绝缘层造成接地故障(金属外壳按规定要接地)或短路故障，在线扎和导线上要缠绕聚氯乙烯绝缘带或加塑料套管，也可使用黄蜡绸带，还可以将经过棱角处的导线缠绕两层白布带后，缠一层亚麻线，再涂上清漆。

(7) 活动线扎的加工。插头等接插件，因需要拔出插进，其线扎也需经常活动，所以这种线扎的加工和一般的不一样，应先把线扎拧成 15° 左右的角度，当线扎弯曲时，可使各导线受力均匀。为了防止磨损，可用聚氯乙烯胶带或尼龙卷槽在活动线扎外缠绕，如图 5.15 所示。

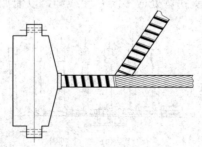

图 5.15　在活动线扎外缠绕

上述几种线束的处理方法各有优缺点。用线绳绑扎比较经济，但在大批量生产时工作量也大。用线槽成本较高，但排线比较省事，更换导线也十分容易。粘合剂粘接只能用于少量线束，比较经济，但换线不方便，而且在施工中要注意防护，因为四氢呋喃在挥发过程中对人体有害。用线扎搭扣绑扎比较省事，更换导线也方便，但搭扣只能使用一次。

5.2.4 电缆加工

1. 绝缘同轴射频电缆的加工

因流经芯线的电流频率很高，加工时要特别注意芯线与金属屏蔽层的距离。如果芯线不在屏蔽层中心位置，则会造成特性阻抗不准确，信号传输受到反射损耗故障。当芯线焊在高频插头、插座上时也要与射频电缆相匹配。焊接的芯线应与插头座同心，同轴电缆如图 5.16 所示。

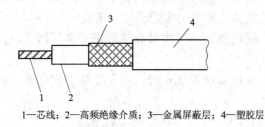

1—芯线；2—高频绝缘介质；3—金属屏蔽层；4—塑胶层

图 5.16　同轴电缆

2. 高频测试电缆的加工

图 5.17 所示是高频测试电缆的加工示例。先按图样剪裁 3 m 长的电缆线，再按图样规定剪开电缆两端的外塑胶层，然后剪开屏蔽层，剥去绝缘层，最后捻头、浸锡。两端都准备完毕后，将插头的后螺母拧下，套在电缆线上。用划针将屏蔽线端分开，再将屏蔽层线均匀地焊接在圆形垫片上，要焊得光滑、平整、无毛刺。将芯线一端穿过插头孔焊接，另一端焊在插头中心线上，一定要焊在中心位置上。焊完后拧紧螺母，勿使电缆线在插头上活动。

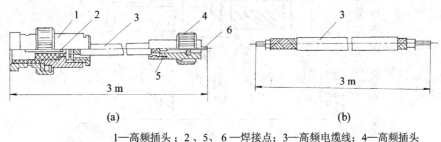

1—高频插头 ；2、5、6—焊接点；3—高频电缆线；4—高频插头

图 5.17　高频测试电缆的加工

5.3　电子设备组装工艺

电子设备组装的目的，就是以合理的结构安排，最简化的工艺实现整机的技术指标，快速有效地制造出稳定可靠的产品。所以电子设备的装配工作不仅是一项重要的工作，也是一项创造性的工作，是制造世界上一流产品的关键之一。

5.3.1　电子设备组装的内容和方法

1. 组装内容和组装级别

电子设备的组装是将各种电子元器件、机电元件及结构件，按照设计要求，装接在规定的位置上，组成具有一定功能的完整的电子产品的过程。组装内容主要有：单元的划分；

元器件的布局；各种元件、部件、结构件的安装；整机联装等。在组装过程中，根据组装单位的大小、尺寸、复杂程度和特点的不同，将电子设备的组装分成不同的等级，称之为电子设备的组装级。组装级别分为：

第一级组装，一般称为元件级，是最低的组装级别，其特点是结构不可分割。通常指通用电路元件、分立元件及其按需要构成的组件、集成电路组件等。

第二级组装，一般称插件级，用于组装和互连第一级元器件。例如，装有元器件的印制电路板或插件等。

第三级组装，一般称为底板级或插箱级，用于安装和互连第二级组装的插件或印制电路板部件。

第四级组装及更高级别的组装，一般称箱、柜级及系统级。主要通过电缆及连接器互连第二、三级组装，并以电源馈线构成独立的有一定功能的仪器或设备。对于系统级，可能设备不在同一地点，则须用传输线或其他方式连接。图 5.18 所示为电子设备组装级的示意图。

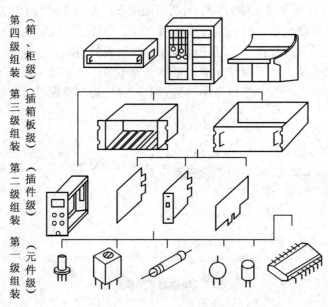

图 5.18　电子设备组装级的示意图

这里需要说明的是：

① 在不同的等级上进行组装时，构件的含义会改变。例如，组装印制电路板时，电阻器、电容器、晶体管等元器件是组装构件，而组装设备的底板时，印制电路板则为组装构件。

② 对于某个具体的电子设备，不一定各组装级都具备，而是要根据具体情况来考虑应用到哪一级。

2．组装特点及方法

1) 组装特点

电子设备的组装，在电气上是以印制电路板为支撑主体的电子元器件的电路连接，在结构上是以组成产品的钣金硬件和模型壳体，通过紧固零件或其他方法，由内到外按一定的顺序安装。电子产品属于技术密集型产品，组装电子产品的主要特点是：

(1) 组装工作是由多种基本技术构成的，如元器件的筛选与引线成形技术，线材加工处理技术，焊接技术，安装技术，质量检验技术等。

(2) 装配操作质量，在很多情况下，都难以进行定量分析。如焊接质量的好坏，通常以目测判断，刻度盘、旋钮等的装配质量多以手感鉴定等。因此，掌握正确的安装操作方法是十分必要的，切勿养成随心所欲的操作习惯。

(3) 进行装配工作的人员必须进行训练和挑选，经考核合格后持证上岗，否则，由于知识缺乏和技术水平不高，就可能生产出次品；而一旦生产出次品，就不可能百分之百地被检查出来，产品质量就没有保证。

2) 组装方法

组装工序在生产过程中要占去大量时间。装配时对于给定的生产条件，必须研究几种可能的方案，并选取其中的最佳方案。目前，电子设备的组装方法从组装原理上可以分为功能法、组件法和功能组件法三种。

(1) 功能法是将电子设备的一部分放在一个完整的结构部件内。该部件能完成变换或形成信号的局部任务(某种功能)，从而得到在功能上和结构上都已完整的部件，便于生产和维护。按照用一个部件或一个组件来完成设备的一组既定功能的规模，分别称这种方法为部件功能法或组件功能法。不同的功能部件(接收机、发射机、存储器、译码器、显示器)有不同的结构外形、体积、安装尺寸和连接尺寸，很难做出统一的规定，这种方法将降低整个设备的组装密度。此方法广泛用在采用电真空器件的设备上，也适用于以分立元件为主的产品或终端功能部件上。

(2) 组件法就是制造出一些在外形尺寸和安装尺寸上都统一的部件，这时部件的功能完整性退居到次要地位。这种方法广泛用于统一电气安装工作中并可大大提高安装密度。根据实际需要组件法又可分为平面组件法和分层组件法，大多用于组装以集成器件为主的设备。规范化所带来的副作用是允许功能和结构上有某些余量(因为元件的尺寸减小了)。

(3) 功能组件法兼顾了功能法和组件法的特点，用以制造出既保证功能完整性又有规范化的结构尺寸的组件。微型电路的发展，导致组装密度进一步增大，以及可能有更大的结构余量和功能余量。因此，对微型电路进行结构设计时，要同时遵从功能原理和组件原理的原则。

5.3.2 组装工艺技术的发展

1. 发展进程

组装工艺技术的发展与电子元器件、材料的发展密切相关，每当出现一种新型电子元器件并得到应用时，就必然促进组装工艺技术有新的进展，其发展过程大致可分为五个阶段，见表5-2所示。

表 5-2　组装技术的发展阶段

	元器件	布 线	焊接材料	连接工艺	测 试
第一阶段	电子管、大型元器件	电线、电缆手工布线	锡铅焊料、松香焊剂	电烙铁手工焊接、手工连接	通用仪器仪表人工测试
第二阶段	半导体二、三极管、小型和大型元件	单双面印制电路板布线	锡铅焊料、活性松香焊剂	手工插装,半自动插装,手工焊接,浸焊	通用仪器仪表人工测试
第三阶段	中、小规模集成电路,半导体二、三极管,小型元件	双面和多层印制电路板布线	锡铅焊料、膏状焊料、活性焊剂	自动插装、波峰焊和再流焊	数字式仪表,在线测试仪自动测试
第四阶段	大规模集成电路,表面安装元件	高密度印制电路板,挠性印制电路板布线	膏状焊料	机械手插装和自动贴装,再流焊	智能式仪表,在线测试和计算机辅助测试
第五阶段	超大规模集成电路,复合表面安装元件	高密度印制电路板布线,元器件和基板一体化	膏状焊料	再流焊、微电子焊接	计算机辅助测试

2. 发展特点

目前组装工艺的发展特点有以下几点:

(1) 连接工艺的多样化。电子设备在生产制造中有许多装联方法,实现电气连接的工艺主要是焊接(手工和机器焊接)。除焊接外、压接、绕接、胶接等连接工艺也越来越受到重视。压接可用于高温和大电流接点的连接、电缆和电连接器的连接;绕接可用于高密度接线端子的连接,印制电路板接插件的连接;胶接主要用于非电气接点的连接,如金属或非金属零件的粘接,采用导电胶也可实现电气连接。

(2) 工装设备的改进。电子设备的小型化,大大促进了组装工具和设备的不断改进,采用小巧、精密和专用的工具和设备,使组装质量有了可靠的保证。例如采用手动、电动、气动成形机,集成电路引线成形模具等,可提高成形质量和效率。进行导线端头处理时,采用专用剥线钳或自动剥线捻线机,可克服损伤线和断线等缺陷。搪锡工具改变了过去大功率焊料槽搪锡工艺,采用结构小巧,温度可控的小型焊料槽及使用超声波搪锡机,不仅提高了搪锡质量,也改变了工作环境。机械装配工具,逐步淘汰了传统的钳工工具,向结构小巧、钳口精细和手感舒适的方向发展。电动或气动工具在成批生产的流水线上已得到广泛应用。

(3) 检测技术的自动化。电子设备组装质量的检查和电气性能的测试,正在向自动化方向发展。例如,焊接质量的检测,用可焊性测试仪,预先测定引线可焊性水平,达到要求的元器件才能安装焊接。逐渐得到广泛使用的润湿秤量法就是一种先进的自动化测量方法。焊点自动检测的设备已经产生,逐渐会在生产中得到应用。检查电气连接是否正确,用人工检查的方法不仅效率低,而且容易出现错检或漏检,特别是装配密度高,元器件小型化的印制电路板组装件,人工检查越来越困难,而采用计算机控制的在线测试仪,可以根据预先设置的程序,快速正确地判断连接的正确性和装联后元器件参数的变化。对于整机性能的测试,目前利用通用测试仪器进行测试,速度慢,精度低,因此已逐步采用计算机辅助测试(CAT)来进行整机测试,测试用的仪器仪表已大量使用高精度、数字化、智能化产品,使测试精度和速度大大提高。

(4) 新工艺新技术的应用。为提高产品质量,在组装过程中,新工艺、新技术、新材料正在不断地被采用。例如，焊接材料采用活性氢化松香焊锡丝代替传统使用的普通松香焊锡丝，抗氧化焊料在波峰焊和搪锡中也得到应用。表面防护处理，采用喷涂 501-3 聚胶脂绝缘清漆及其他绝缘清漆工艺，提高了产品防潮、防盐雾、防霉菌等能力。新型连接导线，如氟塑料绝缘导线，镀膜导线在产品中得到越来越多的应用，对提高连接可靠性、减轻重量和缩小体积起到一定作用。

5.3.3 整机装配工艺过程

整机装配的工序因设备的种类、规模不同，其构成也有所不同，但基本工序并没有什么变化，据此就可以制定出制造电子设备最有效的工序来。一般整机装配工艺过程如图 5.19 所示。由于产品的复杂程度、设备场地条件、生产数量、技术力量及工人操作技术水平等情况的不同，生产的组织形式和工序也要根据实际情况有所变化。例如，样机生产可按图 5.19 所示的主要工序直接进行。若大批量生产，印制板装配、机座装配及线束加工等几个工序，可并列进行，后几道工序则可直列进行，重要的是要根据生产人数，装配人员的技术水平来编制最有利于现场指导的工序。

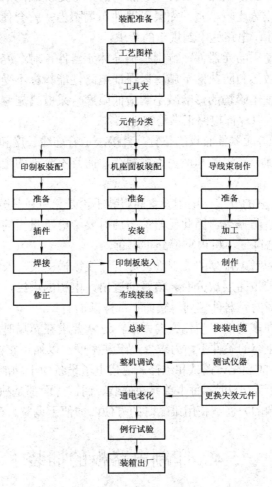

图 5.19　整机装配的工艺过程

5.3.4 电子元器件的布局

电子设备的组装过程就是按照工艺图纸把所有的元器件连接起来的过程。一般电子设备都有成百上千个元器件，这些元器件在安装时如何布置，放在什么位置，它们之间有什么关系等等，都是布局所需解决的问题。电子设备中元器件的布局是否合理，将直接影响组装工艺和设备的技术性能。

电子设备中元器件布局应遵循下列原则：

(1) 应保证电路性能指标的实现。电路性能一般指电路的频率特性、波形参数、电路增益和工作稳定性等有关指标，具体指标随电路的不同而异。例如：对于高频电路，在元器件布局时，解决的主要问题是减小分布参数的影响。布局不当，将会使分布电容、接线电感、接地电阻等的分布参数增大，直接改变高频电路的参数，从而影响电路基本指标的实现。

在高增益放大电路中，尤其是多级放大器，元器件布局不合理就可能引起输出对输入或后级对前级的寄生反馈，容易造成信号失真，电路工作不稳定，甚至产生自激，破坏电路的正常工作状态。在脉冲电路中，传输、放大的信号是陡峭的窄脉冲，其上升沿或下降沿的时间很短，谐波成分比较丰富，如果元器件布局不当，就会使脉冲信号在传输中产生波形畸变，前后沿变坏，电路达不到规定的要求。

不论什么电路，使用的元器件，特别是半导体元器件，对温度非常敏感，元器件布局应采取有利于机内的散热和防热的措施，以保证电路性能指标不受或减少温度的影响。此外，元器件的布局应使电磁场的影响减小到最低限度，采取措施避免电路之间形成干扰，以及防止外来的干扰，以保证电路正常稳定地工作。

(2) 应有利于布线。元器件布设的位置，直接决定着连线长度和敷设路径，布线长度和走线方向不合理会增加分布参数和产生寄生耦合，而且不合理的走线还会给装接工艺带来麻烦。

(3) 应满足结构工艺的要求。电子设备的组装不论是整机还是分机，都要求结构紧凑，外观性好，重量平衡，防振等，因此元器件布局时要考虑重量大的元器件及部件的位置应分布合理，使整机重心降低，机内重量分布均衡。

元器件布局时，应考虑排列的美观性。尽管导线纵横交叉，长短不一，但外观要力求平直、整齐、对称，使电路层次分明。信号的进出，电源的供给，主要元器件和回路的安排顺序要妥当，使众多的元器件排列得繁而不乱，杂而有章。

目前，电子设备向多功能小型化方向发展，这就要求在布局时，必须精心设计，巧妙安排，在各方面要求兼容的条件下，力求提高组装密度，以缩小整机尺寸。

(4) 应有利于设备的装配、调试和维修。现代电子设备由于功能齐全、结构复杂，往往将整机分为若干功能单元(分机)，每个单元在安装、调试方面都是独立的，因此元器件的布局要有利于生产时装调的方便和使用维修时的方便，如便于调整、观察、更换元器件等。

5.4　印制电路板的插装

印制电路板在整机结构中由于具有许多独特的优点而被大量的使用，因此在当前电子设备组装中,是以印制电路板为中心而展开的,印制电路板的组装是整机组装的关键环节。

通常我们把不装载元件的印制电路板叫做印制基板,它的主要作用是作为元器件的支撑体,利用基板上的印制电路,通过焊接把元器件连接起来。同时它还有利于板上元器件的散热。

印制基板的两侧分别叫做元件面和焊接面。元件面安装元件,元件的引出线通过基板的插孔,在焊接面的焊盘处通过焊接把线路连接起来。

5.4.1 印制电路板装配工艺

1. 元器件的安装方法

安装方法有手工安装和机械安装两种。前者简单易行,但效率低、误装率高;后者安装速度快,误装率低,但设备成本高,引线成形要求严格。一般有以下几种安装形式:

(1) 贴板安装。安装形式如图 5.20 所示,适用于防振要求高的产品。元器件紧贴印制基板面,安装间隙小于 1 mm。当元器件为金属外壳,安装面又有印制导线时,应加绝缘衬垫或绝缘套管。

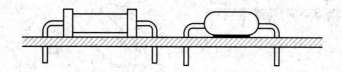

图 5.20 贴板安装

(2) 悬空安装。安装形式如图 5.21 所示,适用于发热元件的安装。元器件距印制基板面有一定高度,安装距离一般在 3~8 mm 范围内。

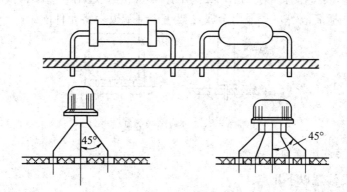

图 5.21 悬空安装

(3) 垂直安装。安装形式如图 5.22 所示,适用于安装密度较高的场合。元器件垂直于印制基板面,但对重量大且引线细的元器件不宜采用这种形式。

(4) 埋头安装。安装形式如图 5.23 所示。这种方式可提高元器件防振能力,降低安装高度。元器件的壳体埋于印制基板的嵌入孔内,因此又称为嵌入式安装。

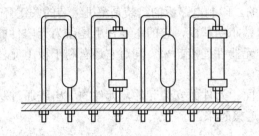
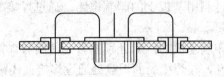

图 5.22　垂直安装　　　　　　　　　　图 5.23　埋头安装

(5) 有高度限制时的安装。安装形式如图 5.24 所示。元器件安装高度的限制一般在图纸上是标明的，通常的处理方法是垂直插入后，再朝水平方向弯曲。对大型元器件要做特殊处理，以保证有足够的机械强度，经得起振动和冲击。

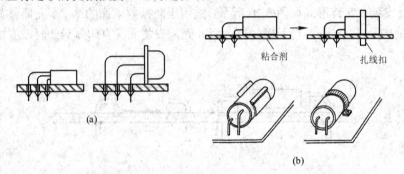

图 5.24　有高度限制时的安装

(a) 三极管；(b) 电容器

(6) 支架固定安装。安装形式如图 5.25 所示。这种方式适用于重量较大的元件，如小型继电器、变压器、扼流圈等，一般用金属支架在印制基板上将元件固定。

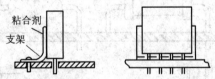

图 5.25　支架固定安装

2. 元器件安装注意事项

元器件安装要注意以下几点：

(1) 元器件插好后，其引线的外形处理有弯头的，有切断成形等方法，要根据要求处理好，所有弯脚的弯折方向都应与铜箔走线方向相同。

(2) 安装二极管时，除注意极性外，还要注意外壳封装，特别是玻璃壳体易碎，引线弯曲时易爆裂，在安装时可将引线先绕 1～2 圈再装，对于大电流二极管，有的则将引线体当做散热器，故必须根据二极管规格中的要求决定引线的长度，也不宜把引线套上绝缘套管。

(3) 为了区别晶体管的电极和电解电容的正负端，一般在安装时，加带有颜色的套管以示区别。

(4) 大功率三极管一般不宜装在印制电路板上，因为它发热量大，易使印制电路板受热变形。

5.4.2 印制电路板组装工艺流程

1. 手工方式

(1) 在产品的样机试制阶段或小批量试生产时，印制电路板装配主要靠手工操作，即操作者把散装的元器件逐个装接到印制电路板上，操作顺序是：待装元件→引线整形→插件→调整位置→焊接→固定位置→剪切引线→检验这种操作方式，每个操作者要从头装到结束，效率低，而且容易出差错。

(2) 对于设计稳定、大批量生产的产品，印制电路板装配工作量大，宜采用流水线装配，这种方式可大大提高生产效率，减小差错，提高产品合格率。

流水线操作是把一次复杂的工作分成若干道简单的工序，每个操作者在规定的时间内，完成指定的工作量(一般限定每人约 6 个元器件插装的工作量)。在划分工序时要注意每道工序所用的时间要相等，这个时间就称为流水线的节拍。装配的印制电路板在流水线上的移动，一般都是用传送带的运动方式进行的。传送带运动方式通常有两种：一种是间歇运动(即定时运动)，另一种是连续匀速运动，每个操作者必须严格按照规定的节拍进行。完成一种印制电路板的操作和工位(工序)的划分，要根据其复杂程度，日产量或班产量，以及操作者人数等因素确定。一般工艺流程如下：每拍元件(约 6 个)插入→全部元器件插入→一次性锡焊→一次性切割引线→检查。

引线切割一般用专用设备——割头机，一次切割完成，锡焊通常用波峰焊机完成。

目前大多数电子产品(如电视机、收录机等)的生产大都采用印制电路板插件流水线的方式。插件形式有自由节拍形式和强制节拍形式两种。

自由节拍形式分手工操作和半自动化操作两种类型。手工操作时，操作者按规定插件、焊接、剪切引线，然后在流水线上传递。半自动化操作时，生产线上配备着具有铲头功能的插件台，每个操作者一台，印制电路板插装完成后，通过传输线送到波峰焊机上。

采用强制节拍形式时，插件板在流水线上连续运行，每个操作者必须在规定的时间内把所要求插装的元器件准确无误地插到电路板上。这种方式带有一定的强制性。在选择分配每个工位的工作量时，要留有适当的余地，以便既保证一定的劳动生产率，又保证产品质量。这种流水线方式，工作内容简单，动作单纯，可减少差错，提高工效。

2. 自动装配工艺流程

手工装配虽然可以不受各种限制，灵活方便而广泛应用于各道工序或各种场合，但速度慢，易出差错，效率低，不适应现代化大批量生产的需要。对于设计稳定，产量大和装配工作量大的产品，宜采用自动装配方式。自动装配一般使用自动或半自动插件机和自动定位机等设备。先进的自动装配机每小时可装一万多个元器件，效率高，节省劳力，产品合格率也大大提高。

自动装配和手工装配的过程基本上是一样的，通常都是从印制基板上逐一添装元器件，构成一个完整的印制电路板。所不同的是，自动装配要求限定元器件的供料形式，整个插装过程由自动装配机完成。

(1) 自动插装工艺。过程框图如图 5.26 所示。经过处理的元器件装在专用的传输带上，间断地向前移动，保证每一次有一个元器件进到自动装配机的装插头的夹具里，插装机自动完成切断引线、引线成形、移至基板、插入、弯角等动作，并发出插装完毕的信号，之后准备装配第二个元件。印制基板靠传送带自动送到另一个装配工位，装配其他元器件，当元器件全部插装完毕，即自动进入波峰焊接的传送带。

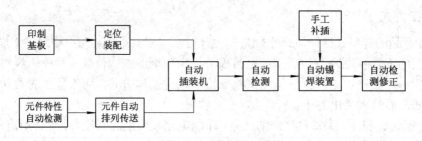

图 5.26　自动插装工艺过程框图

印制电路板的自动传送，插装、焊接、检测等工序，都是用电子计算机进行程序控制的。首先根据印制电路板的尺寸、孔距、元器件尺寸和在板上的相对位置等，确定可插装元器件和选定装配的最好途径，编写程序，然后再把这些程序送入编程机的存储器中，由计算机自动控制完成上述工艺流程。

(2) 自动装配对元器件的工艺要求。自动插装是在自动装配机上完成的，对元器件装配的一系列工艺措施都必须适合于自动装配机的一些特殊要求，并不是所有的元器件都可以进行自动装配，在这里最重要的是采用标准元器件和尺寸。

对于被装配的元器件，要求它们的形状和尺寸尽量简单、一致、方向易于识别、有互换性等。有些元器件，如金属圆壳形集成电路，虽然在手工装配时具有容易固定，可把引线准确地成形等优点，但自动装配很困难，而双列直插式集成电路却适用于自动装配。另外，还有一个元器件的取向问题，即元器件在印制电路板什么方向取向，对于手工装配没有什么限制，也没有什么根本差别。但在自动装配中，则要求沿着 x 轴或 y 轴取向，最佳设计要指定所有元器件只在一个轴上取向(至多排列在两个方向上)。若想要机器达到最大的有效插装速度，就要有一个最好的元器件排列方式。元器件引线的孔距和相邻元器件引线孔之间的距离，也都应标准化，并尽量相同。

5.5　连接工艺和整机总装工艺

5.5.1　连接工艺

电子整机装配过程中，需要把有关的元器件、零部件等按设计要求连接在规定的位置上。连接方式是多样的，有焊接、压接、绕接、螺纹连接、胶接等。在这些连接中，有的是可拆的，即拆散时不会损伤任何零部件，有的是不可拆的。

连接的基本要求是：牢固可靠，不损伤元器件、零部件或材料，避免碰坏元器件或零部件涂覆层，不破坏元器件的绝缘性能，连接的位置要正确。

焊接、压接、绕接在第 3 章中已有较详细的叙述，这里不再重复。本节仅对胶接和螺纹连接这两种连接方法及工艺要求分别加以介绍。

1. 胶接

用胶粘剂将零部件粘在一起的安装方法称为胶接。

胶接属于不可拆卸连接，其优点是工艺简单，不需专用的工艺设备，生产效率高，成本低。它能取代机械紧固方法，从而减轻重量。在电子设备的装联中，胶接广泛用于小型元器件的固定和不便于螺纹装配、铆接装配的零件的装配，以及防止螺纹松动和有气密性要求的场合。胶接质量的好坏，主要取决于胶粘剂的性能和工艺操作规程是否正确。

以下是几种常用的胶粘剂：

(1) 聚氯乙烯胶又称呋喃化西林胶，是用四氢呋喃作溶剂，加聚氯乙烯材料配制而成的，有毒、易燃。用于塑料与金属、塑料与木材、塑料与塑料的胶接。聚氯乙烯胶在电子设备的生产中，主要用于将塑料绝缘导线粘接成线扎和粘接产品包装箱内的泡沫塑料。其胶接工艺特点是固化快，不需加压加热。

(2) 环氧树脂胶是以环氧树脂为主，加入填充剂配制而成的胶粘剂。

(3) 厌氧性密封胶是以甲基丙烯酯为主的胶粘剂，是低强度胶，用于需拆卸零部件的锁紧和密封。它具有定位固连速度快，渗透性好，有一定的胶接力和密封性，拆除后不影响胶接件原有性能等特点。

除了以上介绍的几种胶粘剂外，还有其他各种性能的胶粘剂，如导电胶、导磁胶、导热胶、热熔胶、压敏胶等，此处不再详述。

2. 螺纹连接

在电子设备的装配中，广泛采用可拆卸式螺纹连接。这种连接一般是用螺钉、螺栓、螺母等紧固件，把各种零、部件或元器件连接起来。其优点是连接可靠，装拆方便，可方便地调整零部件的相对位置。其缺点是应力集中，安装薄板或易损件时容易产生形变或压裂。在振动或冲击严重的情况下，螺纹容易松动，装配时要采取防松动措施。

5.5.2 整机总装

电子整机的总装是将组成整机的各部分装配件，经检验合格后，连接成完整的电子设备的过程。

1. 总装的一般顺序及对装配件的质量要求

电子整机总装的一般顺序是：先轻后重，先铆后装，先里后外，上道工序不得影响下道工序。整机装配总的质量与各组成部分的装配质量是相关联的。因此，在总装之前对所有装配件、紧固件等必须按技术要求进行配套和检查。经检查合格的装配件应进行清洁处理，保证表面无灰尘、油污、金属屑等。

2. 整机总装的基本要求

整机总装的基本要求如下：

(1) 未经检验合格的装配件(零、部、整件)不得安装。已检验合格的装配件必须保持清洁。

(2) 要认真阅读安装工艺文件和设计文件，严格遵守工艺规程。总装完成后的整机应符合图纸和工艺文件的要求。

(3) 严格遵守总装的一般顺序，防止前后顺序颠倒，注意前后工序的衔接。

(4) 总装过程中不要损伤元器件，避免碰坏机箱及元器件上的涂覆层，以免损害绝缘性能。

(5) 应熟练掌握操作技能，保证质量，严格执行三检(自检、互检、专职检验)制度。

3. 整机总装的工艺过程和流水线作业法

电子整机总装是生产过程中极为重要的环节，如果安装工艺、工序不正确，就可能达不到产品的功能要求或预定的技术指标。因此，为了保证整机的总装质量，必须合理安排总装的工艺过程和流水线。

(1) 整机总装的工艺过程。产品的总装工艺过程会因产品的复杂程度、产量大小等方面的不同而有所区别。但总体来看，有下列几个环节：

① 准备。装配前对所有装配件、紧固件等从数量的配套和质量的合格两个方面进行检查和准备，同时做好整机装配及调试的准备工作。

② 装联。装联包括各部件的安装、焊接等内容。前面介绍的各种连接工艺，都应在装联环节中加以实施应用。

③ 调试。整机调试包括调整和测试两部分工作，即对整机内可调部分(例如，可调元器件及机械传动部分)进行调整，并对整机的电性能进行测试。各类电子整机在总装完成后，一般在最后都要经过调试，才能达到规定的技术指标要求。

④ 检验。整机检验，应遵照产品标准(或技术条件)规定的内容进行。通常有下列三类试验，即生产过程中生产车间的交收试验、新产品的定型试验及定型产品的定期试验(又称例行试验)。例行试验的目的，主要是考核产品质量和性能是否稳定正常。

⑤ 包装。包装是电子整机产品总装过程中保护和美化产品及促进销售的环节。电子整机产品的包装，通常着重于方便运输和储存两个方面。

⑥ 入库或出厂。合格的电子整机产品经过合格的包装，就可以入库储存或直接出厂运往需求部门，从而完成整个总装过程。

(2) 流水线作业法。通常电子整机的总装是采用流水线作业法，又称流水线生产方式。流水线作业法是指把一部电子整机的装联和调试等工作划分成若干简单操作项目，每个装配工人完成各自负责的操作项目，并按规定顺序把机件传送给下一道工序。

5.6   整机总装质量的检验

整机总装完成后，按质量检查的内容进行检验，检验工作要始终坚持自检、互检和专职检验的制度。通常，整机质量的检查有以下几个方面。

1. 外观检查

装配好的整机表面无损伤，涂层无划痕、脱落，金属结构件无开焊、开裂，元器件安装牢固，导线无损伤，元器件和端子套管的代号符合产品设计文件的规定。整机的活动部分活动自如，机内无多余物(如焊料渣、零件、金属屑等)。

2. 装联正确性检查

装联正确性检查，又称电路检查，其目的是检查电气连接是否符合电路原理图和接线图的要求，导电性能是否良好。通常用万用表的 R×100 Ω 挡对各检查点进行检查。批量生产时，可根据预先编制的电路检查程序表，对照电路图进行检查。

3. 出厂试验和形式试验

(1) 出厂试验。出厂试验是产品在完成装配、调试后，在出厂前按国家标准逐台试验。一般都是检验一些最重要的性能指标，并且这种试验都是既对产品无破坏性，而又能比较迅速完成的项目。不同的产品有不同的国家标准，除上述外观检查外还有电气性能指标测试、绝缘电阻测试、绝缘强度测试、抗干扰测试等。

(2) 形式试验。形式试验对产品的考核是全面的，包括产品的性能指标，对环境条件的适应度，工作的稳定性等。国家对各种不同的产品都有严格的标准。试验项目有高低温、高湿度循环使用和存放试验、振动试验、跌落试验、运输试验等。由于形式试验对产品有一定的破坏性，一般都是在新产品试制定型，或在设计、工艺、关键材料更改时，或客户认为有必要时进行的抽样试验。

第6章　调试工艺基础

由于无线电电路设计的近似性，元器件的离散性和装配工艺的局限性，装配完的整机一般都要进行不同程度的调试，因此在电子产品的生产过程中，调试是一个非常重要的环节。调试工艺水平在很大程度上决定了整机的质量。图 6.1 为一般电子产品生产过程示意图，由图中我们不难看出调试和检测工作在整个生产过程中的重要性。

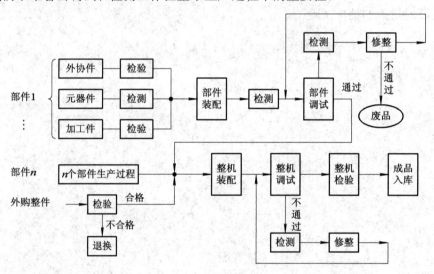

图 6.1　一般电子产品生产过程

生产环节中的每一步调试、检测都有相应的工序和岗位，由技术工人按照工艺卡进行工作。制定既保证产品质量和技术性能，又高效、经济、容易实现的工艺卡，是以丰富的工艺知识和实践经验为基础的。

6.1　调试工艺过程

电子产品调试内容包括三个工作阶段：研制阶段调试、调试工艺方案设计、生产阶段的调试。研制阶段调试除了对电路设计方案进行试验和调整外，还对后阶段的调试提供确切的标准数据。根据研制阶段调试步骤、方法、过程，找出重点和难点，才能设计出合理、科学、高质、高效的调试工艺方案，有利于后阶段的调试。

1. 研制阶段调试

研制阶段调试步骤与生产阶段调试步骤(后面再述)大致相同，但是研制阶段调试由于参考数据很少，电路不成熟，因此需要调整元件较多，会给调试带来一定困难。在调试过程中还要确定哪些元件需要更改参数，哪些元件需要用可调元件来代替。并且要确定调试具体内容、步骤、方法、测试点及使用的仪器等。这些都是在研制阶段需要做的工作。

2．调试工艺方案设计

调试工艺方案是指一整套适用于调试某产品的具体内容与项目(例如工作特性、测试点、电路参数等)、步骤与方法、测试条件与测试仪表、有关注意事项与安全操作规程。调试工艺方案的优劣直接影响到后阶段生产调试的效率和产品的质量，所以制定调试工艺方案时内容要具体、切实、可行，测试条件必须做到具体清楚，测试仪器选择要合理，测试数据尽量表格化(以便从数据中寻找规律)。调试工艺方案一般有五个内容：

(1) 确定调试项目及每个项目的调试步骤、要求。

(2) 合理地安排调试工艺流程。一般调试工艺流程的安排原则是先外后内，先调试结构部分，后调试电气部分；先调试独立项目，后调试存在有相互影响的项目；先调试基本指标，后调试对质量影响较大的指标。整个调试过程是循序渐进的过程。例如，电视机各个部件(高频头、中放、行、场扫描、视放、伴音、电源等电路)都调试好后，才进行整机调试。

(3) 合理地安排好调试工序之间的衔接。在工厂流水作业式生产中对调试工序之间的衔接要求很高，衔接不好，整条生产线会出现混乱甚至瘫痪。为了避免重复或调乱可调元件的现象，要求调试人员除了完成本工序调试任务外，不得调整与本工序无关的部分，调试完后还要做好标记，并且还要协调好各个调试工序的进度。在本工序调试的项目中，若遇到有故障的电路板，且在短时间内较难排除时，应作好故障记录，再转到维修线上修理，防止影响调试生产线的正常运行。

(4) 调试手段选择。要建造一个优良的调试环境，尽量减小如电磁场、噪声、湿度、温度等环境因素的影响。根据每个调试工序的内容和特性要求配置一套合适精度的仪器。熟悉仪器仪表的正确使用方法，根据调试内容选择出一个合适、快捷的调试操作方法。

(5) 调试工艺文件编制。调试工艺文件的编制主要包括调试工艺卡、操作规程、质量分析表的编制。

3．生产阶段调试

生产阶段调试质量和效率取决于操作人员对调试工艺的掌握程度和调试工艺过程是否制定合理。

1) 对调试人员技能要求

(1) 懂得被调试产品整机电路的工作原理，了解其性能指标的要求和测试的条件。

(2) 熟悉各种仪表的性能指标及其使用环境要求，并能熟练地操作使用。调试人员必须修读过有关仪表、仪器的原理及其使用的课程。

(3) 懂得电路多个项目的测量和调试方法，并能学会数据处理。

(4) 懂得总结调试过程中常见的故障，并能设法排除。

(5) 严格遵守安全操作规程。

2) 生产调试工艺大致过程

(1) 通电前的检查工作。在通电前应先检查底板插件是否正确，焊接是否有虚焊和短路，各仪器连接及工作状态是否正确。只有通过这样的检查才能有效地减小元件损坏，提高调试效率。首次调试，还要检查各仪器能否正常工作，验证其精确度。

(2) 测量电源工作情况。若调试单元是外加电源，则先测量其供电电压是否适合。若由自身底板供电的，则应先断开负载，检测其在空载和接入假负载时的电压是否正常，若电压正常，则再接通原电路。

(3) 通电观察。对电路通电，但暂不加入信号，也不要急于调试。首先观察有无异常现象，如冒烟、有异味、元件发烫等，若有异常现象，则应立即关断电源，再次检查底板。

(4) 单元电路测试与调整。测试是在安装后对电路的参数及工作状态进行测量。调整是指在测试的基础上对电路的参数进行修正，使之满足设计要求。分块调试一般有两个方法：

① 若整机电路是由分开的多块功能电路板组成的，可以先对各功能电路板分别调试完后再组装在一起调试。

② 对于单块电路板，先不要接各功能电路的连接线，待各功能电路调试完后再接上。

分块调试比较理想的调试程序是按信号的流向进行，这样可以把前面调试过的输出信号作为后一级的输入信号，为最后联机调试创造条件。

以往一些简单电路或一些定型产品，一般不采用分块调试，而是在整个电路安装完毕后，实行一次性调试。现在随着科技发展，一些较复杂电路也采用了一次性调试。由于其电路采用了一些较先进的调试技术，如使用了 I^2C 总线调试技术的电视机，因此大大减小了单元电路故障率，简化了调试工序。

(5) 对产品进行老化和环境试验。

6.2 静态测试与调整

晶体管、集成电路等有源性器件都必须在一定的静态工作点上工作，才能表现出更好的动态特性，所以在动态调试与整机调试之前必须要对各功能电路的静态工作点进行测试与调整，使其符合原设计要求，这样才可以大大降低动态调试与整机调试时的故障率，提高调试效率。

1. 静态测试内容

1) 供电电源静态电压测试

电源电压是各级电路静态工作点是否正常的前提，若电源电压偏高或偏低都不能测量出准确的静态工作点。电源电压若有较大起伏，最好先不要接入电路，测量其空载和接入假负载时的电压，待电源、电压输出正常后再接入电路。

2) 测试单元电路静态工作总电流

通过测量分块电路静态工作电流，可以及早知道单元电路工作状态，若电流偏大，则说明电路有短路或漏电。若电流偏小，则电路供电有可能出现开路，只有及早测量该电流，才能减小元件损坏。此时的电流只能作参考，单元电路各静态工作点调试完后，还要再测量一次。

3) 三极管静态电压、电流测试

首先要测量三极管三极对地电压，即 U_b、U_c、U_e，来判断三极管是否在规定的状态(放大、饱和、截止)内工作。例如，测出 $U_c = 0$ V、$U_b = 0.68$ V、$U_e = 0$ V，则说明三极管处于饱和导通状态，看该状态是否与设计相同，若不相同，则要细心分析这些数据，并对基极偏置进行适当的调整。

其次再测量三极管集电极静态电流,测量方法有两种:

(1) 直接测量法。直接测量法是把集电极焊接铜皮断开,然后串入万用表,用电流挡测量其电流。

(2) 间接测量法。间接测量法是通过测量三极管集电极电阻或发射极电阻的电压,然后根据欧姆定律 $I = U/R$,计算出集电极静态电流。

4) 集成电路静态工作点的测试

(1) 集成电路各引脚静态对地电压的测量。集成电路内的晶体管、电阻、电容都被封装在一起,无法进行调整。一般情况下,集成电路各脚对地电压基本上反映了其内部工作状态是否正常。在排除外围元件损坏(或插错元件、短路)的情况下,只要将所测得电压与正常电压进行比较,即可做出正确判断。

(2) 集成电路静态工作电流的测量。有时集成电路虽然正常工作,但发热严重,说明其功耗偏大,是静态工作电流不正常的表现,所以要测量其静态工作电流。测量时可断开集成电路供电引脚铜皮,串入万用表,使用电流挡来测量。若是双电源供电(即正负电源),则必须分别测量。

5) 数字电路静态逻辑电平的测量

一般情况下,数字电路只有两种电平,以 TTL 与非门电路为例,0.8 V 以下为低电平,1.8 V 以上为高电平。电压在 0.8~1.8 V 之间电路状态是不稳定的,所以该电压范围是不允许的。不同数字电路高低电平界限都有所不同,但相差不远。

在测量数字电路的静态逻辑电平时,先在输入端加入高电平或低电平,然后再测量各输出端的电压是高电平还是低电平,并作好记录。测量完毕后分析其状态电平,判断是否符合该数字电路的逻辑关系。若不符合,则要对电路引线作一次详细检查,或者更换该集成电路。

2. 电路调整方法

进行测试的时候,可能需要对某些元件的参数作以调整。调整方法一般有两种:

(1) 选择法。通过替换元件来选择合适的电路参数(性能或技术指标)。在电路原理图中,元件的参数旁边通常标注有"*"号,表示需要在调整中才能准确地选定。因为反复替换元件很不方便,一般总是先接入可调元件,待调整确定了合适的元件参数后,再换上与选定参数值相同的固定元件。

(2) 调节可调元件法。在电路中已经装有调整元件,如电位器、微调电容或微调电感等。其优点是调节方便,而且电路工作一段时间后,如果状态发生变化,也可以随时调整,但可调元件的可靠性差,体积也比固定元件大。

上述两种方法都适用于静态调整和动态调整。静态测试与调整的内容较多,适用于产品研制阶段或初学者试制电路使用,在生产阶段的调试,为了提高生产效率,往往只作简单针对性的调试,主要以调节可调性元件为主。对于不合格电路,也只作简单检查,如观察有没有短路或断线等。若不能发现故障,则应立即在底板上标明故障现象,再转向维修生产线上进行维修,这样才不会耽误调试生产线的运行。

6.3 动态测试与调整

动态测试与调整是保证电路各项参数、性能、指标的重要步骤。其测试与调整的项目内容包括动态工作电压、波形的形状及其幅值和频率、动态输出功率、相位关系、频带、放大倍数、动态范围等。对于数字电路来说，只要器件选择合适，直流工作点正常，逻辑关系就不会有太大问题，一般测试电平的转换和工作速度即可。

1. 测试电路动态工作电压

测试内容包括三极管 b、c、e 极和集成电路各引脚对地的动态工作电压。动态电压与静态电压同样是判断电路是否正常工作的重要依据，例如有些振荡电路，当电路起振时测量 U_{be} 直流电压，万用表指针会出现反偏现象，利用这一点可以判断振荡电路是否起振。

2. 测量电路重要波形及其幅度和频率

无论是在调试还是在排除故障的过程中，波形的测试与调整都是一个相当重要的技术。各种整机电路中都可能有波形产生或波形处理变换的电路。为了判断电路各种过程是否正常，是否符合技术要求，常需要观测各被测电路的输入、输出波形，并加以分析。对不符合技术要求的，则要通过调整电路元器件的参数，使之达到预定的技术要求。在脉冲电路的波形变换中，这种测试更为重要。

大多数情况下观察的波形都是电压波形，有时为了观察电流波形，则可通过测量其限流电阻的电压，再转成电流的方法来测量。用示波器观测波形时，示波器上限频率应高于测试波形的频率。对于脉冲波形，示波器的上升时间还必须满足要求。观测波形的时候可能会出现不正常的情况，只要细心分析波形，总会找出排除的办法。如测量点没有波形这种情况应重点检查电源，静态工作点，测试电路的连线等。

3. 频率特性的测试与调整

频率特性是电子电路中的一项重要技术指标。电视机接收图像质量的好坏主要取决于高频调谐器及中放通道频率特性。所谓频率特性，是指一个电路对于不同频率、相同幅度的输入信号(通常是电压)在输出端产生的响应。测试电路频率特性的方法一般有两种，即信号源与电压表测量法和扫频仪测量法。

(1) 用信号源与电压表测量法。这种方法是在电路输入端加入按一定频率间隔的等幅正弦波，并且每加入一个正弦波就测量一次输出电压。功率放大器常用这种方法测量其频率特性。

(2) 用扫频仪测量频率特性。把扫频仪输入端和输出端分别与被测电路的输出端和输入端连接，在扫频仪的显示屏上就可以看出电路对各点频率的响应幅度曲线。采用扫频仪测试频率特性，具有测试简便、迅速、直观、易于调整等特点，常用于各种中频特性调试、带通调试等。如收音机的调幅 465 kHz(或 455 kHz)和调频 10.7 MHz 常用扫频仪(或中频特性测试仪)来调试。

动态调试内容还有很多，如电路放大倍数、瞬态响应、相位特性等，而且不同电路要求动态调试项目也不相同，这里不再一一详述。

6.4 整机性能测试与调整

整机调试是把所有经过动静态调试的各个部件组装在一起进行的有关测试，它的主要目的是使电子产品完全达到原设计的技术指标和要求。由于较多调试内容已在分块调试中完成了调试，整机调试只需检测整机技术指标是否达到原设计要求即可，若不能达到则再作适当调整。整机调试流程一般有以下几个步骤：

(1) 整机外观的查检。整机外观的查检主要是检查其外观部件是否齐全，外观调节部件和活动部件是否灵话。

(2) 整机内部结构的查检。整机内部结构的检查主要是检查其内部连线的分布是否合理、整齐，内部传动部件是否灵活、可靠，各单元电路板或其他部件与机座是否紧固，以及它们之间的连接线、接插件有没有漏插、错插、插紧等。

(3) 对单元电路性能指标进行复检调试。该步骤主要是针对各单元电路连接后产生的相互影响而设置的，其主要目的是复检各单元电路性能指标是否有改变，若有改变，则需调整有关元器件。

(4) 整机技术指标的测试。对已调整好的整机必须进行严格的技术测定，以判断它是否达到原设计的技术要术。如收音机的整机功耗、灵敏度、频率覆盖等技术指标的测定。不同类型的整机有各自的技术指标，并规定了相应的测试方法(一般都按照国家对该类型电子产品规定的方法进行测量)。

(5) 整机老化和环境试验。通常，电子产品在装配、调试完后还要对小部分整机进行老化测试和环境试验，这样可以提早发现电子产品中一些潜伏的故障，特别是可以发现一些带有共性的故障，从而对其同类型产品能够及早通过修改电路进行补救。有利于提高电子产品的耐用性和可靠性。

一般的老化测试是对小部分电子产品进行长时间通电运行，并测量其无故障工作时间。分析总结这些电器的故障特点，找出它们的共性问题加以解决。

环境试验一般根据电子产品的工作环境而确定具体的试验内容，并按照国家规定的方法进行试验。环境试验一般只对小部分产品进行，常见环境试验内容和方法有如下几种：

① 对供电电源适应能力试验。如使用交流 220 V 供电的电子产品，一般要求输入交流电压在 220 V±22 V，频率在 50 Hz±4 Hz 之内，电子产品仍能正常工作。

② 温度试验。把电子产品放入温度试验箱内，进行额定使用的上、下限工作温度的试验。

③ 振动和冲击试验。把电子产品紧固在专门的振动台和冲击台上进行单一频率振动试验、可变频率振动试验和冲击试验。用木锤敲击电子产品也是冲击试验的一种。

④ 运输试验。把电子产品捆绑在载重汽车上奔走几十千米进行试验。

6.5 调试与检测仪器

调试与检测仪器指的是传统电子测量仪器。电子测量仪器总体可分为专用仪器和通用仪器两大类。专用仪器为一个或几个产品而设计，可检测该产品的一项或多项参数，例如电视信号发生器、电冰箱性能测试仪等。通用仪器为一项或多项电参数的测试而设计，可检测多种产品的电参数，例如示波器、函数发生器等。

对通用仪器，一般按功能又可细分为以下几类：

(1) 信号产生器，用于产生各种测试信号，如音频、高频、脉冲、函数、扫频等信号。

(2) 电压表及万用表，用于测量电压及派生量，如模拟电压表、数字电压表、各种万用表、毫伏表等。

(3) 信号分析仪器，用于观测、分析、记录各种信号，如示波器、波形分析仪、逻辑分析仪等。

(4) 频率时间相位测量仪器，如频率计、相位计等。

(5) 元器件测试仪，如 RLC 测试仪、晶体管测试仪、Q 表、晶体管图示仪、集成电路测试仪等。

(6) 电路特性测试仪，如扫频仪、阻抗测量仪、网络分析仪、失真度测试仪等。

(7) 其他仪器则是用于和上述仪器配合使用的辅助仪器，如各种放大器、衰减器、滤波器等。

6.5.1 仪器选择与配置

1. 选择原则

(1) 测量仪器的工作误差应远小于被测参数要求的误差。一般要求仪器误差小于被测参数要求的十分之一。例如某产品要求直流电压误差小于 1%，如果选用普通指针式万用表(一般电压测量误差 2.5%)或数字万用表 (电压测量误差为 0.5%±1 个字)均达不到要求，应选择误差在 0.03%以下的数字万用表。

(2) 仪器的测量范围和灵敏度应覆盖被测量的数值范围。例如某产品信号源频率为 10 Hz～1 MHz，则选用普通 10 MHz 以上示波器即可满足要求。

(3) 仪器输入/输出阻抗要符合被测电路的要求。例如测量一个阻抗为 10 kΩ 的电路电压，如果用普通指针式万用表(阻抗为 20 kΩ/V 以下)测量误差就很大。

(4) 仪器输出功率应大于被测电路的最大功率，一般应大一倍以上。

以上几条是基本原则，实际应用可根据现有资源和产品要求灵活应用。例如要测量功率为 10 W 的音箱，而手头仅有功率为 2 W 的信号发生器，这时可以做一个功率放大器(功率、频响和失真度满足测试要求)作为测试接口。

2. 配置方案

调试与检测仪器的配置要根据工作性质和产品要求确定，具体有以下几种选配方法：

1) 一般从事电子技术工作的最低配置

(1) 万用表。最好模拟表及数字表各一台，因为数字表有时出现故障不易觉察，比较而言，指针表可信度较高。

数字万用表误差在 0.03%以下即可满足大多数应用，位数越多精度和分辨率越高。指针表应选直流电压挡阻抗为 20 kΩ/V 且有晶体管测试功能的。

(2) 信号发生器。根据工作性质选频率及档次。普通 1 Hz～1 MHz 低频函数信号发生器可满足一般测试需要。

(3) 示波器。示波器价格较高且属耐用测试仪器，普通 20～40 MHz 的双踪示波器可完成一般测试工作。

(4) 可调稳压电源，至少双路 0～24 V 或 0～32 V 可调，电流 1～3 A，稳压稳流可自动转换。

2) 标准配置

除上述四种基本仪器外，再加上频率计数器和晶体管特性图示仪，即可以完成大部分电子测试工作。如果再有一两台针对具体工作领域的仪器(例如失真度仪和扫频仪等)，即可完成主要调试检测工作。

3) 产品项目调试检测仪器

对于特定的产品，又可分为两种情况：

(1) 小批量多品种。一般以通用或专用仪器组合，再加上少量自制接口，辅助电路构成。这种组合适用广，但效率不高。

(2) 大批量生产。应以专用和自制设备为主，强调高效和操作简单。

6.5.2 仪器的使用

电子测量仪器不同于家用电器，对使用者要求具备一定的电子技术专业知识，才能使仪器正常使用并发挥应有的功效。

1. 正确选择仪器功能件

这里的 "选择" 不是指一般使用电子仪器时首先要求正确选择功能和量程，而是针对测量要求对仪器的正确选择。这一点对保证测量顺利、正确地进行非常重要，但实际工作中又往往被忽视。

用示波器观测脉冲波形是一个典型例子。一般示波器都带有 1∶1 和 10∶1 两个探头，或在 1 个探头上有两种转换。用哪一种探头更能真实地再现脉冲波形，很多人不假思索地认为是 1∶1 的探头。其实不然，由于示波器输入电路不可避免地有一定输入电容(见参见图 6.2(a))，在输入信号频率较高(例如 1 MHz 以上)时，将使观测到的波形畸变(图 6.2(c))而 10∶1 的探头由于探极中有衰减电阻 R_1 和补偿电容 C_1(见图 6.2(b))。调节 C_1 可使 $R_1C_1 = R_iC_i$，从理论上讲此时的输入电容 C_i 不存在对信号有作用，因而能够真实再现输入脉冲信号(见图 6.2(c))。

再如有的频率计数器附带一个滤波器，当测量某个频率段信号时，必须加上滤波器结果才是正确的。

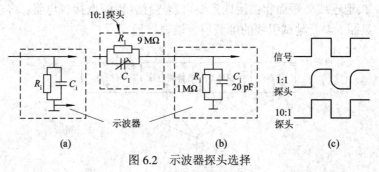

图 6.2　示波器探头选择

(a) 1∶1 探头电路；(b) 10∶1 探头电路；(c) 测量波形结果

2. 合理接线

对测量仪器的接线一个最基本而又重要的要求是：顺着信号传输方向，力求最短。图6.3 是接线方式对比图。

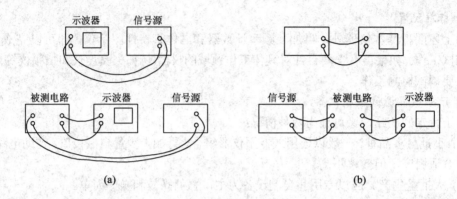

图 6.3 仪器合理接线

(a) 不合理接线；(b) 合理接线

3. 保证精度

保证测量精度最简单有效的方法是在每次使用有自校装置的仪器(如一部分频率计和大部分示波器)时，都进行一次自校。对没有自校装置的仪器，利用精度足够高的标准仪器，校准精度较低的仪器，例如用 $4\frac{1}{2}$ 数字多用表校常用的指针表或 $3\frac{1}{2}$ 数字表。

另一个简单而又可靠的方法是当仪器新购进时，选择有代表性的性能稳定的元器件进行测量，将其作为"标准"记录存档，以后定期用此"标准"复查仪器。这种方法的前提是新购仪器是按国家标准出厂的。不言而喻，最根本的方法还是要按产品要求定期到国家标准计量部门进行校准。

4. 谨防干扰

检测仪器使用不当会引入干扰，轻则使测试结果不理想，重则使测试结果与实际相比面目全非或无法进行测量。引起干扰的原因多种多样，克服干扰的方法也各有千秋。以下是最基本的，并经实践证明是最有效的几种方法：

(1) 接地。接地连线要短而粗；接地点要可靠连接，以降低接触电阻；多台测量仪器要考虑一点接地(见图6.4)；测试引线的屏蔽层一端要接地。

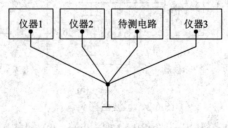

图 6.4 一点接地

(2) 导线分离。输入信号线与输出线分离；电源线(尤其 220 V 电源线)远离输入信号线；信号线之间不要平行放置；信号线不要盘成闭合形状。

(3) 避免弱信号传输。从信号源经电缆引出的信号尽可能不要太弱，可采用测试电路衰减方式(见图 6.5)。在不得已传输弱信号的情况下，要求传输线要粗、短、直，最好有屏蔽层(屏蔽层不得作导线用)，且一端接地。

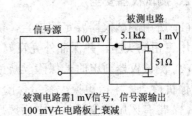

被测电路需1 mV信号，信号源输出100 mV在电路板上衰减

图 6.5 防止传输干扰

6.6 调试与检测安全

调试与检测过程中，要接触各种电路和仪器设备，特别是各种电源及高压电路，高压大容量电容器等。为保护检测人员安全，防止测试设备和检测线路的损坏，除严格遵守一般安全规程外，还必须遵守调试和检测工作中制定的安全措施。

1. 供电安全

大部分故障检测过程中都必须加电，所有调试检测过的设备仪器，最终都要加电检验。抓住供电安全就抓住了安全的关键。

(1) 调试检测场所应有漏电保护开关和过载保护装置，电源开关、电源线及插头插座必须符合安全用电要求，任何带电导体不得裸露。检测场所的总电源开关应放在明显且易于操作的位置，并设置相应的指示灯。

(2) 注意交流调压器的接法。检测中往往使用交流调压器进行加载和调整试验。由于普通调压器输入与输出端不隔离，因此必须正确区分相线与零线的接法，如图 6.6 中使用二线插头座，容易接错线，使用三线插头座则不会接错。

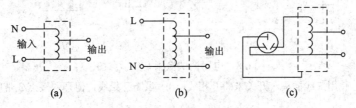

图 6.6 自耦调压器接线方法
(a) 错误；(b) 正确；(c) 使用三线插头座

(3) 在调试检测场所最好装备隔离变压器，一方面可以保证检测人员操作安全，另一方面防止检测设备故障与电网之间相互影响。隔离变压器之后，再接调压器，这样做无论如何接线均可保证安全(见图 6.7)。

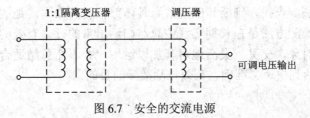

图 6.7 安全的交流电源

2．测试仪器安全

(1) 所用测试仪器要定期检查，仪器外壳及可接触部分不应带电。凡金属外壳仪器，必须使用三相插头座，并保证外壳良好接地。电源线一般不超过 2 米，并具有双重绝缘。

(2) 测试仪器通电时若保险丝烧断，应更换同规格保险丝后再通电，若第二次再烧断则必须停机检查，不得更换大容量保险丝。

(3) 带有风扇的仪器如通电后风扇不转或有故障，应停机检查。

(4) 功耗较大的仪器(大于 500 W)断电后应冷却一段时间再通电(一般 3～10 分钟，功耗越大时间越长)，避免烧断保险丝或仪器零件。

3．操作安全

(1) 操作环境应保持整洁，检测大型高压线路时，工作场地应铺绝缘胶垫，工作人员应穿绝缘鞋。

(2) 高压或大型线路通电检测时，应有两人以上进行检测，如果发现冒烟、打火、放电等异常现象，应立即断电检查。

(3) 不通电不等于不带电。对大容量高压电容只有进行放电操作后才可以认为不带电。

(4) 断开电源开关不等于断开电源。如图 6.8 所示，虽然开关处于 OFF 位置，但相关部分仍然带电，只有拔下电源插头才可认为是真正断开电源。

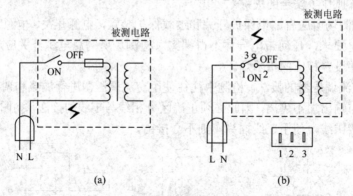

图 6.8　电器调试检测安全示意图
(a) 使用二线插头，开关未断开相线；(b) 虽断开相线，但开关接点 3 带电

(5) 无论是最简单的电气材料，如导线、插头插座，还是复杂的电子仪器，由于材料本身老化变质及自然腐蚀等因素，安全工作的寿命是有限的，决不可无限制使用。

6.7　故障检测方法

采用适当的方法，查找、判断和确定故障具体部位及其原因，是故障检测的关键。下面介绍的各种故障检测方法是在长期实践中总结归纳出来的行之有效的方法。具体应用中还要针对具体检测对象，交叉、灵活地对其加以运用，并不断总结适合自己工作领域的经验方法，这样才能达到快速、准确、有效排除故障的目的。

6.7.1 观察法

观察法是通过人体感觉发现电子线路故障的方法。这是一种最简单、最安全的方法，也是各种仪器设备通用的检测过程的第一步。观察法又可分为静态观察法和动态观察法两种。

1. 静态观察法

静态观察法又称为不通电观察法。在电子线路通电前主要通过目视检查找出某些故障。实践证明，占电子线路故障相当比例的焊点失效，导线接头断开，电容器漏液或炸裂，接插件松脱，电接点生锈等故障，完全可以通过观察发现，没有必要对整个电路大动干戈，导致故障升级。

"静态"强调静心凝神，仔细观察，马马虎虎、走马观花往往不能发现故障。静态观察，要先外后内，循序渐进。打开机壳前先检查电器外表，有无碰伤，按键、插口电线电缆有无损坏，保险是否烧断等。打开机壳后，先看机内各种装置和元器件有无相碰、断线、烧坏等现象，然后用手或工具拨动一些元器件、导线等进行进一步检查。对于试验电路或样机，要对照原理图检查接线有无错误，元器件是否符合设计要求，IC 管脚有无插错方向或折弯，有无漏焊、桥接等故障。

2. 动态观察法

动态观察法也称通电观察法，即给线路通电后，运用人体视、嗅、听、触觉检查线路故障。在通电观察时，特别是较大设备通电时应尽可能采用隔离变压器和调压器逐渐加电、防止故障扩大。一般情况下还应使用仪表，如电流表、电压表等监视电路状态。

通电后，眼要看电路内有无打火、冒烟等现象；耳要听电路内有无异常声音；鼻要闻电器内有无烧焦、烧糊的异味；手要触摸一些管子，集成电路等是否发烫(注意：高压、大电流电路须防触电、防烫伤)，发现异常立即断电。

通电观察有时可以确定故障原因，但大部分情况下并不能确认故障确切部位及原因。例如一个集成电路发热，可能是周边电路故障，也可能是供电电压有误；可能是负载过重也可能是电路自激，当然也不排除集成电路本身损坏，必须配合其他检测方法，分析判断，找出故障所在。

6.7.2 测量法

测量法是故障检测中使用最广泛、最有效的方法。根据检测的电参数特性又可分为电阻法、电压法、电流法、逻辑状态法和波形法。

1. 电阻法

电阻是各种电子元器件和电路的基本特征，利用万用表测量电子元器件或电路各点之间电阻值来判断故障的方法称为电阻法。

测量电阻值有"在线"和"离线"两种基本方式。"在线"测量，需要考虑被测元器件受其他并联支路的影响，测量结果应对照原理图分析判断。"离线"测量需要将被测元器件或电路从整个电路或印制板上脱焊下来，操作较麻烦但结果准确可靠。

用电阻法测量集成电路，通常先将一个表笔接地，用另一个表笔测各引脚对地电阻值，然后交换表笔再测一次，将测量值与正常值(有些维修资料给出，或自己积累)进行比较，相差较大者往往是故障所在(不一定是集成电路坏)。

电阻法对确定开关、接插件、导线、印制板导电图形的通断及电阻器的变质，电容器短路，电感线圈断路等故障非常有效而且快捷，但对晶体管、集成电路以及电路单元来说，一般不能直接判定故障，需要对比分析或兼用其他方法，但由于电阻法不用给电路通电，因此可将检测风险降到最小，故一般检测被首先采用。采用电阻法测量时要注意：

(1) 使用电阻法时应在线路断电、大电容放电的情况下进行，否则结果不准确，还可能损坏万用表。

(2) 在检测低电压供电的集成电路(≤5 V)时避免用指针式万用表的 10 k 挡。

(3) 在线测量时应将万用表表笔交替测试，对比分析。

2. 电压法

电子线路正常工作时，线路各点都有一个确定的工作电压，通过测量电压来判断故障的方法称为电压法。电压法是通电检测手段中最基本、最常用的方法。根据电源性质又可分为交流和直流两种电压测量。

1) 交流电压测量

一般电子线路中交流回路较为简单，对 50 Hz/60 Hz 市电升压或降压后的电压只需使用普通万用表选择合适 AC 量程即可，测高压时要注意安全并养成用单手操作的习惯。

对非 50 Hz/60 Hz 的电源，例如变频器输出电压的测量就要考虑所用电压表的频率特性，一般指针式万用表为 45～2000 Hz，数字式万用表为 45～500 Hz，超过范围或非正弦波测量结果都不正确。

2) 直流电压测量

检测直流电压一般分为三步：

(1) 测量稳压电路输出端是否正常。

(2) 各单元电路及电路的关键"点"，例如放大电路输出点，外接部件电源端等处电压是否正常。

(3) 电路主要元器件如晶体管，集成电路各管脚电压是否正常，对集成电路首先要测电源端。比较完善的产品说明书中应该给出电路各点正常工作电压，有些维修资料中还提供集成电路各引脚的工作电压。另外也可对比正常工作时同种电路测得的各点电压。偏离正常电压较多的部位或元器件，往往就是故障所在部位。这种检测方法要求工作者具有电路分析能力并尽可能收集相关电路的资料数据，才能达到事半功倍的效果。

3. 电流法

电子线路正常工作时，各部分工作电流是稳定的，偏离正常值较大的部位往往是故障所在。这就是用电流法检测线路故障的原理。

电流法有直接测量和间接测量两种方法。直接测量就是将电流表直接串接在欲检测的回路测得电流值的方法。这种方法直观、准确，但往往需要对线路作"手术"，例如断开导线，脱焊元器件引脚等，才能进行测量，因而不大方便。对于整机总电流的测量，一般可通过将电流表的两个表笔接到开关上的方式测得，对使用 220 V 交流电的线路必须注意测量安全。

间接测量法实际上是用测电压的方法换算成电流值。这种方法快捷方便，但如果所选测量点的元器件有故障则不容易准确判断。如图 6.9 所示，欲通过测 R_e 的电压降确定三极管工作电流是否正常，如 R_e 本身阻值偏差较大或 C_e 漏电，都可引起误判。

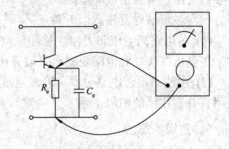

图 6.9　间接法测电流

采用电流法检测故障，应对被测电路正常工作电流值事先心中有数。一方面大部分线路说明书或元器件样本中都给出正常工作电流值或功耗值，另一方面通过实践积累可大致判断各种电路和常用元器件工作电流范围，例如一般运算放大器，TTL 电路静态工作电流不超过几毫安，CMOS 电路则在毫安级以下等等。

4．波形法

对交变信号产生和处理电路来说，采用示波器观察信号通路各点的波形是最直观、最有效的故障检测方法。波形法主要应用于以下三种情况：

1) 波形的有无和形状

在电子线路中一般对电路各点的波形有无和形状是确定的，例如标准的电视机原理图中就给出各点波形的形状及幅值(见图 6.10)，如果测得该点波形没有或形状相差较大，则故障发生于该电路的可能性较大。当观察到不应出现的自激振荡或调制波形时，虽不能确定故障部位，但可从频率、幅值大小分析故障原因。

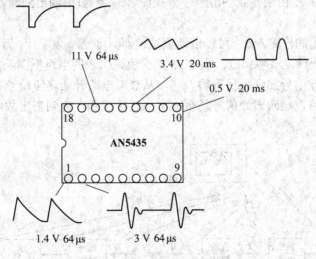

图 6.10　电视机局部电路波形图

2) 波形失真

在放大或缓冲等电路中，若电路参数失配或元器件选择不当或损坏都会引起波形失真，通过观测波形和分析电路可以找出故障原因。

3) 波形参数

利用示波器测量波形的各种参数，如幅值、周期、前后沿相位等，与正常工作时的波形参数对照，可找出故障原因。

应用波形法时要注意以下两点：

(1) 对电路高电压和大幅度脉冲部位一定要注意不能超过示波器的允许电压范围。必要时采用高压探头或对电路观测点采取分压取样等措施。

(2) 示波器接入电路时本身输入阻抗对电路也有一定影响，特别在测量脉冲电路时，要采用有补偿作用的 10∶1 探头，否则观测的波形与实际不符。

5．逻辑状态法

对数字电路而言，只需判断电路各部位的逻辑状态即可确定电路工作是否正常。数字逻辑主要有高低两种电平状态，另外还有脉冲串及高阻状态。因而可以使用逻辑笔进行电路检测。

逻辑笔具有体积小、携带使用方便的优点。功能简单的逻辑笔可测单种电路(TTL 或 CMOS)的逻辑状态，功能较全的逻辑笔除可测多种电路的逻辑状态外，还可定量测脉冲个数。有些还具有脉冲信号发生器作用，可发出单个脉冲或连续脉冲以供检测电路用。

6.7.3 跟踪法

信号传输电路包括：信号获取(信号产生)、信号处理 (信号放大、转换、滤波、隔离等)以及信号执行电路，在现代电子电路中占有很大比例。这种电路的检测关键是跟踪信号的传输环节。具体应用中根据电路的种类有信号寻迹法和信号注入法两种。

1．信号寻迹法

信号寻迹法是针对信号产生和处理电路的信号流向寻找信号踪迹的检测方法，具体检测时又可分为正向寻迹(由输入到输出顺序查找)、反向寻迹(由输出到输入顺序查找)和等分寻迹三种。

正向寻迹是常用的检测方法，可以借助测试仪器(示波器、频率计、万用表等)逐级定性、定量检测信号，从而确定故障部位。图 6.11 是交流毫伏表的电路框图及检测示意图。我们用一个固定的正弦波信号加到毫伏表输入端，从衰减电路开始逐级检测各级电路，根据该级电路功能及性能可以判断该处信号是否正常，逐级观测，直到查出故障。显然，反向寻迹检测仅仅是检测的顺序不同。

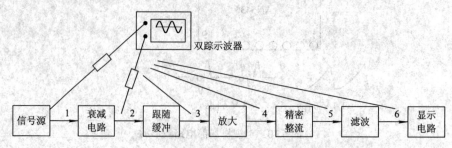

图 6.11　用示波器检测毫伏表电路示意图

等分寻迹对于单元较多的电路是一种高效的方法。我们以某仪器时基信号产生电路为例说明这种方法。该电路由置于恒温槽中的晶体振荡器产生 5 MHz 信号，经 9 级分频电路，产生测试要求的 1 Hz 和 0.01 Hz 信号，如图 6.12 所示。

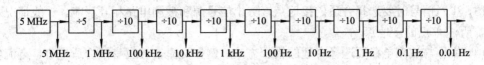

图 6.12 等分寻迹法检测故障示意图(分频器)

电路共有 10 个单元，如果第 9 单元有问题，采用正向法需测试 8 次才能找到。等分寻迹法是将电路分为两部分，先判定故障在哪一部分，然后将有故障的部分再分为两部分检测。仍以第 9 单元故障为例，用等分寻迹法测 1 kHz 信号，发现正常，判定故障在后半部分；再测 1 Hz 信号，仍正常，可断定故障在 9、10 单元，第三次测 0.1 Hz 信号，即可确定第 9 单元的故障。显然，等分寻迹法效率大为提高。

等分寻迹法适用多级串联结构的电路，且各级电路故障率大致相同，每次测试时间差不多。对于有分支、有反馈或单元较少的电路则不适用。

2. 信号注入法

对于本身不带信号产生电路或信号产生电路有故障的信号处理电路采用信号注入法是有效的检测方法。所谓信号注入，就是在信号处理电路的各级输入端输入已知的外加测试信号，通过终端指示器(例如指示仪表、扬声器、显示器等)或检测仪器来判断电路工作状态，从而找出电路故障。

各种广播电视接收设备是采用信号注入法检测的典型。图 6.13 是一个典型调频立体声收音机框图。检测时需要两种信号：鉴频器之前要求调频立体声信号，解码器之后是音频信号。通常检测收音机电路是采用反向信号注入，即先将一定频率和幅度的音频信号从 A_R、A_L 开始逐渐向前推移，通过扬声器或耳机监听声音的有无和音质及大小，从而判断电路故障。如果音频电路部分正常，就要用调频立体声信号源从 G，H…依次注入，直到找出故障点。

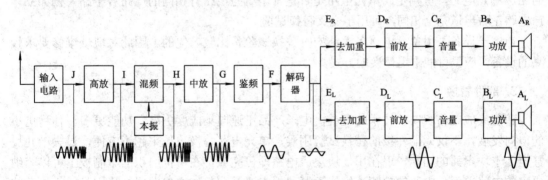

图 6.13 调频立体声收音机框图

采用信号注入法检测时要注意以下几点：

(1) 信号注入顺序根据具体电路可采用正向、反向或中间注入的顺序。

(2) 注入信号的性质和幅度要根据电路和注入点变化，如上例收音机音频部分注入信号，越靠近扬声器需要的信号越强，同样信号注入 $B_R(B_L)$ 点可能正常，注入 $D_R(D_L)$ 点可能过强使放大器饱和失真。通常可以估测注入点工作信号作为注入信号的参考。

(3) 注入信号时要选择合适的接地点，防止信号源和被测电路相互影响。一般情况下可选择靠近注入点的接地点。

(4) 信号与被测电路要选择合适的耦合方式，例如交流信号应串接合适电容，直流信号串接适当电阻，使信号与被测电路阻抗匹配。

(5) 信号注入有时可采用简单易行的方式，如收音机检测时就可用人体感应信号作为注入信号（即手持导电体碰触相应电路部分）进行判别。同理，有时也必须注意感应信号对外加信号检测的影响。

6.7.4 替换法

替换法是用规格性能相同的正常元器件、电路或部件，代替电路中被怀疑的相应部分，从而判断故障所在的一种检测方法，也是电路调试、检修中最常用，最有效的方法之一。实际应用中，按替换的对象不同，可有三种方法。

1. 元器件替换

元器件替换除某些电路结构较为方便外(例如带插接件的 IC，开关，继电器等)，一般都需拆焊，操作比较麻烦且容易损坏周边电路或印制板，因此元器件替换一般只作为其他检测方法均难判别时才采用的方法，并且尽量避免对电路板做"大手术"。例如，怀疑某两端引线元器件开路，可直接焊上一个新元件试验之；怀疑某个电容容量减小可再并上一只电容试之。

2. 单元电路替换

当怀疑某一单元电路有故障时，另用一台同样型号或类型的正常电路，替换待查机器的相应单元电路，可判定此单元电路是否正常。有些电路有相同的电路若干路，例如立体声电路左右声道完全相同，可用于交叉替换试验。

当电子设备采用单元电路多板结构时替换试验是比较方便的。因此对现场维修要求较高的设备，应尽可能采用替换的方式。

3. 部件替换

随着集成电路和安装技术的发展，电子产品迅速向集成度更高，功能更多，体积更小的方向发展，不仅元器件级的替换试验困难，单元电路替换也越来越不方便，过去十几块甚至几十块电路的功能，现在用一块集成电路即可完成，在单位面积的印制板上可以容纳更多的电路单元。电路的检测、维修逐渐向板卡级甚至整体方向发展。特别是较为复杂的由若干独立功能件组成的系统，检测时主要采用的是部件替换方法。

部件替换试验要遵循以下三点：

(1) 用于替换的部件与原部件必须型号、规格一致，或者是主要性能、功能兼容的，并且能正常工作的部件。

(2) 要替换的部件接口工作正常，至少电源及输入、输出口正常，不会使替换部件损坏。这一点要求在替换前分析故障现象并对接口电源做必要检测。

(3) 替换要单独试验，不要一次换多个部件。

最后需要强调的是替换法虽是一种常用检测方法，但不是最佳方法，更不是首选方法。它只是在用其他方法检测的基础上对某一部分有怀疑时才选用的方法。对于采用微处理器的系统还应注意先排除软件故障，然后才进行硬件检测和替换。

6.7.5　比较法

有时用多种检测手段及试验方法都不能判定故障所在，此时采用比较法也许能出奇制胜。常用的比较法有整机比较、调整比较、旁路比较及排除比较四种方法。

1. 整机比较法

整机比较法是将故障机与同一类型正常工作的机器进行比较，查找故障的方法。这种方法对缺乏资料而本身较复杂的设备，例如以微处理器为基础的产品尤为适用。

整机比较法是以检测法为基础的。对可能存在故障的电路部分进行工作点测定和波形观察，或者信号监测，比较好坏设备的差别，往往会发现问题。当然由于每台设备不可能完全一致，检测结果还要分析判断，因此这些常识性问题需要基本理论基础和日常工作的积累。

2. 调整比较法

调整比较法是通过整机设备可调元件或改变某些现状，比较调整前后电路的变化来确定故障的一种检测方法。这种方法特别适用于放置时间较长，或经过搬运、跌落等外部条件变化引起故障的设备。

正常情况下，检测设备时不应随便变动可调部件。但因为设备受外界力作用有可能改变出厂的整定而引起故障，所以在检测时在事先做好复位标记的前提下可改变某些可调电容、电阻、电感等元件，并注意比较调整前后设备的工作状况。有时还需要触动元器件引脚、导线、接插件或者将插件拔出重新插接，或者将怀疑印制板部位重新焊接等等，注意观察和记录状态变化前后设备的工作状况，以发现故障和排除故障。

运用调整比较法时最忌讳乱调乱动，而又不作标记。调整和改变现状应一步一步改变，随时比较变化前后的状态，发现调整无效或向坏的方向变化时应及时恢复。

3. 旁路比较法

旁路比较法是用适当容量和耐压的电容对被检测设备电路的某些部位进行旁路的比较检查方法，适用于电源干扰、寄生振荡等故障。因为旁路比较实际上是一种交流短路试验，所以一般情况下先选用一种容量较小的电容，临时跨接在有疑问的电路部位和"地"之间，观察比较故障现象的变化。如果电路向好的方向变化，可适当加大电容容量再试，直到消除故障，根据旁路的部位可以判定故障的部位。

4. 排除比较法

有些组合整机或组合系统中往往有若干相同功能和结构的组件，调试中发现系统功能不正常时，不能确定引起故障的组件，在这种情况下采用排除比较法容易确认故障所在。方法是逐一插入组件，同时监视整机或系统，如果系统正常工作，就可排除该组件的嫌疑，再插入另一块组件试验，直到找出故障。

例如，某控制系统用 8 个插卡分别控制 8 个对象，调试中发现系统存在干扰，采用比较排除法，当插入第五块卡时干扰现象出现，确认问题出在第五块卡上，用其他卡代之，干扰排除。

注意：

(1) 上述方法是递加排除，显然也可采用逆向方向，即递减排除。

(2) 这种多单元系统故障有时不是一个单元组件引起的，这种情况下应多次比较才可排除。

(3) 采用排除比较法时注意每次插入或拔出单元组件都要关断电源，防止带电插拔造成系统损坏。

第 7 章　电子技术文件

从事电子技术工作离不开各种各样的电气图，如电路图、逻辑图、方框图、流程图、印制板图、装配图等等，以及各种技术表格、文字等，这些图、文、表统称为技术文件。了解技术文件的组成、要求及特性，准确识别、正确绘制、灵活运用是掌握电子技术的重要环节。

7.1　电子技术文件概述

在介绍电子技术文件具体内容和应用之前，必须弄清楚两类不同应用领域电子技术文件的要求、特点以及分类、功能等共同问题。

7.1.1　两类不同应用领域

电子技术文件对所有领域电子技术工作都非常重要。但由于工作性质和要求不同，形成了专业制造和普通应用两类不同的应用领域。

专业制造是指专业从事电子产品规模生产的领域。在这里，产品技术文件具有生产法规的效力，必须执行统一的严格的标准，实行严明的管理，不允许个人的"创意"和"灵活"，生产部门完全按图纸进行工作，一条线，一个点的失误都可能造成巨大的损失；技术部门分工明确，等级森严，各司其职，各管一段；一张图一旦通过审核签署，便不能随便更改，即使发现错误，操作者也不能改动。

普通应用则是一个极为广泛的领域，它泛指除专业制造以外所有应用电子技术的领域，包括学生电子实验设计、业余电子科技活动、企业技术改革等。

虽然专业制造领域电子技术文件的完备、标准和严谨无可挑剔，但如果用来要求普通应用领域则不现实。单是技术组织结构就没有可比性。因此，在普通应用领域中对技术文件有自己的要求和特点。

另外，在电子技术文件中，表格和文字所表达的内容一般是比较明确的，除了专业术语和字符代号外技术属性较弱。在介绍技术文件时主要指的是各种技术图。在不引起概念混乱的情况下，为了与"专业制造"领域有所区别，我们将以"技术图表"或"技术图"取代"技术文件"名称。

7.1.2　基本要求

按前面的约定，这里的技术图包括了表格和文字，基本要求是对电子技术普通应用领域而言的。

1. 共同语言

技术文件是用规定的"工程语言"描述电路设计内容、表达设计思想，指导电子实践活动和传递信息的媒体。这种语言的"词汇"就是各种图形符号及标记，其"语法"则是有关图形、符号、标记的规则及表达方式。

2．科学作风

学习和从事电子技术工作，要养成严谨的科学作风。图形符号不合规范，标注不按规定，绘制的图纸就无法正常交流甚至贻误工作。

3．应变能力

在我们强调严格执行国家标准的同时，必须正视在一定范围内有不少不符合国标的图形符号、标记存在的现实。

7.1.3 分类及特点

1．电子技术图的分类

电子技术图(这里说的"技术图"包括图、表格和文字，为叙述方便统称"图")按使用功能可分为原理图和工艺图两大类。图7.1是电子技术图分类示意图。其中有"△"标记为产品必备技术资料。

另一种分类方式是按专业制造厂的技术分工将图分为设计文件和工艺文件两大类，因为在专业制造厂设计和工艺是两个不同的技术部门。但对普通应用领域来说，更具实际意义的分类是按电子技术图本身特性，分为工程性图表和说明性图表两大类。在图 7.1 中有"○"标记者为工程性图表，其余为说明性图表。

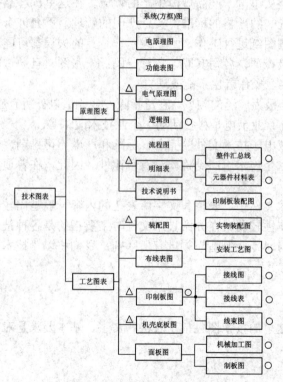

图 7.1 电子技术图分类示意图

2．工程性图表特点

之所以用"工程性图表"的名称，是因为这一类图是为产品的设计、生产而使用的，具有明显的"工程"属性。这一类图的最大特点：一是严格"循规蹈矩"，不允许丝毫灵活机动；二是这类图是企业的技术资产，除产品说明书外一般不对外公开。

3．说明性图表特点

说明性图表是用于非生产目的，如技术交流、技术说明、教学、培训等方面。这类图相对"自由度"比工程图大，例如图纸的比例，图幅图栏以及签署、更改等。其主要特点如下：

(1) 随着电子科学技术的发展，不断有新的元器件、组件涌现，因此不断有新的名词、符号和代号出现。例如图 7.2(a)就是一个国标未规定的图形符号。

(2) 集成电路、大规模集成电路、超大规模集成电路，以及微组装混合电路等高度集成化的技术，使一片电路具有成千上万个分立器件才能达到的电路功能，传统的象形符号已不足以表达其结构及功能，象征符号被大量采用，例如图 7.2(b)所示。

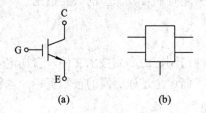

图 7.2 集成电路或功能块
(a) IGBT 图形符号(非国标)；(b) 一个矩形框加文字可表示任何集成电路

7.2 产品技术文件

产品技术文件包括设计文件、工艺文件和研究试验文件等，是产品从设计、制造到检验、储运，以及从销售服务到使用维修全过程的基本依据。

7.2.1 产品技术文件的特点

产品技术文件是企业组织和实施产品生产的"基本法"，规模化生产组织和质量控制对产品技术文件有严格的要求。

1．严格的标准

标准化是产品技术文件的基本要求。标准化依据是关于电气制图和电气图形符号的国家标准。这些标准是：

电气制图 GB 6988.X-86　　　　　　　　共 7 项
电气图形符号标准 GB 4728.X-8X　　　　共 13 项
电气设备用图形符号 GB 5465.X-85　　　共 2 项
相关封装标准 GB 5094-85 等　　　　　　共 5 项

上述标准详细规定了各种电气符号、各种电气用图以及项目代号和文字符号等，覆盖了技术文件各个方面。标准基本采用 IEC 国际标准，考虑到技术发展的要求，尽量结合国内实际，使其具有先进性、科学性、实用性和对外技术交流的通用性。

产品技术文件要求全面、严格执行国家标准，不能有丝毫的"灵活"或另外标准。"企业标准"只能是国家标准的补充或延伸，而不能与国家标准相左。技术成果的验收与产品的鉴定等，都要进行标准化审查。

2．严谨的格式

按照国家标准，工程技术图具有严谨的格式，包括图样编号、图幅、图栏、图幅分区等。其中图幅、图栏等采用与机械图兼容的格式，便于技术文件存档和成册。

3．严明的管理

产品技术文件由企业技术管理部门进行管理，涉及文件的审核、签署、更改、保密等方面，都由企业规章制度约束和规范。

技术文件中涉及核心技术的资料、特别是工艺文件是一个企业的技术资产。对技术文件进行管理和不同级别的保密是企业自我保护的必要措施。

7.2.2 设计文件

设计文件是由企业设计部门制定的产品技术文件，它规定了产品的组成、结构、原理，以及产品制造、调试、验收、储运全过程所需的技术资料，也包括产品使用和维修资料。

1．产品分级及设计阶段

电子产品根据结构特征分为 8 级，见表 7-1。

表 7-1　产 品 的 分 级

级的名称	成套设备	整件	部件	零件
级的代号	1	2，3，4	5，6	7，8

2．设计文件分类

设计文件分为按表达内容分类和按使用特征分类两大类。

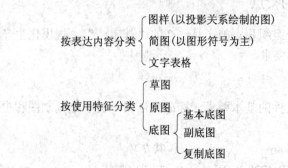

3．设计文件组成

设计文件必须完整成套。一般按产品技术特征分为 10 级，每级分为 10 类，每类分为

10 型，每型又分为 10 种(均为数字 0～9)，特性标记前加企业代号，特征标记后加三位数字表示登记号，最后是文件简号(拼音字母)。

7.2.3 工艺文件

工艺文件是具体指导和规定生产过程的技术文件。它是企业实施产品生产，产品经济核算，质量控制和生产者加工产品的技术依据。

1. 工艺简介

工艺，简单地说是将原材料或半成品加工成产品的过程和方法，是人类在实践中积累的经验总结。将这些经验总结以图形设计表述出来用于指导实践，就形成工艺文件。

工艺管理则是企业在一定生产方式和条件下，按一定原则和方法，对生产过程进行计划、组织和控制。严格科学的工艺管理是实施工艺文件的保证。工艺工作内容包括产品的试制阶段和产品定型阶段。

产品试制阶段包含设计方案讨论、审查产品工艺性、拟定工艺方案和工艺路线、编制工艺文件和工艺初审、处理生产技术问题、工装设计和试验制造、关键工艺试验、工艺最终评审，修改工艺文件。

产品定型阶段包含设计文件的工艺性审定、编制工艺规程、编制定型工艺文件、工艺文件编号归档。

2. 工艺文件分类

工艺文件分为工艺管理文件和工艺规程文件两大类。

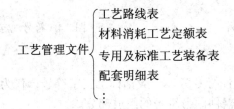

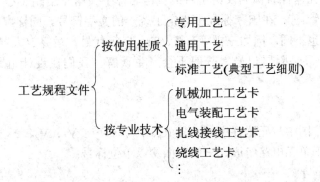

7.3 图形符号及说明

电气图形符号和有关字符是绘制电子技术图的基础。熟悉常用图形符号及标注，了解有关图形符号的规定及习惯用法，对于正确识别和绘制电子技术图是非常必要的。

1. 常用符号

电气图形标准符号由 GB 4728 标准规定，标准图形符号可用电子或电工模板绘制。另外采用符合 GB 4728 标准构造的元件库也可直接得到标准图形。

2. 有关符号的规定

(1) 符号所处位置及线条粗细不影响含义。

(2) 符号大小不影响含义，可以任意画成一种和全图尺寸相配的图形，但在放大或缩小时图形本身各部分，应按比例放大或缩小，如图 7.3 所示。

(3) 在元器件符号端加上"○"不影响符号原义，如图 7.4(a)所示。但在逻辑元件中，"○"另有含义。

(4) 符号的连线画成直线或斜线，不影响符号本身含义，但符号本身的直斜线不能混淆。如图 7.4(b)所示。

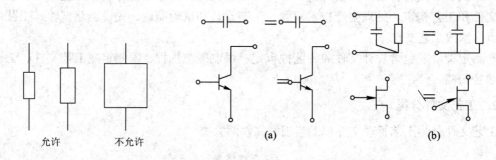

允许　　　　不允许

图 7.3　图形符号比例　　　　　　图 7.4　符号规定示例

3. 元器件代号

在电路图中或在元器件符号旁，一般都标上文字符号，作为该元器件的代号这种代号只是附加的说明，不是元器件图形符号的组成部分。

习惯上往往用元器件名称的汉语拼音或英语名称字头作元器件代号，例如 CT(插头)、CZ(插座)，D(二极管)等。在国家标准中规定了统一的文字符号。同样，在国外电路图中不同国家元器件代号也不同，例如三极管有 T、Tr、Q 等代号，运算放大器有 A、OP、U 等。好在这些文字符号只是附属记号，一般不会产生误解。我们在设计电路时还应该按国标标注。

4. 下脚标码

(1) 在同一电路图中，元器件序号，如 R_1、R_2、……、V_1、V_2、……。

(2) 电路由若干单元电路组成，一般前面缀以单位标号：

$1R_1$、$1R_2$ …… $1V_1$ ……

$2R_1$、$2R_2$ …… $2V_1$ ……

(3) 一个元器件有几个功能独立单元时，标码后再加附码，如图 7.5 所示，为一个三级三位开关的下脚标码。

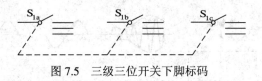

图 7.5 三级三位开关下脚标码

5. 元器件参数标注

在电子技术图中，工程用图一般在电路图中只标代号，而元器件型号和规格参数是在元器件明细表中予以详细说明。在说明性图中一般需要将元器件型号规格等标出。标注的原则如下：

(1) 尽量简短。电路图中符号已经表达了主要信息，文字只是附加必要的信息，例如集成电路、半导体分立器件型号，阻容元件阻值和容量等。

(2) 取消小数点。小数点在图中容易忽略或误读，电路中用字母单位取代小数点既简短又不容易读错。如 $4.7\,\mu$ 标为 $4\,\mu7$；$0.1\,\mu$ 标为 $\mu1$；$4.7\,k$ 标为 $4k7$；$0.1\,\Omega$ 标为 $\Omega1$。

(3) 省略。在不引起误解的条件下对元器件标注省略可使电路图简洁、清晰。例如一般电路图中默认将电阻"Ω"单位省略，电容"F"省略，如图 7.6 所示。

当然这种默认也可通过少量文字规定，例如某电路图有 50 只电容，其中 45 只单位为 μ，5 只为 P，则我们可将"μ"省略，而在图中加附注"所有未标电容单位为 μ"。

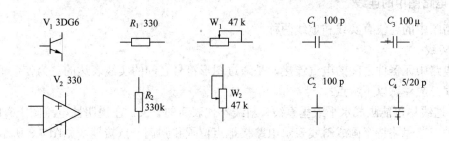

图 7.6   元器件标注举例

7.4   原理图简介

用图形符号和辅助文字表达设计思想，描述电路原理及工作过程的一类图统称为原理图。它是电子技术图的核心部分。

7.4.1   系统图

系统图习惯称为方框图或框图，是一种使用非常广泛的说明性图形，它用简单的"方框"代表一组元器件、一个部件或一个功能块。用它们之间的连线表达信号通过电路的途径或电路的动作顺序。图 7.7 是普通超外差收音机的方框图，它使我们一眼就可看出电路的全貌，主要组成部分及各级的功能等。

绘制方框图时，一定要在方框内注明该方框所代表电路的内容或功能，方框之间的连线一般应用箭头表示信号流向。

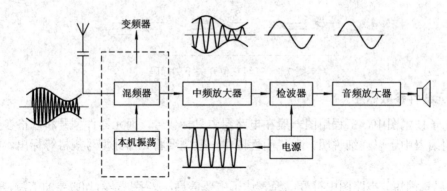

图 7.7 超外差收音机方框图

7.4.2 电路图

电路图也称电原理图、电子线路图,是表示电路工作原理的。它使用各种图形符号,按照一定的规则,表达元器件之间的连接及电路各部分的功能。

电路图主要由图形符号和连线组成。图形符号前面已经介绍过了,下面主要介绍连线省略画法及原理图绘制。

1. 电路图中的连线

电路图中的连线有实线和虚线两种。

1) 实线

在电路中元器件之间的电气连接,是通过图形符号之间的实线表达的。为使条理清楚,表达无误,应注意以下特点:

(1) 连线尽可能画成水平或垂直线,斜线不代表新的含义。在说明性电路图中有时为了表达某种工艺思路特意画成斜线表示电路接地点位置和强调一点接地,如图 7.8 所示。

(2) 相互平行线条之间距离不小于 1.6 mm;较长线应按功能分组画,组间应留 2 倍线间距离(见图 7.9(a))。

(3) 一般不要从一点上引出多于三根的连线(见图 7.9(b))。

(4) 线条粗细如果没有说明,不代表电路连接的变化。

(5) 连线可以任意延长和缩短。

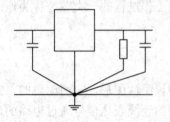

图 7.8 斜线表达工艺安装信息

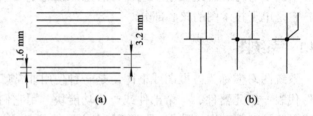

图 7.9 实线的间距和连接

(a) 两组连线间距; (b) 一点上多于三根线的连接

2) 虚线

在电路图中虚线一般是作为一种辅助线,没有实际电气连接的意义。虚线有以下几种辅助表达作用：

(1) 表示元件中的机械联动作用(见图 7.10)。

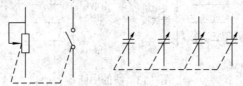

图 7.10　虚线表示机械联动

(2) 表示封装在一起的元器件(见图 7.11)。

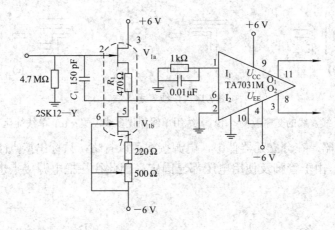

图 7.11　封装在一起的元器件

(3) 用虚线表示屏蔽(见图 7.12)。

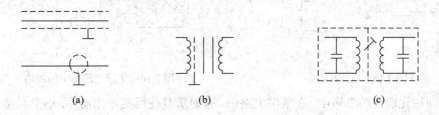

图 7.12　用虚线表示屏蔽

(a) 导线屏蔽；(b) 线圈屏蔽；(c) 部件屏蔽

(4) 其他作用。例如表示一个复杂电路被分隔为几个单元电路，印制电路板分板，常用点划线表示，也可用虚线，而且一般都需附加说明。

2. 电路图中的省略与简化

有些比较复杂的电路，如果将所有连线和接点都画出，则图形过于密集，线条多反而不易看清楚。因此，人们都乐于采取各种办法简化图形。很多省略已为大家公认，使画图、读图都很方便。

(1) 线的中断。在图中离得较远的两个元器件之间的连线，可以不画到最终去处，而用中断的办法表示，特别是成组连线，可大大简化图形，如图 7.13 所示。

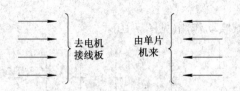

图 7.13　线的中断

(2) 用单线表示多线。成组的平行线可用单线表示，线的交汇处用一短斜线表示，如图 7.14 所示，并用数字标出代表的线数。

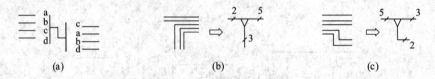

图 7.14　单线表示多线

(a) 单线表示 4 线，线的交序改变；(b) 多线用单线简化多线汇集；(c) 单线简化表示多线分叉

(3) 电源线省略。在分立元器件中，电源接线可以省略，只标出接点(如图 7.15 所示)。而在集成电路中，由于管脚及使用电压都已固定，因此往往把电源接点也省去(如图 7.16 所示)。

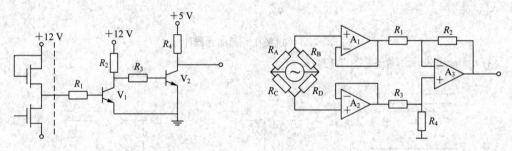

图 7.15　电源线省略　　　　　图 7.16　集成电路图中的省略

(4) 同种元器件图形简化。在数字电路中，有时重复使用某一元器件，而且功能也相同，可以采用如图 7.17 所表示的方法。图中从 R_1 到 R_{21} 共 21 支电阻，从阻值到它们在图中的几何位置都相同，可用如图所示的简化画法。

(5) 功能块简化。在复杂电路图特别是数字电路中，会遇到从电路形式到功能都相同的部分。可采用图 7.18 所示的方式简化，这种情况，应该是确认不会发生误解，必要时加附注。

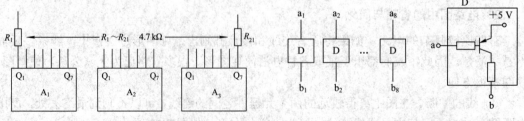

图 7.17　同种元器件省略　　　　　图 7.18　功能块省略画法

7.4.3 逻辑图

在数字电路中，我们用逻辑符号表示各种有逻辑功能的单元电路。在表达逻辑关系时，我们采用逻辑符号(不管内部电路)连接成逻辑图。

逻辑图有理论逻辑图(又叫纯逻辑图)和工程逻辑图(又名逻辑详图)之分。前者只考虑逻辑功能，不考虑具体器件和电平，用于教学等说明性领域；后者则涉及电路器件和电平，属于工程用图。

由于集成电路的飞速发展，特别是大规模集成电路的应用，绘制详细的电原理图，不仅非常繁琐，而且没有必要。逻辑图实际取代了数字电路中的原理图。通常，也将数字逻辑占主要部分的数字模拟混合电路称为逻辑图或电原理图。

1. 常用逻辑符号

表 7-2 列出了部分常见的逻辑符号，其中标准符号是国家标准，但其他符号不仅在大量译著中见到，很多人也习惯使用。

表 7-2   常用逻辑符号对照

在逻辑符号中必须注意在逻辑元件中符号"○"的作用。"○"加在输出端，表示"非"、"反相"的意思；而加在输入端，则表示该输入端信号的状态。具体地说，根据逻辑元件不同，在输入端加"○"表示低电平，或负脉冲。

2. 基本规则

(1) 符号统一。同一图中不能一种电路用两种符号表示，尽量采用国标符号，但大规模电路的管脚名称一般保留外文字母标法。

(2) 出入顺序。信号流向要从左向右，自下而上(同一般电原理图相同)，如有不符合本规定者，应以箭头表示。

(3) 连线成组排列。逻辑电路中很多连线的规律性很强，应将相同功能关联的线排在一组并且与其他线有适当距离，例如计算机电路中数据线、地址线等。

(4) 管脚标注。对中大规模集成电路来说，标出管脚名称同标出管脚标号同样重要。但有时为了图中不至太拥挤，可只标其一而用另图详细表示该芯片的管脚排列及功能。多只相同电路可只标其中一只。

3. 简化方法

电原理图中讲述的简化方法都适用于逻辑图。此外，由于逻辑图连线多而有规律，可采用一些特殊简化方法。

(1) 同组线只画首尾，中间省略。由于此种图专业性强，因此不会发生误解。

(2) 断线表示法。对规律性很强的连线，也可采用断线表示法，即在连线两端写上名称而中间线段省略。

(3) 多线变单线。对成组排的线，在电路两端画出多根连线而在中间则用一根线代替一组线。也可在表示一组线的单线上标出组内线数。

7.4.4 流程图

1. 流程图及其应用

流程图的全称是信息处理流程图，它用一组规定的图形符号表示信息的各个处理步骤，用一组流程线(一般简称"流线")把这些图形符号连接起来，表示各个步骤的执行次序。

流程图常用图形符号见表7-3。符号大小和比例无统一规定，根据内容多少确定，但图形形状是不允许随便变动的。图形符号内外都可根据需要标注文字符号。

表7-3 常用流程图符号

名 称	符 号	意 义	备 注
终端		表示出口点或入口点	
处理		表示各种处理功能	通用符号
判断		流程分支选择或表示开关	
准备		处理的准备	常用于判断
输入/输出		表示输入/输出功能，提供处理信息	常用处理取代
连接		连接记号	一般加字母符号

流程图主要用于计算机软件的设计，调试以及交流和维护，也可用于其他信息处理过程的说明和表达。

2. 流程图标注

(1) 符号中文字说明。符号名称标于左上角，符号说明标于右上角(见图 7.19)。文字说明符号均自上而下，从左到右。

(2) 连接符与标识。连接符用于复杂流程图的中断的衔接。如图 7.20 所示，在流线中断线上(箭头头部)画一个小圆圈并加上标识字符，而在另一行流线中断处(箭头尾部)画同样圆圈及相同标识字符，即表示相互衔接。

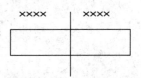

图 7.19　流程图标注

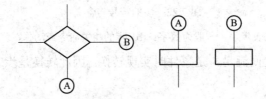

图 7.20　流线中断与衔接

(3) 流线分支。当一个图符需引出两个以上出口时，可直接引出多个流线，也可在一个流线上分支，每个分支标出相应条件。如图 7.21 所示。

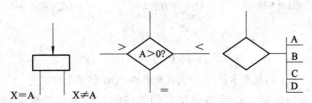

图 7.21　流线分支

7.4.5　功能表图

1. 功能表图简介

功能表图是电气图中的一个新的图种，主要用于全面描述一个电气控制系统的控制过程、作用和状态。

功能表图不同于电路图的是它主要描述原则和方法，不提供具体技术方法。与系统图(方框图)的区别是系统图主要表达系统的组成和结构，而功能表图则表述系统的工作过程。

功能表图采用图形符号和文字说明相结合的办法，主要是因为系统工作过程往往比较复杂，而且往往一个步骤中有多种选择，完全用文字表述难以完整准确，完全采用图形则需要规定大量图形符号，有些过程用图形很难描述清楚，而采用少量图形符号加文字说明方式，则可图文相辅相成，珠联璧合解决难题。功能表图有两方面的作用：

(1) 为系统的进一步设计提供框架和纲领。

(2) 技术交流和教学、培训。

2. 功能表图组成简介

功能表图的图形非常简练，仅有"步"、"转换"和"有向连线"三种。

(1) 步。将系统工作过程分解为若干清晰连续的阶段，每个阶段称为"步"。步的符号及含义见图 7.22。

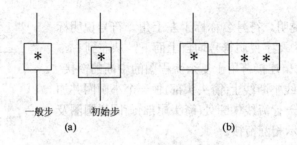

图 7.22 步的符号与含义

(a) 步的符号，*代表步序，一般为数字；(b) 步的相关命令或动作，**表示命令与动作

(2) 转换。步和步之间满足一定条件时实现转换。因此转换是步之间的分隔。转换及转换条件的表达见图 7.23。

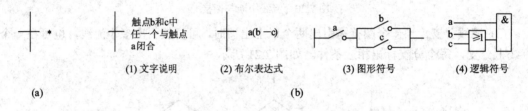

图 7.23 步的转换

(a) 转换基本符号，*为转换条件；(b) 转换条件说明

(3) 有向连线。步与转换、转换与符号之间的连线，表示步的进展路线。有向连线的表示见图 7.24。

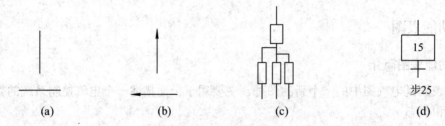

图 7.24 功能表图的有向连线

(a) 由上向下，由左向右，可不带箭头；(b) 其他方向须有箭头；

(c) 垂直与水平线交汇；(d) 步的中断由步 15 转到步 25

7.4.6 图形符号灵活运用

电子技术图是表达设计思想，指导生产实践的工具。方框图、功能图、电原理图、逻辑图等各有不同侧重和作用，实际应用中往往单用一种图不能表达完全，或用多种图也不能很好表达。而将几种图结合在一起灵活运用就能较完整表达设计思想。尤其学术交流、教学等说明性图中，往往是原理图中有实物，方框图中有元器件接线图等，图 7.25 和图 7.26 就是两个例子。

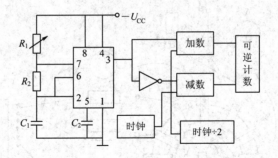

图 7.25　各种图灵活运用示例(一)

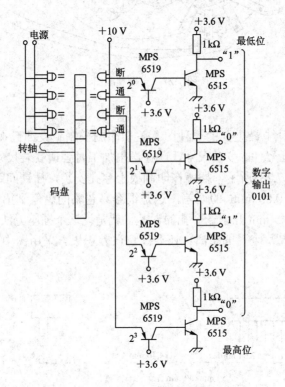

图 7.26　各种图灵活运用示例(二)

7.5　工艺图简介

工艺图大部分属于工程图的范畴，主要用于产品生产，是生产者进行具体加工、制作的依据，也是企业或技术成果拥有者的技术关键。

1．实物装配图

实物装配图是工艺图中最简单的图，它以实际元器件形状及其相对位置为基础画出产品装配关系。这种图一般只用于教学说明或为初学者入门制作说明。但与此同类性质的局部实物图则在产品装配中仍有使用，例如图 7.27 所示为某仪器上波段开关接线图，由于采用实物画法，装配时一目了然，不易出错。

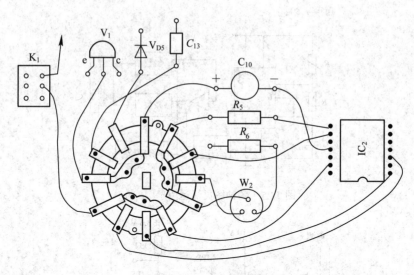

图 7.27　实物装配图

2．印制板图

这是电子工艺设计中最重要的一种图。关于印制板制版设计已在第 4 章详细讨论，需要强调的是，某些元器件的安装尺寸，应在送出加工时强调安装尺寸，必要时注明公差，类似机械图。例如图 7.28 所示，插座在印制板上穿孔安装，插针间距为 2.54 mm，设插孔在绘图时孔间距有 0.05 mm 的误差，这是很容易忽略的。但到第 50 个孔时，就会有 0.05 mm×49 mm＝2.45 mm 几乎一个孔的误差，就是说这个插座无法装到印制板上。因此在加工时，不仅要控制每个孔的距离，还要注意误差积累。采用图中的标注就可以避免上述漏洞。

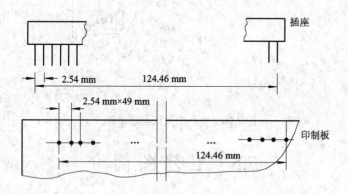

图 7.28　印制板上的尺寸标注

3．印制板装配图

印制板装配图是供焊接安装工人加工制作印制板的工艺图。这种图有两类，一类是将印制板上导线图形按版图画出，然后在安装位置加上元器件，如图 7.29 所示。绘制这种安装图时要注意：

（1）元器件可以用标准符号，也可以用实物示意图，也可混合使用。

(2) 有极性的元器件，如电解电容极性、晶体管极性一定要标记清楚。

(3) 同类元件可以直接标参数、型号，也可标代号，另附表列出代号内容。

(4) 特别需说明的工艺要求，例如焊点大小、焊料种类、焊后保护处理等要求应加以注明。

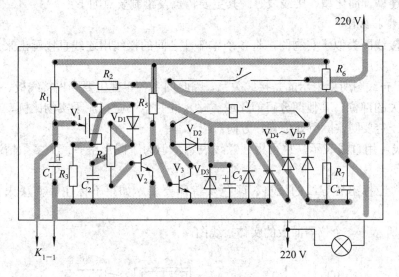

图 7.29 印制板装配图(一)

另一类印制板装配图不画出印制导线的图形，只是将元件作为正面，画出元器件外形及位置，指导装配焊接。如图 7.30 所示。这类电路图大多是以集成电路为主，电路元器件排列比较有规律，印制板上的安装孔也比较有规律，而且印制板上有丝印的元器件标记，对照安装图不会发生误解。

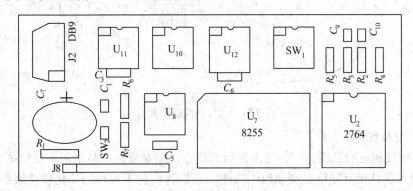

图 7.30 印制板装配图(二)

绘制这种安装图要注意以下几点：

(1) 元器件全部用实物表示，但不必画出细节，只绘制外形轮廓即可。

(2) 有极性或方向定位的元件要按实际排列时所处位置标出极性和安装位置，如图中 C_7、J2、J8 等。

(3) 集成电路要画出管脚顺序标志，且大小和实物成比例。

(4) 一般在每个元件上标出代号。

(5) 某些规律性较强的器件如数码管等，也可采用简化表示方法。

当采用计算机设计印制版图时，大多数情况下可同时获得印制板装配图。

4．布线图

布线图是用来表示各零部件相互连接情况的工艺接线图，是整机装配时的主要依据。常用的有直连型、简化型、接线表等。其主要特点及绘制要点如下：

1) 直连型接线图

直连型接线图类似于实物图，将各个零部件之间的接线用连线直接画出来，这对简单仪器既方便又实用。

(1) 由于布线图所要表示的是接线关系，因此图中各零件主要画出接线板、接线端子等同连接线有关的部位，其他部分可简化或省略。同时也不必拘泥于实物比例，但各零部件位置方向等一定要同实际所处位置、方向对应。

(2) 连线可用直线表示，也可用任意线表示，但为了图形整齐，大多数情况下都采用直线。

(3) 图中应标出各导线的规格、颜色及特殊要求。如果不标注那就意味着由制作者任选。

图 7.31 所示是一个仪器面板的实体接线图。

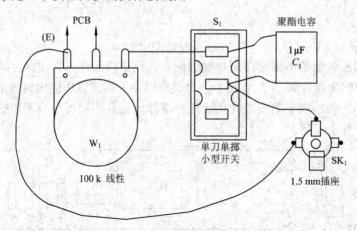

图 7.31　实体接线图举例

2) 简化型接线图

直连型接线图虽有读图方便，使用简明的优点，但对复杂产品来说不仅绘图非常费时，而且连接线太多且相互交错，阅图也不方便了。这种情况下可使用简化型接线图。这种图的主要特点是：

(1) 装接零部件以结构形式画出，即只画简单轮廓，不必画出实物。元器件可用符号表示，导线用单线表示。与接线无关的零部件无需画出。

(2) 导线汇集成束时可用单线表示，结合部位以圆弧 45° 角表示。表示线束的线可用粗线表示，其形状同实际线束形状相似。

(3) 每根导线两端应标明端子号码，如果采用接线表，还应该给每条线编号。简单图也可以直接在图中标出导线规格，颜色等要求。图 7.32 是一个控制实验装置的接线图。

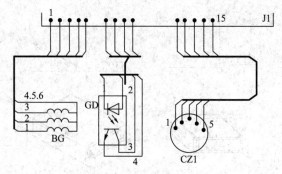

图 7.32　简化型接线图

3) 接线表

上述接线图也可用接线表来表示。如图 7.33 先将各零部件标以代号或序号，再编出各零部件接线端子的序号，采用表 7-4 所示表格，将编好号码的线依次填入。这种方法在较大批量生产中使用较多。

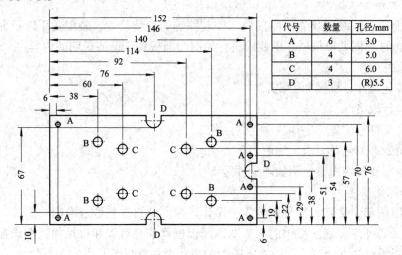

代号	数量	孔径/mm
A	6	3.0
B	4	5.0
C	4	6.0
D	3	(R)5.5

图 7.33　机壳机械加工图例

表 7-4　接线表示例

线号	连接点		线长/mm	规格	颜色	线端修剥长度/mm	
	A	B				A	B
1-1	X1-1	MS-4	336	AVR1×0.28	RD	5	5

5. 机壳底板图

机壳底板图是表达机壳、底板安装位置的，应按机械制图标准绘制。图 7.33 是某底板加工图。机壳、面板的尺寸，应该尽可能采用"电子设备主要结构尺寸"(SJ147-77)中的标准。在电子仪器外壳图的表达中，常常采用一种等轴图(见图 7.34)，这种图可以使我们对整个机壳外形一目了然，其特点是：

(1) 实物的平行线条在等轴图上也是平行的，这同摄影图不一样。

(2) 等轴图 X、Y、Z(长、宽、高)三个方向的线长都等于实物长度。

(3) 实物的 Z 方向(垂直)与等轴图相同，而 X、Y 方向则变成同水平线方向成 30° 角的线。

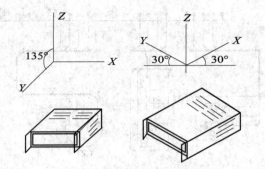

图 7.34　机壳等轴图表示法

6. 面板图

面板图是工艺图中要求较高，难度较大的图。既要实现操作要求，又要讲究美观悦目。这里讨论的是如何绘制出合乎加工要求的面板图。面板图由两部分组成：

1) 面板机械加工图

它表达面板上安装的仪表、零部件、控制件等的安装尺寸、装配关系以及面板同机壳的连接关系。这种图要以机械制图要求进行绘图。面板加工图应说明的内容：

(1) 面板外形尺寸。

(2) 安装孔尺寸，机械加工要求。

(3) 材料、规格。

(4) 文字及符号位置、字体、字高、涂色。

(5) 表面处理工艺及要求、颜色。

(6) 其他需要说明内容，例如附配件等。

2) 面板操作信息

面板上用图形、文字、符号表达各种操作、控制信息。它要求准确、简练，既要符合操作习惯，又要外形美观。简单的面板图，面板操作信息可以和机械加工图画在一起，较复杂的面板图需要分别绘制。面板文字图形的表达要注意以下几点：

(1) 文字符号(汉字、拼音、数字等)的大小应根据面板大小及字数多少来确定。同一面板上同类文字大小应当一致，文字规格不宜过多，字高应符合标准。

(2) 非出口仪器面板上文字表达应符合国家标准要求并考虑国内用户习惯，说明文字应尽量简单明确。

(3) 控制操作件的说明文字位置要符合操作习惯。例如一个竖直工作的面板上，如果一操作钮名称在下面或右面，在操作时很容易被遮住。见图 7.35。如果文字说明放在操作钮上面则较为合理，如图 7.36 所示。

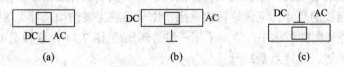

图 7.35　面板图文字标注
(a) 不佳；(b) 尚可；(c) 推荐

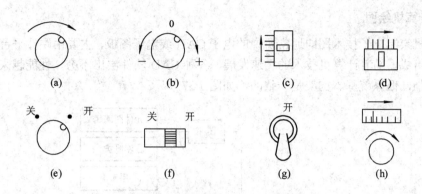

图 7.36　面板控制操作件设计示意图

(a) 顺时针增加；(b) 正负、顺时针为正；(c) 向上为增加；

(d) 向右为增加；(e) 旋转开关，顺时针为开；(f) 水平放置开关，向右为开；

(g) 竖直放置开关，向上为开；(h) 带指示旋钮，顺时针指针向右

7. 元器件明细表及整件汇总表

对非生产图纸，我们可将元器件型号、规格等标在电原理图中并加适当说明即可。而对生产图纸来说，就需要另附供采购及计划人员用的元器件明细表。必须注意的是因为使用这个表的人对设计者思路并不了解，他们只是照单采购，所以明细表应尽量详细。详细的明细表应包括：元件名称及型号；规格、档次；数量；有无代用型号、规格；备注：例如是否指定生产厂家，是否有样品等，表 7-5 是一个例子。

表 7-5　元器件明细表 (示例)

序号	名　称	型号规格	位　号	数量	备　注
1	电阻	RJ1-0.25-5k6±5%	R_1, R_5, R_9	3	
2	电容	CL21-160V-47n	C_5, C_6	2	
3	三极管	3DG12B	V_3, V_4, V_5	3	可用 9013 代替
4	集成电路	MAX4012	A_1	1	MAXIM 公司

一般来说，元器件明细表还不能包括整个仪器的全部材料，除明细表外还应给出整机汇总表。它包括：机壳、底板、面板；机械加工件、外购部件；标准件；导线、绝缘材料等；备件及工具等；技术文件；包装材料，包括内外包装、填料等。

7.6　电子技术文件计算机处理系统简介

电子技术文件计算机处理主要有以下两方面的内容：计算机绘图和工程图设计、处理与管理系统。前者适用于各种需要电子技术图的应用，包括教学、培训及电子科技活动，而后者主要用于大中型企业对工程图纸、文字、图表资料进行综合处理。

1．计算机绘图

计算机绘制电子技术图即通常所说的电子 CAD 或电子图板，主要由硬件平台和相应软件两部分组成。随着计算机技术的飞速发展，各种 CAD 软件层出不穷，性能越来越高，功能越来越强，但系统基本构架是一致的，如图 7.37 所示。

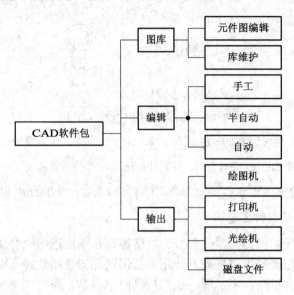

图 7.37 计算机绘图系统示意图

在绘图软件中核心部分是图形编辑模块。软件功能越强，其自动化、智能化程度就越高，绘图效率也越高。这里所说的自动化、智能化主要指的是由电原理图到印制版图时自动布局与布线。目前应用较普遍的软件在布局时一般手工干预还是免不了的，而布线的自动化已日趋完善。

单纯用计算机取代图板只是应用的初级阶段，不仅专用软件，现在有些通用软件如 Word 中即具有绘制流程图的功能。进一步的应用是将绘图和设计试验结合起来，现在已有多种用于电路试验的软件，输入原理图后不用实际搭电路，即可进行性能、功能试验，使产品开发速度大大加快。

未来发展趋势是人们仅仅输入设计思想和必要的规则，其他工作都由计算机去完成。在到达这个目标之前，充分利用计算机资源，提高电子技术工作效率和质量，仍然是目前工程技术人员的努力方向。

2．工程图处理与管理系统

工程图纸处理与管理系统也称无纸技术档案库。实际它包含的内容不是一个简单的档案库，而是一个集图纸录入、净化、修改、输出、矢量化等图形处理，设计与管理为一体的综合系统，其结构如图 7.38 所示。在这个系统中，单纯的绘图只是作为系统中一个图形单元。用任何软件绘制的任何一种电子技术图都可以作为一个文件归入系统，不仅如此，手工绘制的图纸或旧的工程图亦可通过扫描方式输入，通过图纸净化、交互分层、矢量化处理及光栅、矢量交互设计、修改、统一为系统档案。

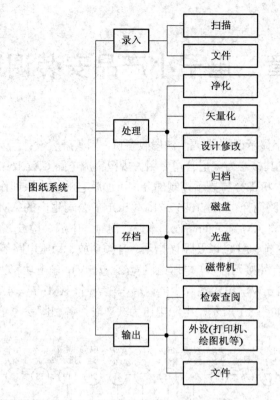

图 7.38 工程图自动综合管理系统示意图

现代高容量硬盘及光盘存储使系统容量几乎无限，数据库及网络技术使各种图纸的检索和查阅十分便利；技术文件的分类及查阅者的权限设置以及修改、备份等对计算机更是轻而易举。可以预见这种图纸处理和管理系统不仅成为大中型企业科学管理的基础，也将有更多微型系统进入小型企业或教学、科研部门，甚至电子技术人员的工作室。

第8章　电子小产品安装调试案例

202 收音机是数字显示调频/调幅两波段收音机，因其外观设计新颖、性价比高，而受到大家的欢迎。202 收音机其核心为索尼公司专用大规模集成电路 CXA1691，整个接收机从结构上可分为两大部分：接收机部分与显示控制部分，下面就它的工作原理作详细的分析。

CXA1691 集成电路简介：CXA1691 是日本 SONY 公司生产的 AM/FM 收音机专用大规模集成电路。CXA1691 将 AM 部分的高放、本振、混频、中放、检波、AGC，FM 部分的高放、本振、混频、中放、鉴频、AFC 以及调谐指示、音频功放、稳压电路等全部集成在一片 IC 中，用它组装的收音机具有外接元件少，电压范围宽($2 \sim 7.5$ V)，输出功率大($U_{CC} = 6$ V，负载为 8Ω 时，输出功率可达 500 mW)，电流消耗少(当 $U_{CC} = 3$ V 时，AM：$I_D = 4.7$ mA；FM：$I_D = 5.8$ mA)等优点。其内部框图如图 8.1 所示。电源电压为 3 V 时，各引脚参考电压如图 8.2 所示。

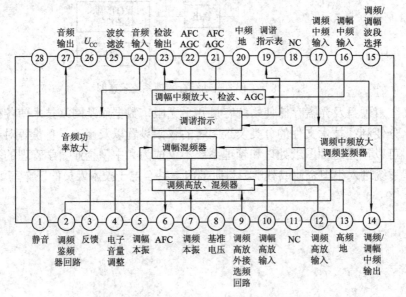

图 8.1　CXA1691 集成电路引脚及内部框图

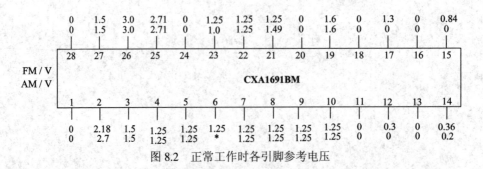

图 8.2　正常工作时各引脚参考电压

8.1 202 收音机安装调试实例

8.1.1 工作原理

接收机原理电路如图 8.3 所示，按照其工作过程可分为 AM 接收和 FM 接收。对于各种调制方式，其超外差接收机组成结构如图 8.4 所示。

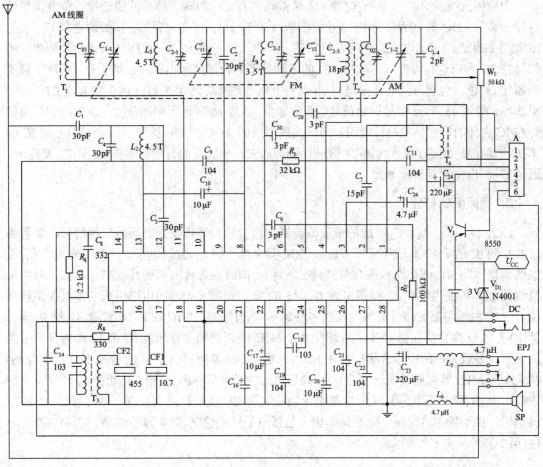

图 8.3 接收机原理电路图

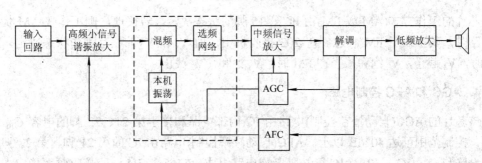

图 8.4 超外差接收机原理框图

天线接收到的射频(RF)信号经过输入回路的选择，得到所需电台的信号，再经过对该微弱射频信号进行选择放大(一般情况下，中波调幅接收机略去此放大环节)，经混频(变频)电路实现任意载频的射频信号后得到固定中频(IF)信号(图中虚线框为其组成)，然后经中频放大(高增益)，再进行解调和低放，最后通过扬声器输出。为了保证接收机具有良好的接收性能，一般还要引入 AGC(自动增益控制)和 AFC(自动频率控制)电路。下面分析这两部分的工作流程。

1. 调幅(AM)部分

由磁棒天线线圈(T_1)、可变电容 C_{01} 和微调电容 C_{1-1} 组成的调谐回路选择，中波调幅信号经抽头送入 IC 第 10 脚。本振信号由振荡线圈 T_2(红)、可变电容 C_{02} 和微调电容 C_{1-2} 及与 IC 第 5 脚相连的内部电路组成的本机振荡器产生，并与由 IC 第 10 脚送入的中波调幅广播信号在 IC 内部进行混频，混频后产生的多种频率的合成信号由第 14 脚输出，经过中频变压器 T_3(黄色，包含内部的谐振电容)组成的中频选频网络及 455 kHz 陶瓷滤波器 CF2 的双重选频，得到 455 kHz 中频调幅信号，而后加到 IC 第 16 脚进行中频放大，放大后的中频信号在 IC 内部的检波器中进行解调，同时完成中放的 AGC 控制，检波后的音频信号由 IC 的第 23 脚输出，经 C_{18} 耦合到第 24 脚进行音频放大，放大后的音频信号由 IC 第 27 脚输出，通过 C_{23}，L_5 加至扬声器输出。

2. 调频(FM)部分

经由 C_1、C_4、L_2、C_3 组成的带通滤波器，由拉杆天线接收到的调频广播信号，顺利通过并加到 IC 的第 12 脚进行高频谐振放大(IC 第 9 脚外接 L_3、微调电容 C_{2-1} 和可变电容 C'_{11} 组成的调谐回路与内部电路构成共基调谐放大器)，同时在芯片内部进行混频。本振信号由振荡线圈 L_4、可变电容 C'_{12}、微调电容 C_{2-2} 与 IC 第 7 脚内部相连的电路组成的本机振荡器产生，在 IC 内部与高频信号混频后得到多种频率的合成信号由 IC 的第 14 脚输出，经 R_8 耦合至 10.7 MHz 陶瓷滤波器 CF1，得到的 10.7 MHz 中频调频信号加至 IC 第 17 脚内部的中频放大器，经放大后的中频调频信号在 IC 内部进入 FM 鉴频器(IC 的第 2 脚外接 C_7 和 T_4(粉)构成 10.7 MHz 鉴频曲线调谐回路)。鉴频后得到的音频信号由 IC 第 23 脚输出，经 C_{19} 去加重后，由 C_{18} 耦合至 IC 第 24 脚内部的音频功率放大模块进行放大处理，最后通过 IC 第 27脚输出，推动扬声器发声。同时该模块还包括电子音量控制(第 4 脚外接 W_1 实现)、静音电路(第 1 脚外接电平控制)等。

3. AM/FM 波段转换电路

芯片的工作方式(AM 或 FM)由 IC 第 15 脚的状态决定。若接地，则工作在 AM 状态。当开路时，其工作于 FM 状态。在 202 接收机中，由 V_1 和 V_2 的相互工作状态决定，当在 AM 时，V_1 截止，V_2 饱和；当在 FM 时，V_1 饱和，V_2 截止。

4. AGC 和 AFC 控制电路

该芯片的 AGC(自动增益控制)电路由 IC 内部电路和接于第 21、22 脚的电容 C_{16}、C_{17} 组成，控制范围可达 40 dB 以上。AFC(自动频率控制)电路由 IC 的第 21 脚、第 22 脚所连内部电路和 C_{16}、C_{17}、R_7 及 IC 第 6 脚所连电路组成，它能使 FM 波段接收频率稳定。

5. 开关机控制电路

本接收机的供电由 V_1 控制；若基极为高电平，管子截止，CXA1691 停止供电，接收板不工作，此时为关机状态；若基极为低电平，管子饱和，直流电压(电池或外加直流电源通过二极管 V_{D1})加至芯片，此时为开机状态。

8.1.2 202 收音机显示及控制电路

该部分由三个模块组成：液晶显示板模块、系统控制及液晶驱动模块、键盘电路。组成框图及实际电路分别如图 8.5、图 8.6、图 8.7 所示，开关机信号(K_7、K_6)和时间设置信号(K_5、K_4、K_3、K_2、K_1)通过按键和相应的外围电路加至控制与显示模块或接收板，各模块的工作流程如下：

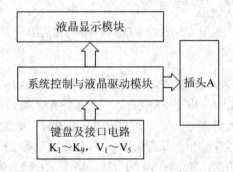

图 8.5　显示控制系统整体框图

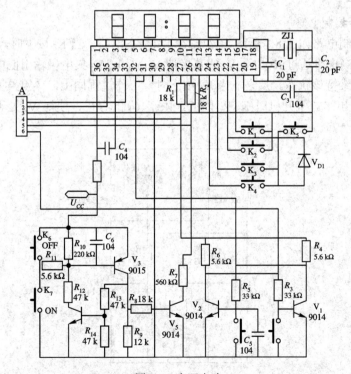

图 8.6　实际电路

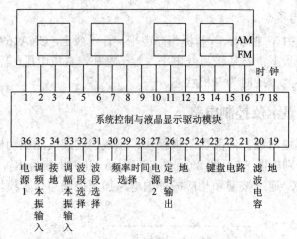

图 8.7 控制与显示部分的电路连接

1. 系统控制与显示

第 33、35 脚通过插头 A、C_{28}(3 pF)、C_{30}(3 pF)连接到 CXA1691 的调幅本振和调频本振端,在第 32、33 脚的控制下(高电平 FM 模式、低电平 AM 模式),经模块内部处理后作调谐频率显示。第 17、18 脚及外接 C_1、C_2、ZJ1 构成基准时钟,第 21、22、23、24 脚构成时间设置键盘,第 26 脚为定时控制输出,其直接加至 V_1 的基极,第 20 脚外接滤波电容,第 36 脚接主电源,第 27 脚为工作电源,第 34、19 脚为地,第 1~16 脚为液晶板显示驱动输出。

2. 控制电路

1) 波段选择控制电路

波段选择控制电路如图 8.8 所示,该电路为双稳态电路。当 K_8 按下时,V_2 截止,集电极输出高电平。高电平通过 R_3 加至 V_1 的基极使 V_1 饱和,V_1 集电极输出低电平,同时通过 R_3、R_5 交叉耦合维持该状态。反之,当 K_9 按下时,工作过程同上,V_1 集电极输出高电平,V_2 集电极输出低电平。刚开机时(K_8 按下时),由于 C_5 的存在,使得 V_2 处于截止状态,故为 FM 工作模式。

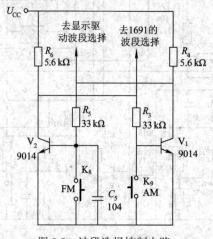

图 8.8 波段选择控制电路

2) 开、关机电路

开、关机电路如图 8.9 所示，当 K₇(ON)按下时，V₃ 瞬时导通发射极输出高电平，使得
V₄、V₅ 饱和导通，V₅ 集电极输出低电平，该电压又加至 V₁ 的基极，使该管饱和导通执行
开机动作，V₄ 的饱和使 V₃ 的饱和状态得以维持。关机过程分析同上，各管均为截止工作
状态。

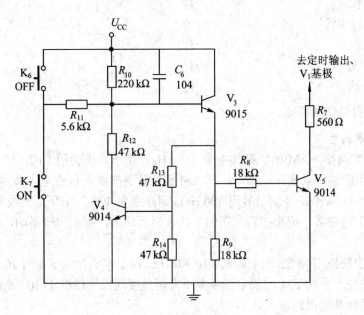

图 8.9 开、关机控制电路

8.1.3 202 收音机整机装配

1. 元器件检验

为了提高整机产品的质量和可靠性，在整机装配前，所有的元器件都必须经过检验。
检验的内容包括静态检验和动态检验两项。

(1) 静态检验。静态检验就是外观检验，检验元器件表面有无损伤、变形，几何尺寸是
否符合要求，型号规格是否与工艺文件要求相符。

(2) 动态检验。通过测量仪器仪表检查元器件本身电气性能是否符合规定的技术条件，
有无次、残废品混入，对有特殊要求的元器件还要进行老化筛选。

元器件和印制电路板的可焊性是电子产品装配中的关键问题，可对元器件引线进行搪
锡处理，印制电路板用液态助焊剂涂刷 1～2 次，待干燥后方可使用。

2. 执行工艺文件，完成整机装配

本实例编制的装配工艺文件应包括：元器件预加工、导线加工、组件加工、印制电路
板装插焊接工艺、印制电路板装配工艺、外壳加工、整机装配等电子产品装配的全过程，
并提出明确的工艺要求。

8.1.4 202 收音机调试工艺

1. 调试用设备与工具

(1) AM/FM 高频信号发生器　　　一台
(2) 电子毫伏表　　　　　　　　　一台
(3) 直流稳压电源　　　　　　　　一台
(4) 万用电表　　　　　　　　　　一台
(5) 环形天线　　　　　　　　　　一只
(6) 无感起子　　　　　　　　　　一把

2. 调试项目及调试原理

1) 中频频率调整

(1) AM 中频调整。AM 的中频频率为 455 kHz。由于本机使用 CF2 455 kHz 陶瓷滤波器，因此只需调整 T_3 中频变压器即可。将 AM 振荡桥连短路，可变电容调到最低端，高频信号发生器调至 455 kHz，调制信号用 400 Hz，调制度为 30%。由环形天线发射射频信号，用无感起子微调 T_3 磁帽，使接在输出端的毫伏表指示最大，喇叭声音最响，这时 AM 中频频率即为调好。

(2) FM 中频调整。FM 的中频频率为 10.7 MHz。由于本机使用了 CF1 10.7 MHz 陶瓷滤波器在 FM 中放中，因此 FM 波段中频频率不需调整便能准确校准于 10.7 MHz，并使 FM 的通频带和选择性都能得到保证。

2) 频率覆盖调整

频率覆盖调整也称刻度校正。中波的频率范围应为 526.5～1606.5 kHz，FM 广播的频率范围为 88～108 MHz，在生产中为了满足规定的频率覆盖范围，在设计和调试时，比规定的要求都应略有余量。

(1) AM 频率覆盖调整。将高频信号发生器调至 525 kHz，收音机波段置于 AM 位置，可变电容旋至容量最大位置(刻度最低端)，用无感起子调整振荡线圈 T_2 磁帽，使收音机输出最大。再将高频信号发生器调至 1610 kHz，可变电容调至容量最小位置(刻度最高端)，调整与 AM 振荡连 $C_{1\text{-}2}$ 并连的微调电容，使收音机输出最大。这样反复进行两次，AM 频率覆盖即为调整好。

(2) FM 频率覆盖调整。将高频信号发生器调至 86.5 MHz，收音机波段置于 FM 位置。可变电容旋至容量最大位置(刻度最低端)，用无感起子拨动 FM 振荡线圈 L_4 的疏密，使收音机输出最大。再将高频信号发生器调至 108.5 MHz 位置，可变电容调至容量最小处(刻度最高端)，调整与 FM 振荡连 $C_{2\text{-}2}$ 并连的微调电容，使收音机输出最大。反复进行两次。

3) 统调

统调也称调灵敏度、调外差跟踪、调补偿。目的是使接收灵敏度、整机灵敏度的均匀性以及选择性达到最好的程度。在中波段，通常取 600 kHz、1000 kHz、1500 kHz 三个统调点，所以有时也称三点统调。调整时，改变调谐回路电感来达到低频端的跟踪，改变调谐回路的微调电容来达到高频端的跟踪，那么中间频率的跟踪基本上也就达到了。由于我国中波段电台分布的实际情况，现在不少生产收音机的企业将统调点选择在 600 kHz

与 1000 kHz，以达到更符合实际的较好统调效果。

(1) AM 统调。将高频信号发生器调到 600 kHz，指针调到 600 kHz 位置，移动中波天线线圈在磁棒上的位置，使输出最大。再将高频信号发生器调到 1000 kHz，指针调到 1000 kHz 位置，用无感起子调整与 C_{1-1} 并连的微调电容容量，使输出最大。反复两次即可调整好。

(2) FM 统调。将高频信号发生器调到 88 MHz，指针调到 88 MHz 位置，用无感起子轻轻拨动 L_3 的圈距，使输出最大。再将高频信号发生器调到 108 MHz，指针调到 108 MHz 位置，用无感起子调整与 C_{2-1} 并连的微调电容的容量，使输出最大。反复两次即可调好。

整机调试结束后，应用高频蜡将天线线圈及 L_4、L_3 封固，以保持调试后的良好状态。

8.1.5　202 收音机装配流程

1．收音板焊接

收音机焊接装配流程如下：

检查电路板→焊接芯片 IC→短接线(3)→卧式电阻(4)→卧式电感(2)、二极管→电位器→瓷片电容(18)→高频线圈(3)→三极管(尽量焊低)→卧式电解(7)→滤波器(卧式安装)→中周、耳机插座、电源插座、四联(焊正)→连接 AA 飞线→AM 线圈→连接导线(6)→焊接排线→检查电路→通电检查。

2．屏显板焊接

屏显板焊接流程如下：

检查电路板→焊接芯片 IC→贴片电阻(15)→贴片电容(6)→贴片三极管(5)→贴片二极管→晶振→焊接显屏→贴轻触片(9)→通电检查。

3．整机安装

整机安装流程如下：

装两按钮、三按钮、四按钮(需固定)→贴喇叭防尘网、防尘网→镜面→粘面罩(用 101)→喇叭→装电池正负极(镀锡)→收音板屏显板导线连接→整机调试(看第四项)→固定屏显板、固定收音板→连接天线→通电检查→手挽带→装后壳。

4．202 收音机调试方法

1) FM 调试

(1) 通道调试。旋动调谐轮，当收音机能收到两个或两个以上电台时，调出一个声音大的台，调粉色中周使声音和电台频率一致，声音最大、音质最佳。

(2) 调整频率范围。调谐轮逆时针拨到底，调整 L_4 线圈的间距，使低端频显为 87.0 MHz(如需收学校英语台可将低端调至 85.0 MHz，高端将达不到 108.0 MHz)。将调谐轮拨至 98.8 MHz(陕西音乐广播)，再将调谐轮拨至高端，收听 106.6 MHz(陕西新闻综合广播)。若发现有啸叫声现象，将 L_4 用胶固定。

2) AM 调试

(1) 通道调试。旋动调谐轮，当收音机能收到两个或两个以上电台时，调出一个声音大的台，调黄色中周使声音和电台频率一致，声音最大、音质最佳。

(2) 调整频率范围。调谐轮逆时针拨到底，调红色中周使频显为 525 kHz，将调谐轮顺时针拨到底，调整四联 C_{1-1} 使频显为 1610 kHz，重复此过程两至三次使频带宽满足 525~1610 kHz。调谐轮拨至 540 kHz(中央人民广播电台)调整 AM 线圈的位置，直到声音最大、音质最好，然后固定。若发现有啸叫声现象，调整四联 C_{1-2} 使啸叫声减弱。

8.2 HX108-2 AM 收音机安装调试实例

8.2.1 工作原理

HX108-2 AM 收音机为七管中波调幅袖珍式半导体收音机，采用全硅管标准二级中放电路，用两只二极管正向压降稳压电路，稳定从变频、中频到低放的工作电压，避免了因为电池电压降低而影响接收灵敏度。图 8.10 为 HX108-2 AM 收音机的工作方框图。

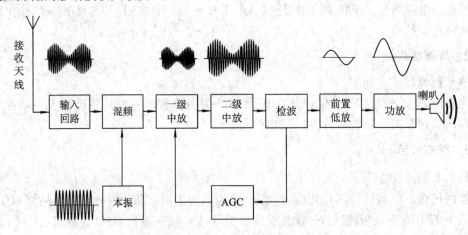

图 8.10 调幅收音机工作方框图

HX108-2 AM 调幅式收音机原理图如图 8.11 所示，该电路由输入回路、变频级、中放级、检波级、前置低频放大级和功率放大级组成。图中，V_8、V_9(IN4148)组成 1.3 V±0.1 V 稳压电路，提供变频级、一中放级、二中放级、低放级的基极偏置电压，稳定各级工作电流。V_4 三极管的发射结实现包络检波。R_1、R_4、R_6、R_{10} 分别为 V_1、V_2、V_3、V_5 的工作点调整电阻；R_{11} 为 V_6、V_7 功放级的工作点调整电阻；R_8 为中放的 AGC 电阻。B_3、B_4、B_5 为中周(内置谐振电容)，既是放大器的交流负载又是中频选频器，整机的灵敏度、选择性等指标靠中频放大器保证；B_6、B_7 为音频变压器，起交流负载及阻抗匹配的作用。

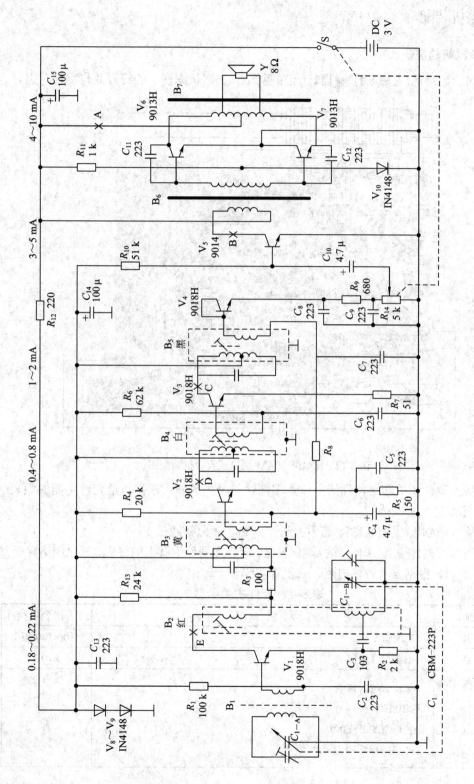

图8.11 HX108-2 AM收音机原理图

8.2.2 整机装配

1. 装配前的准备

(1) 对照原理图(见图 8.11)看懂装配图(见图 8.12)，认识图上的符号并与实物对照。

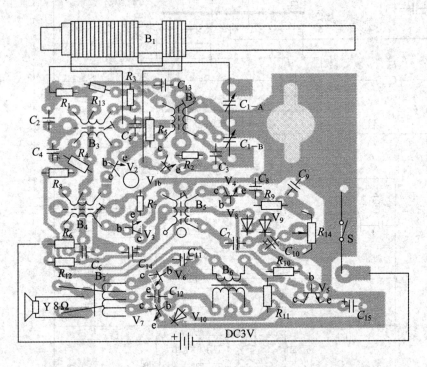

图 8.12　HX108-2 AM 调幅式收音机装配图

(2) 按元器件清单和结构件清单清点零部件，分类放好；根据所给元件主要参数表(见表 8-1)对元件进行测试。

(3) 检查印制板(见图 8.13)，查看是否有开路、短路等隐患。

(4) 清理元器件引脚。如元件引脚有氧化，应将元器件引脚上的漆膜、氧化膜清除干净，然后进行上锡。根据要求，将电阻、二极管弯脚。

表 8-1　元件主要参数

类别	测　量　内　容	万用表量程
电阻	电阻值	×10/×100/×1 k
电容	电容绝缘电阻	×10 k
三极管	晶体管放大倍数 9018H(97～146) 9014C(200～600) 9013H(144～202)	h_{EF}

类别	测 量 内 容	万用表量程
二极管	正/反方向电阻	×1 k
中周	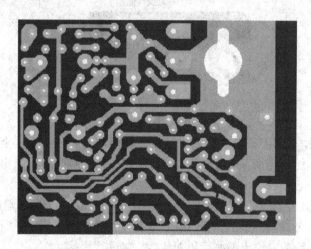	×1
输入变压器 (蓝)	90 Ω　90 Ω　220 Ω	×1
输出变压器 (红)	0.9 Ω　0.9 Ω　0.4 Ω　1 Ω　0.4 Ω	×1
喇叭	电阻值 8 Ω	×1

图 8.13　HX108-2 AM 调幅式收音机印制板图

2. 元器件插装

在对元器件进行插装焊接时，要求注意以下几点：

(1) 按照装配图正确插入元件，其高低、极性应符合图纸规定。

(2) 焊点要光滑，大小最好不要超出焊盘，不能有虚焊、搭焊、漏焊。

(3) 注意二极管、三极管的极性。

(4) 输入(蓝色)变压器 B_6 和输出(红色)变压器 B_7 位置不能调换。

(5) 红中周 B_2 插件外壳应弯脚焊牢，否则会造成卡调谐盘。

(6) 中周外壳均应用锡焊牢固，特别是中周(黄色)B_3 外壳一定要焊牢固。

3. 元器件焊接

焊接元器件时，按以下焊接步骤进行：

(1) 电阻、二极管。

(2) 圆片电容(注：先装焊 C_3 圆片电容，此电容装焊出错本振可能不起振)。

(3) 晶体三极管(注：先装焊 V_6、V_7 低频功率管 9013H，再装焊 V_5 低频管 9014，最后装焊 V_1、V_2、V_3、V_4 高频管 9018H)。

(4) 混频线圈、中周、输入/输出变压器(注：混频线圈 B_2 和中周 B_3、B_4、B_5 对应调感磁帽的颜色为红、黄、白、黑，输入、输出变压器的颜色为蓝色、红色)。

(5) 电位器、电解电容(注：电解电容极性插装反会引起短路)。

(6) 双联、天线线圈。

(7) 电池夹引线、喇叭引线。

在焊接过程中，每次焊接完一部分元件，均应检查一遍焊接质量及是否有错焊、漏焊等问题，以便及时发现问题并纠正。这样可保证焊接一次成功而进入下一道工序。

4. 组合件准备

(1) 将电位器拨盘装在 R_{14} 电位器上，用 M1.7 × 4 螺钉固定。

(2) 将磁棒套入天线线圈及磁棒支架，如图 8.14 所示。

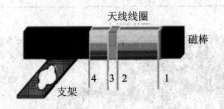

图 8.14　组合件结构

(3) 将双联 CBM-223P 插装在印制电路板元件面，将天线组合件上的支架放在印制电路焊接面的双联上，然后用两只 M2.5 × 5 螺钉固定，并将双联引脚超出电路板部分弯脚后焊牢。

(4) 将天线线圈 1 端焊接于双联 C_{1-A} 端；2 端焊接于双联中点地；3 端焊接于 V_1 基极(b)；4 端焊接于 R_1 与 C_2 公共点(见装配图 8.12)。为了避免静态工作点调试时引入接收信号，1、2 端可暂时不焊，待静态工作点调好后再对 1、2 端进行焊接。

(5) 将电位器组合件焊接在电路板指定位置。

5. 收音机前框准备

(1) 将电源负极弹簧、正极片安装在塑壳上。焊好连接点及黑色、红色引线。

(2) 将周率板反面双面胶保护纸去掉，然后贴于前框，注意要贴装到位，并撕去周率板正面保护膜。

(3) 将喇叭安装于前框中，借助一字形小螺丝刀，先将喇叭圆弧一侧放入带钩中，再利用突出的喇叭定位圆弧内侧为支点，将其导入带钩，压脚固定，再用烙铁热铆三只固定脚。

(4) 将拎带套在前框内。

(5) 将调谐盘安装在双联轴上，用 M2.5 × 5 螺钉固定，注意调谐盘指示方向。

(6) 按图纸要求分别将两根白色或黄色导线焊接在喇叭与线路板上。

(7) 按图纸要求将正极(红)负极(黑)电源线分别焊在线路板的指定位置。

(8) 将组装完毕的机芯板装入前框，一定要到位，如图 8.15 所示。

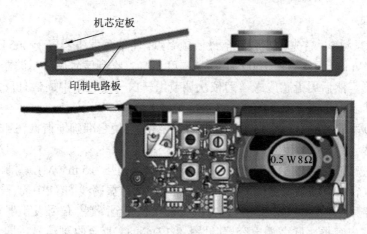

图 8.15　机芯安装图

8.2.3　整机调试

收音机调试时，所要用到的仪器仪表主要有：万用表、直流稳压电源或两节五号电池、高频信号发生器、示波器、低频毫伏表、圆环天线、无感应螺丝刀。参照图 8.16 进行仪器连接，调试方法如下：

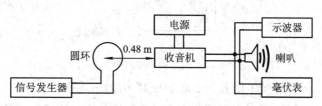

图 8.16　测试连接示意图

1. 静态工作点的测试

(1) 参考原理图(见图 8.11)，接通 3 V 直流电压源，合上收音机开关 S 后，用万用表直流电压挡测电源电压，3 V 左右为正常；V_1、V_2 上高频部分集电极电源电压应在 1.35 V 左右。

(2) 测各级静态工作点电流。参考原理图从功放级开始按照 A、B、C、D、E 的顺序分别用万用表测量各级静态工作点的开口电流。其值范围见电路原理图。在测量好各级静态工作点的开口电流后，将该级集电极开口断点用导线或焊锡连通，再进入下一级静态工作点的测试。

注意：在测量三极管 V_1 集电极(E 断点)电流时，应将磁棒线圈 B_1 的次级接到电路中，保证 V_1 的基极有直流偏置。

静态工作点调试好后，整机电流应小于 25 mA。

(3) 作为训练，学生可以测静态工作点电压，各级静态工作点电压参考值如下：

U_{C1}、U_{C2}、U_{C3} = 1.35 V 略低，U_{V4} = 0.7 V 左右，U_{C5} = 2 V 左右，U_{C6}、U_{C7} = 2.4 V 左右。

如检测满足以上要求，将 B_1 初级线圈接入电路后即可收台试听。

2. 动态调试

(1) 调整中频频率。首先将双联旋至最低频率点，将信号发生器置于 465 kHz 频率处(输出场强为 10 mV/m)，调制频率 1000 Hz，调幅度 30%。收到信号后，示波器上有 1000 Hz 的调制信号波形。然后用无感应螺丝刀依次调节黑→白→黄三个中周，且反复调节，使其输出最大，毫伏表指示值最大，此时 465 kHz 中频即调好。

调整中频频率的目的是调整中频变压器的谐振频率，使它准确地谐振在 465 kHz 频率点上，使收音机达到最高灵敏度并有最好的选择性。

(2) 频率覆盖。将信号发生器置于 520 kHz 频率(输出场强为 5 mV/M)，调制频率 1000 Hz，调幅度 30%，收音机双联旋至低端，用无感应螺丝刀调节振荡线圈(红中周)磁芯，直至收到信号，即示波器上出现 1000 Hz 波形；再将收音机双联旋至高端，信号发生器置于 1620 kHz 频率，调节双联电容振荡联微调电容器(见图 8.17)C_{1-A}，直至收到信号，即示波器上出现 1000 Hz 波形；重复低端、高端调节，直到低端频率 520 kHz 和高端频率 1620 kHz 均收到信号为止。

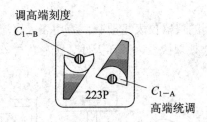

图 8.17　双联微调电容外形图

(3) 频率跟踪。将信号发生器置于 600 kHz 频率(输出场强为 5 mV/m 左右)，拨动收音机调谐旋钮，收到 600 kHz 信号后，调节中波磁棒线圈位置，使输出信号最大；然后将信号发生器置于 1500 kHz 频率，拨动收音机调谐旋钮，收到 1500 kHz 信号后，调节双联电容调谐联微调电容器(见图 8.17)C_{1-B}，使输出信号最大；重复调节 600 kHz、1500 kHz 频率点，直至两点测试到的波形幅值最大为止(用毫伏表测试时指示值最大)。

(4) 中频、频率覆盖、频率跟踪完成后，收音机可接收到高、中、低端频率电台，且频率与刻度基本相符。

(5) 安装、调试完毕。

8.3　收音机常见故障检修

收音机产生故障的原因很多，情况也错综复杂。像收音机完全无声、声音小、灵敏度低、声音失真、有噪声无电台信号等故障，是经常出现的。一种故障现象可能是一种原因，也可能是多种原因造成的。但只要掌握了收音机故障的类型及特点，使用正确的检修方法，就会很快查出故障。

8.3.1 完全无声的故障

收音机无声是一种常见的故障，所涉及的原因较多。电源供不上电、扬声器损坏、低频放大级或功率放大级电路不工作等，都能使收音机出现完全无声的故障。收音机出现完全无声的故障有两种情况：一是在收音机焊接装配完毕后，试听时收音机没有任何声音；二是在收音机使用期间，出现了完全无声故障。同一种故障出现在两种不同的场合，就具备了不同的特点，因此，检修时的侧重点也不同。

收音机焊装完毕出现无声时，最好使用观察法进行检修。检修时重点检查元器件安装和焊接的错误，例如，电池夹是否焊牢、电池连接线和扬声器连接线是否接错、元器件相对位置及带有极性元器件焊装是否正确、是否因元器件引脚相碰造成的短路、焊接时是否存在漏焊、虚焊、桥接等现象。将焊装完的收音机对照电路原理图和装配图认真仔细地检查，可能会发现由于焊装的疏忽大意造成的故障。若经过认真的观察、对照，仍然无法发现故障，则可按下述步骤进行检修。

1. 测整机电流

将万用表置于直流电流挡，断开收音机电源开关，将电流表跨接在开关两端，正常时收音机的整机静态工作电流一般为 10～20 mA。测量时若发现：

(1) 无电流。首先检查电池电压是否正常、电池夹是否生锈、正负极片与电池接触是否良好、电源线是否接错、印制电路板电源电路有无断裂现象。

(2) 电流小。检查电池是否有电，检查时不能只测电池两端的电压，测其瞬间短路电流才是正确的方法。可用万用表直流电流 500 mA 挡，红表笔接电池的正极，黑表笔接电池的负极，快速瞬时测量，电量充足时可达 500 mA 以上，若电流小于 250 mA，说明电量不足。检查各电阻阻值、晶体管极性安装是否正确，检查电池夹、开关接触电阻是否过大，检查焊点有无漏焊、虚焊等接触不良的现象。

(3) 电流大。当整机电流较大时，不要长时间接通电源，应查出故障后再通电，否则会因电流过大而损坏其他元器件。如果是刚刚焊装完的收音机，首先应检查焊点是否有桥接短路的情况，再检查三极管和起稳压作用的二极管极性是否接反。实践中发现，中频变压器在焊接时，往往由于焊接时间过长或焊锡量过多，容易使焊锡流到元器件表面与中频变压器屏蔽壳接触，从而造成短路。

当整机电流大于 100 mA 时，说明电路有严重的短路现象，或是放大电路静态工作点偏离比较严重，或是晶体管被击穿。电容器的漏电或击穿、变压器初级与次级的漏电或短路、放大电路偏置电阻开路或阻值增大、电源正负极相碰短路，都是造成整机电流大的原因。

整机电流大的故障，适合使用开路法检修，可分别切断各放大器集电极的印制导线，若放大电路集电极预留有电流测试缺口的，逐一将缺口焊开，观察整机电流的变化，可确定故障的范围。

2. 测电源

检查电源电路是否正常，首先测电池两端电压，再测电池接入电路板的电压。若无电压，说明电源连接线开路(电池夹接触不良)或开关没有接通。对交直流供电收音机还要重点检查外接电源插座的焊点和其内部接触情况。若为正常的电压，再逐级测低放、前置、检波级及前级电路的供电电压。

3. 检查低放及功放电路

低频部分的检查应先检查功率放大级，再检查低频放大级。使用干扰法判断故障在低频放大级，还是在功率放大级。对于采用电位器分压方式进行音量调整的收音机，首先"碰"音量电位器的滑动端(电位器不可放在音量最小处)，确定低频部分的确有故障，再"碰"低放和功放输入端，判断故障是在功率放大级还是在低频放大级，最后用电压测量法找出损坏的元器件。利用电压测量法，检查输出变压器、输入变压器初级与次级是否开路，晶体管是否损坏。也可以将被怀疑的元器件焊下，用万用表的电阻挡进行测量，以确认是否真的损坏。

通过测量低放级与功放级电路的电流及静态工作点电压是否正常，同样可以找出哪级电路存在故障。

4. 检查扬声器

将扬声器连线焊下，用万用表电阻挡(R×1)测扬声器的阻抗应为 7.5～8 Ω，再检查连接扬声器、耳机插孔的导线是否断线、接错，耳机插孔开关接触是否良好。

8.3.2 有"沙沙"噪声无电台信号的故障

收音机接通电源后，能听到"沙沙"的噪声，而收不到电台广播，基本可以断定低频电路是正常的。收不到电台信号，应重点检查检波以前的各级电路。在检修这类故障时先使用观察法，查看检波以前各级电路元器件是否有明显的相碰短路或引脚虚接、天线线圈是否断线或接错。

检查时可根据收听到"沙沙"声的大小，分析故障可能出现在收音部分前级电路还是后级电路，因为"沙沙"声越大，经过放大的级数越多，故障在前级的可能性就越大。相反经放大电路的级数越少，"沙沙"声就越小。没有检修经验的初学者，难以从"沙沙"声的大小判断故障是在前级，还是在后级。在实际检修中，往往使用干扰法判断故障在哪一级电路。

8.3.3 声音小、灵敏度低的故障

声音小、灵敏度低的故障涉及的范围较大。声音小，除低频放大电路是主要考虑的部位以外，还与中频放大电路和变频电路有关。灵敏度低，一般是中频放大和变频电路存在问题，与低频放大电路关系不大。检修时先试听，如果各个电台声音都很小，则是声音小的故障；如果有的电台声音大有的声音小，则是灵敏度低的故障。声音小的故障应重点检查低频放大电路，灵敏度低则应检查中频放大电路和变频电路。

声音小和灵敏度低这两种故障，有时可能同时存在，在检修时应先排除声音小的故障后，再排除灵敏度低的故障，灵敏度低的故障主要出现在低频放大以前的各级电路中。

8.3.4 啸叫声的故障

超外差式收音机因灵敏度高、放大级数多，容易产生各种啸叫声和干扰，引起啸叫声故障的原因很多，查找起来比较困难。检修时要根据啸叫声的特点，判断该啸叫声是属于

高频、低频或差拍啸叫，并根据啸叫声频率的高低，针对不同电路进行检查。

1. 高频啸叫

收音机在调谐电台时，常常在频率的高端产生刺耳的尖叫声，这种啸叫出现在中波频率 1000 kHz 以上位置时，可能是变频电路的电流大、元器件变质、本振或输入回路调偏等原因。

如果啸叫出现在频率的低端位置，可能是中频频率调得太高，接近于中波段的低端频率，此时收音机很容易接收到由中放末级和检波级辐射出的中频信号，以致形成正反馈而形成自激啸叫。另外，还有一种啸叫在频率的高、低端都出现，且无明显变化，并在所接收的电台附近啸叫声强，这多是由于中频放大级的自激原因造成的。

对高端的啸叫主要检查输入电路和变频级电路。先检查偏置电路是否正常，测变频级电流是否在规定的范围内。对天线输入回路或振荡回路失谐产生的啸叫，最好用信号发生器重新进行跟踪统调，并用铜铁棒两端测试后将天线线圈固定好。

低频的啸叫可用校准中频 465 kHz(或 455 kHz)的方法解决，用信号发生器输送 465 kHz (或 455 kHz)中频信号，从中放末级向前级依次反复调整中频变压器。

在整个波段范围的啸叫，一般是中频放大自激引起的。先检查两级中频放大电路的静态电流，断开电流测试点或晶体管集电极开路，串联电流表，若两级中频放大电路的静态电流在正常值的范围内，可检查中频变压器是否失谐于 465 kHz(或 455 kHz)，调谐曲线是否调得过分尖锐，失谐就要重新调中周。曲线调得尖锐时，可用无感起子将中周磁芯微微调偏。对中周线圈本身 Q 值高引起的啸叫，还可在中周初级并联阻尼电阻 $R^*(100 \sim 150 \text{ k}\Omega)$，对有自动增益控制电路的收音机，当 AGC 的滤波电容干涸、容量减小，或 AGC 电阻阻值变化、开路时，也会产生轻微的失真和啸叫。变频管和中放管的放大倍数要适当，穿透电流要小，才能保证工作稳定可靠，不致引起啸叫。

2. 低频啸叫

低频啸叫不像上述啸叫那样尖锐刺耳，且与一种"嘟嘟"声混杂在一起，而且发生在整个波段范围内。啸叫来源主要在低频放大电路或电源滤波电路，检修时先测电源电压是否正常，当电压不足时也会出现"嘟嘟"声。电源滤波电容或前后级电路的去耦滤波电容容量减小、干涸或失效也会引起啸叫和"嘟嘟"声。当电路中的输入、输出变压器更换后，出现了啸叫，可能是线头的接法与原来不一样，这时要互相对调试一试。

3. 差拍啸叫

差拍啸叫并不是满刻度都有，也不是伴随电台信号两侧出现，而是在某一固定频率出现的。比较常见的是中频频率 465 kHz(或 455 kHz)的二次谐波、三次谐波干扰，这种啸叫将出现在中波段 930 kHz、1395 kHz 的位置，并伴随电台的播音而出现。检修时重点检查中频放大级，是否因中频变压器外壳接地不良，造成各个中频变压器之间的电磁干扰，从而引起差拍啸叫。减小中频放大级电流，将检波级进行屏蔽也是消除差拍啸叫的有效方法。

判断收音机啸叫声的方法除了根据啸叫频率的高低、啸叫所处频率刻度上的位置以外，通常以电位器为分界点。先判断啸叫在前级还是在后级，当关小音量时啸叫声仍然存在，说明故障在电位器后面的低频电路；若关小音量时啸叫声减小或消失，说明故障在电位器前的各级电路。故障范围确定后，再采用基极信号短路的方法判断故障在哪一级电路中。

8.3.5　声音失真的故障

声音失真是收音机常见的故障，收听电台广播时扬声器发出的声音走调、断续、阻塞、含糊不清，失去了正常的音质。引起声音失真的原因较多，常见的失真现象可能与以下电路有关。

1. 电源电压不足

当电池使用时间较长，其内阻会变大，这样就造成了电池电压的下降，同时电池所能提供的电流也严重不足，使收音机各级电路的静态工作电位及工作电流受到影响；电池夹生锈，接触电阻增大，也会使收音机受到相同的影响，当音量开大时整机消耗电流将增加，失真现象更加明显；电源滤波电容容量不足，也会使收音机产生失真。

2. 扬声器损坏

收音机严重磕碰，会使扬声器的磁钢松动脱位而将线圈卡住，此时表现为声音小且发尖。扬声器纸盆的破损，会使收听广播时的声音嘶哑，音量增大时伴有"吱吱"声。

3. 功率放大级引起的失真

推挽功放部分引起失真的原因有：

(1) 推挽管一只工作，另一只开路或断脚，此时可以通过测试两管的集电极电流来判断。

(2) 输入变压器次级有一组断线，使两只功率管一只管子有偏置电压，另一只管子基极无偏置电压而不工作。

(3) 输出变压器初级有一组断线，使一只推挽管的集电极无电压。

(4) 上偏置电阻变值或开路，功放管静态电流不正常，这样将引起交越失真，其特征是当音量小时失真严重，声音开大失真并不明显。

(5) 两只推挽功放管不对称或放大倍数 β 相差太大。

4. 其他各级电路的失真

若低频放大级偏置电压不合适，会使低放管的集电极电流过大或过小；二极管检波电路的检波管正反向电阻差值小或正负极接反；中频变压器严重失谐；自动增益控制电路的电阻变大或开路；变频级本振信号弱等，都可能引起收音机的收听效果失真。

参 考 文 献

[1] 王天曦, 李鸿儒. 电子技术工艺基础. 北京: 清华大学出版社, 2000.

[2] 孙惠康. 电子工艺实训教程. 北京: 机械工业出版社, 2003.

[3] [日]秋元利夫. 电子整机装配技术图解. 邹秀兰, 译. 哈尔滨: 黑龙江科学技术出版社, 1985.

[4] 王俊峰, 裴炳南, 李传光. 电子产品的设计与制作工艺. 北京: 北京理工大学出版社, 1996.

[5] [美]G 洛弗特. 电子测试与故障诊断. 江庚和, 等译. 武汉: 华中工学院出版社, 1986.

[6] 宁铎. 电子技术课程设计. 西安: 陕西人民出版社, 2002.

[7] 吉雷. Protel 99 从入门到精通. 西安: 西安电子科技大学出版社, 2000.

[8] 徐光复. 电子产品装配技术. 北京: 电子工业出版社, 1986.

[9] 教育部高等教育司. 高等学校毕业设计(论文)指导手册. 北京: 高等教育出版社, 1998.

[10] 姚金生, 郑小利. 元器件. 北京: 电子工业出版社, 2004.

[11] 王廷才, 赵德申. 电子技术实训. 北京: 高等教育出版社, 2003.

[12] [日]田中和吉. 电子设备装配技术. 电子部工艺所, 译. 北京: 国防工业出版社, 1988.

[13] 贺天枢. 国家标准电气制图应用指南. 北京: 中国标准出版社, 1988.

[14] 谢兴仪. 安全用电. 北京: 高等教育出版社, 1988.

[15] 吴汉森. 电子设备结构与工艺. 北京: 北京理工大学出版社, 1995.

[16] [美]小克莱德·F·库姆斯. 印制电路手册. 冯昌鑫, 等译. 北京: 国防工业出版社, 1989.

[17] 李敬伟, 段维莲. 电子工艺训练教程. 北京: 电子工业出版社, 2005.

[18] 邱成佛. 电子组装技术. 南京: 东南大学出版社, 1998.

[19] 金德宣. 微电子焊接技术. 北京: 电子工业出版社, 1990.

[20] 朱锡仁. 电路与设备测试检修技术及仪器. 北京: 清华大学出版社, 1997.

[21] 任致程, 等. 怎样绘制和识别电子线路图. 北京: 兵器工业出版社, 1993.

[22] 宋晓彬, 等. 印制电路设计标准手册. 北京: 宇航出版社, 1993.

[23] 党宏社, 等. 电路、电子技术实验与电子实训. 北京: 电子工业出版社, 2008.